机械与电气制图

总主编　李昌春
主　编　夏建刚　段东勋

重庆大学出版社

内 容 提 要

本书根据中等职业学校机电类专业的特点，以能识读机械图样和电气图为目的，主要介绍机械制图基本知识、机械图样的表达与识读、机床电气制图和 AutoCAD 绘图等内容。

本书内容深入浅出，通俗易懂，便于自学。本书即可作为机电一体化专业及相关专业的教材，也可作为中级技术工人岗位培训用书，还可供相关人员选用。

图书在版编目(CIP)数据

机械与电气制图/夏建刚，段东勋主编.—重庆：重庆大学出版社，2010.8(2021.8 重印)

(中等职业教育机电技术应用专业系列教材)

ISBN 978-7-5624-5489-2

Ⅰ.机… Ⅱ.①夏… ②段… Ⅲ.①机械图—识图法—专业学校—教材②电气工程—工程制图—专业学校—教材 Ⅳ.①TH126.1②TM02

中国版本图书馆 CIP 数据核字(2010)第 110647 号

中等职业教育机电技术应用专业系列教材

机械与电气制图

总主编 李昌春

主编 夏建刚 段东勋

策划编辑：周 立

责任编辑：谭 敏 谭筱然 版式设计：周 立

责任校对：任卓惠 责任印制：张 策

*

重庆大学出版社出版发行

出版人：饶帮华

社址：重庆市沙坪坝区大学城西路 21 号

邮编：401331

电话：(023) 88617190 88617185(中小学)

传真：(023) 88617186 88617166

网址：http://www.cqup.com.cn

邮箱：fxk@cqup.com.cn (营销中心)

全国新华书店经销

POD：重庆新生代彩印技术有限公司

*

开本：787mm×1092mm 1/16 印张：12.75 字数：318 千

2010 年 8 月第 1 版 2021 年 8 月第 3 次印刷

ISBN 978-7-5624-5489-2 定价：38.00 元

教材编写组

主　编:夏建刚　段东勋

编　者:(排名不分先后)

陈　根　张　灿　刘　强　李良雄

张孝文　姜亦祥　覃全喜　邹永斌

前 言

本书根据中等职业学校机电类专业的特点，以能识读机械图样和电气图为目的，主要介绍机械制图基本知识、机械图样的表达与识读、机床电气制图和AutoCAD绘图等内容。通过学习本课程应达到下列目标：

1. 通过学习使学生掌握正投影法的基本原理和作图方法。

2. 了解制图国家标准和相关行业标准的有关规定。

3. 能识读一般机械零件图。

4. 熟悉电气图的有关规定和画法，能识读一般难度的常用电气图。

5. 具备绘制草图的基本技能，并能正确使用CAD绘图。

6. 养成认真负责的工作态度和一丝不苟的工作作风。

本教材在编写理念（中澳职教—重庆）、编写形式（项目—课题）和教学内容组织上都进行了大胆的探索，突出了以下特色：

1. 坚持以能力为本位，突出职业技术教育特色。根据机电技术专业毕业生所从事职业的实际需要，降低理论知识内容的深度和难度、加强实践性教学内容，以满足企业对技能型人才的需要。

2. 文字通俗易懂、简单明了，实用性、操作性强，尽量采用图说。同时注重拓展学生思维和知识面，引导学生自主学习。

3. 编排合理，模块形式。借鉴国内外职业教育先进的教学理念，扬长避短，采用项目教学的编写模式，以满足现代职业教育的需要，各学校可根据实际情况，选择所需学习的项目。

4. 每一课题都设有"知识目标"和"技能目标"、"实例引入"、"学习评估"和"巩固与练习"等，有利于学生主动参与学习，掌握知识和提高技能水平。

5. 教材定位。本教材为三年制中等职业教育机电类专业使用，是学习机床维修必备的专业课程，也可供机械数控类专业培训和自学之用。

根据中等职业学校机电类的教学要求，本课程教学共需约108个课时。各项目参考课时见下表：

内　容	项目一	项目二	项目三	项目四
课　时	30	24	24	30

本书由重庆市龙门浩职业中学的夏建刚、张灿，贵州航天职业学院的段东勋，重庆大足职教中心的刘强、李良雄，重庆綦江职教中心的张孝文，重庆九源机械公

司的陈根，山东省临沂职业学院的姜亦祥，湖北襄城职高的覃全喜，重庆立信职教中心的邹永斌等共同编写，由夏建刚、段东勋担任主编。

本书在编写过程中得到了重庆市龙门浩职业中学校和重庆九源数控机械有限公司的大力支持，在此表示深切的感谢。

因水平有限，编著者虽勉力为之，可能还会有一些错误和不妥，欢迎广大读者提出意见和建议，以利于修改和完善。

编　者

2010 年 3 月

目　录

项目一　机械制图基本知识

项目内容

1. 制图基本规定。
2. 平面图形的画法。
3. 三视图。
4. 点、直线和平面的投影。
5. 基本几何体的三视图。
6. 轴测图。
7. 组合体的三视图。

项目目标

1. 知道制图国家标准和平面图形的画法。
2. 掌握正投影的基本性质和三视图的投影规律。
3. 能根据视图的形状特征，看懂常见形体的三视图。
4. 熟悉正等轴测图的画法。

项目实施过程

课题一　制图基本规定

知识目标

1. 掌握国家标准对图纸幅面、标题栏的规定。
2. 掌握国家标准对图样的字体、比例和线型的规定。
3. 熟悉国家标准对图样尺寸方面的规定。

技能目标

1. 能够按照国家标准绘制图纸幅面及标题栏。
2. 字体与线型基本达标。
3. 会识读图样比例和尺寸标注常用符号。

实例引入

如图 1.1 所示齿轮轴零件图样，用来表示图 1.2 的齿轮轴零件实体的结构形状、大小和技术要求，是直接指导制造和检验零件的重要技术文件。本课题将学习零件图样的有关国家规定。

课题完成过程

从图 1.1 所示的齿轮轴零件图样可以看出，图样包含了四个方面的内容：一组图形、完整的尺寸、技术要求和标题栏。其中国家标准已对图纸幅面、标题栏、图样的字体、图样的比例、

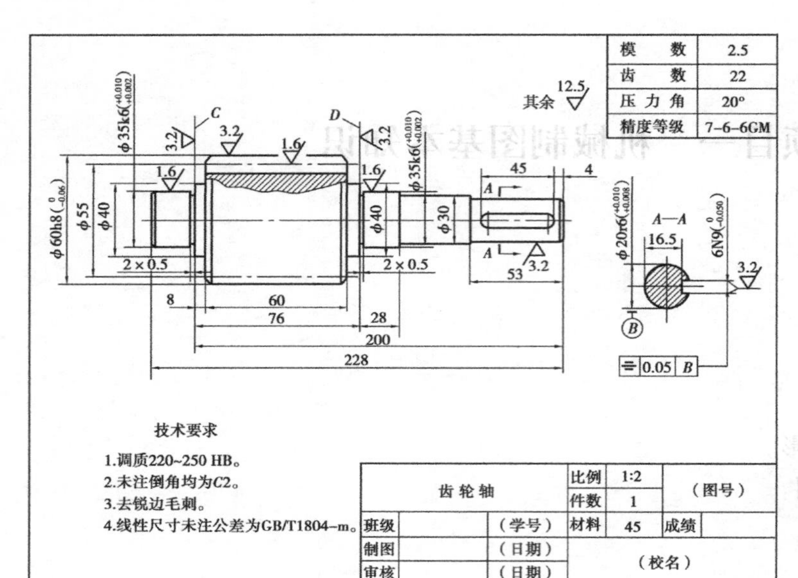

图 1.1 齿轮轴零件图样

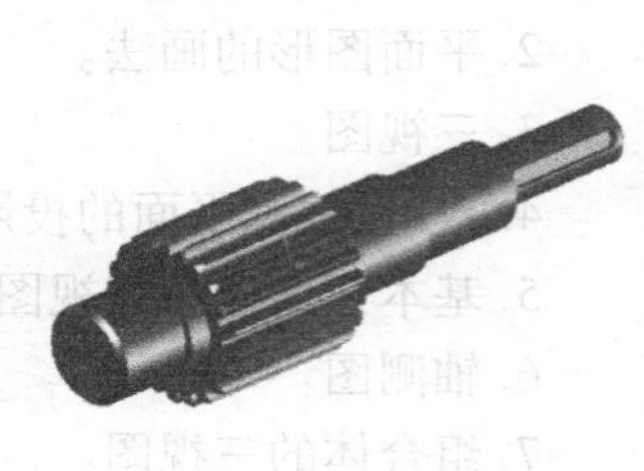

图 1.2 齿轮轴实体图

图样的线型和图样的尺寸等方面做了规定。

一、图纸幅面(GB/T 14689—1993)

GB/T 14689—1993 表示的含义:GB 表示国标,T14689 表示推荐使用的文件号为 14689,1993 表示 1993 年发布使用的。

1. 图纸幅面的尺寸

采用国家标准规定的幅面尺寸 $B \times L$。其中,B 表示图纸的短边,L 表示图纸的长边。如图 1.3和图 1.4 所示,其具体内容见表 1.1。

表 1.1 图纸幅面尺寸(GB/T 14689—1993) (mm)

幅面代号	A0	A1	A2	A3	A4
$B \times L$	841 × 1189	594 × 841	420 × 594	297 × 420	210 × 297
e	20		10		
a	25				
c	10			5	

2. 图框线的绘制

图框线按图 1.3 或图 1.4 绘制,图纸可以横装或竖装,一般 A0,A1,A2,A3 图纸采用横装,A4 及 A4 以后的图纸采用竖装。

(1)不留装订边的图框格式,如图 1.3 所示。

(2)留装订边的图框格式,如图 1.4 所示。

无论是否留有装订边,都应在图幅内画出图框,且图框用粗实线绘制。

二、图样标题栏(GB/T 10609.1—1989)

每张图纸上都必须画出标题栏。外框为粗实线,内格为细实线,标题栏的位置应位于图纸

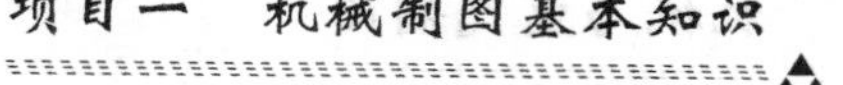

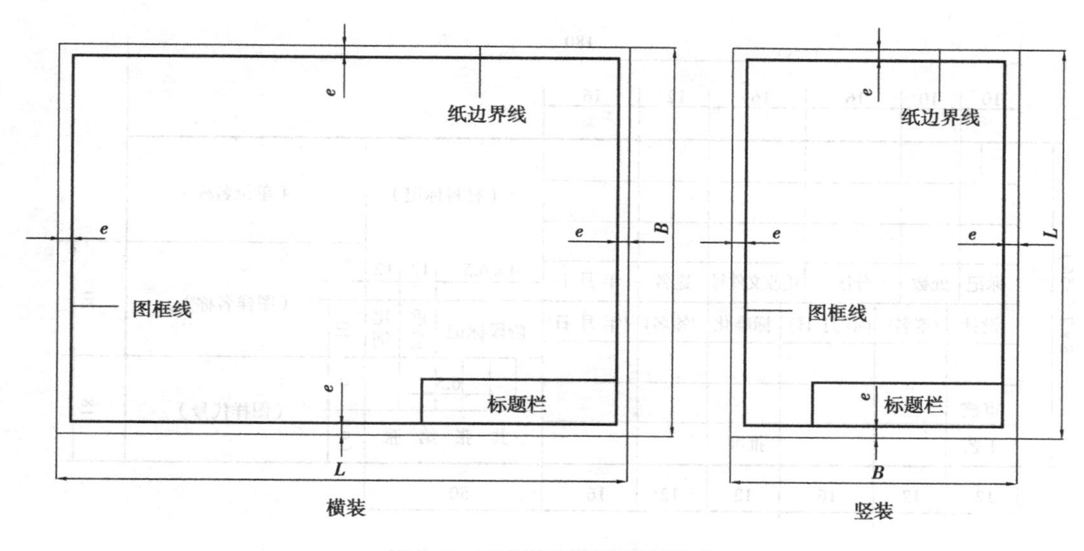

图 1.3　不留装订边的图框格式

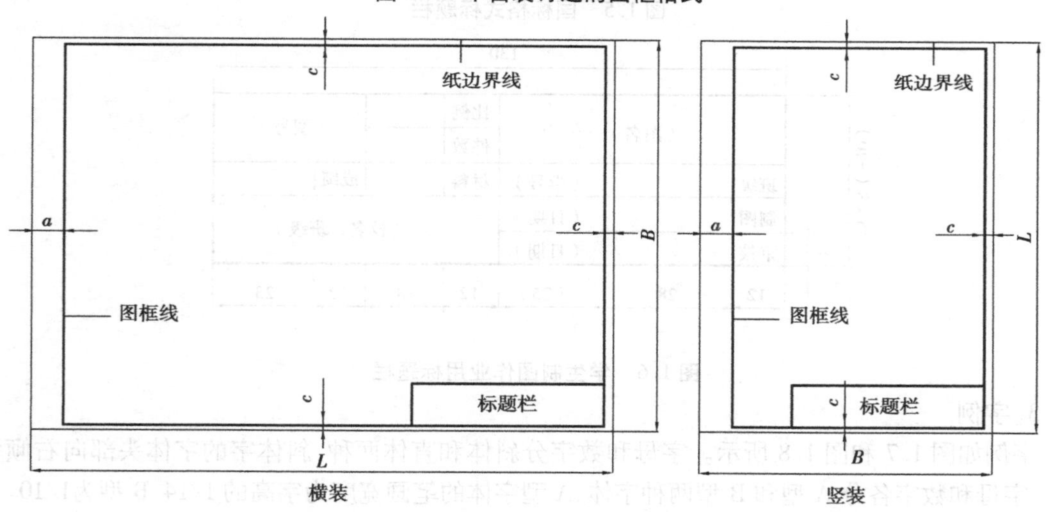

图 1.4　留装订边的图框格式

的右下角,尺寸不随图纸大小、格式变化。国家标准格式标题栏如图 1.5 所示,学生制图作业推荐使用标题栏格式如图 1.6 所示。

三、图样的字体(GB/T 14691—1993)

1. 字体

图样中所有汉字,应写成长仿宋体,且采用中华人民共和国国务院正式公布推行的《汉字简化方案》中规定的简化字。在同一图样上,只允许选用一种形式的字体。

2. 字号

字体的号数即字体的高度(h),分为 1.8,2.5,3.5,5,7,10,14,20 八种。字体的宽度一般是字体高度的 2/3 左右。

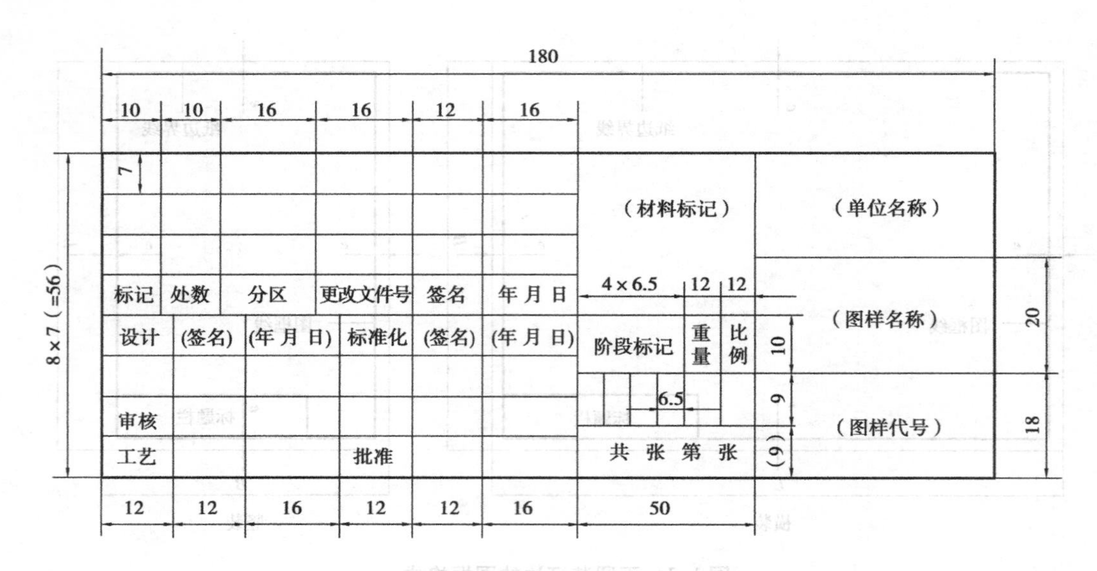

图 1.5　国标格式标题栏

图 1.6　学生制图作业用标题栏

3. 字例

字例如图 1.7 和图 1.8 所示。字母和数字分斜体和直体两种，斜体字的字体头部向右倾斜 15°。字母和数字各分 A 型和 B 型两种字体，A 型字体的笔画宽度为字高的 1/14，B 型为1/10。

10号字　字体工整　笔画清楚　间隔均匀　排列整齐

7号字　横平竖直　注意起落　结构均匀　填满方格

图 1.7　汉字字体示例

四、图样的比例（GB/T 14690—1993）

1. 图样比例的含义与表达方式

图中图形与实物相应要素的线性尺寸之比称为比例。采用“图形线性尺寸∶实物线性尺寸”的方式来表达。如图 1.9 所示，比例分原值比例、放大比例和缩小比例。

图 1.8　字母和数字示例

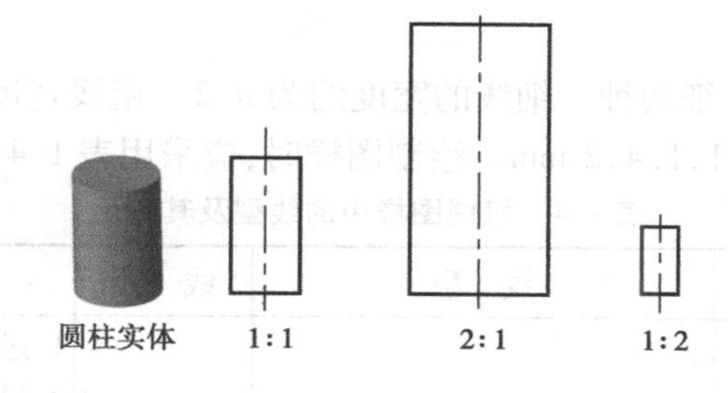

图 1.9　图样比例

2. 图样比例的选用原则

(1)尽量采用1:1的比例,图和实物一样大的比例。

(3)尽量优先选用表 1.2 中的比例,必要时允许选用表 1.3 中的比例。

(4)不管采用什么比例画图,图上尺寸仍然要按零件的实际尺寸标注,如图 1.10 所示。

(5)在标题栏的"比例"一栏中填写比例,如图 1.1 齿轮轴零件图样是采用 1:2比例绘制的。

表 1.2　优先选用的比例

种　类	比　例					
原值比例	1:1					
放大比例	5:1	2:1	5×10^n:1	2×10^n:1	1×10^n:1	
缩小比例	1:2	1:5	1:10	1:2×10^n	1:5×10^n	1:1×10^n

注:n 为正整数。

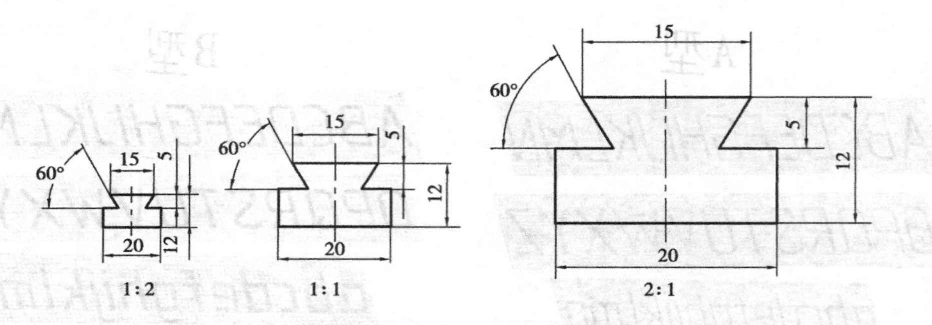

图 1.10　图样实际尺寸标注

表 1.3　允许用的比例

种　类	比　例				
放大比例	4:1	2.5:1	4×10^n:1	2.5×10^n:1	
缩小比例	1:1.5 1:1.5×10^n	1:2.5 1:2.5×10^n	1:3 1:3×10^n	1:4 1:4×10^n	1:6 1:6×10^n

注:n 为正整数。

五、图样的线型(GB/T 17450—1998、GB/T 4457.4—2002)

1. 图线的类型

机械图样的图线分粗、细两种。细线的宽度约为 $d/2$。粗线宽度(d)的推荐系列为 0.13,0.18,0.25,0.35,0.5,0.7,1,1.4,2 mm。绘制图样时,应采用表 1.4 中规定的图线。

表 1.4　机械图样中的线型及其应用

图线名称	代码 No.	线　型	线　宽	一般应用
细实线	01.1	————————	$d/2$	1. 过渡线 2. 尺寸线 3. 尺寸界线 4. 指引线和基准线 5. 剖面线
波浪线	01.1	～～～～	$d/2$	1. 断裂处边界线,视图与剖视图的分界线
双折线	01.1	—/\—/\—	$d/2$	1. 断裂处边界线,视图与剖视图的分界线
粗实线	01.2	━━━━ d	d	1. 可见棱边线 2. 可见轮廓线 3. 相贯线 4. 螺纹牙顶线
细虚线	02.1	— — — 4~6　1	$d/2$	1. 不可见棱边线 2. 不可见轮廓线

续表

图线名称	代码 No.	线 型	线 宽	一般应用
粗虚线	02.2	4~6 1	d	1. 允许表面处理的表示线
细点画线	04.1	15~30 3	$d/2$	1. 轴线 2. 对称中心线 3. 分度圆(线)
粗点画线	04.2	15~30 3	d	1. 限定范围表示线
细双点画线	05.1	~20 5	$d/2$	1. 相邻辅助零件的轮廓线 2. 可动零件的极限位置的轮廓线

2. 图线应用实例

在同一图样中同类图线的宽度应基本一致,虚线、细点画线及双点画线的线段长度和间隔应各自大致相等。图线之间相交、相切都应以线段相交或相切。若各种图线重合,应按粗实线、点划线、虚线的先后顺序选用线型。如图 1.11 所示为图线的应用实例。

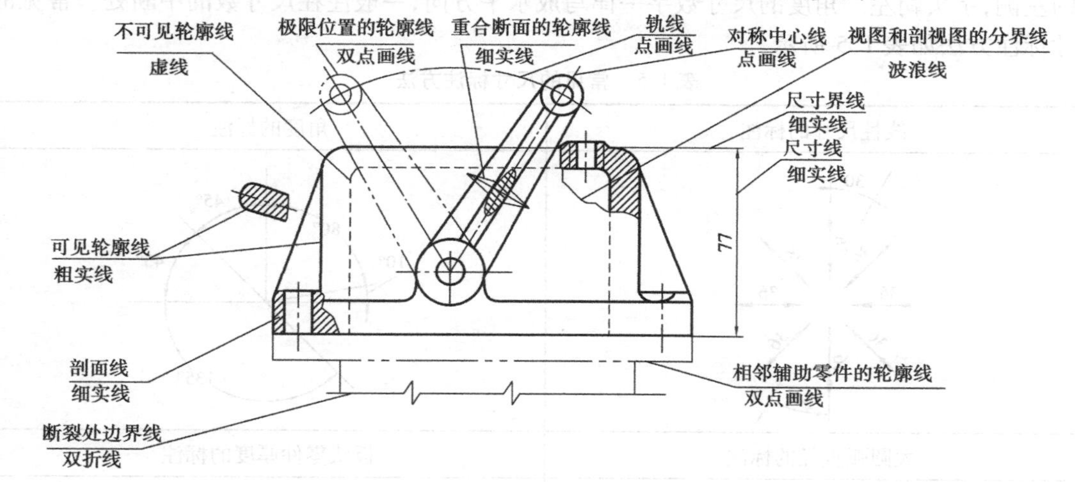

图 1.11 图线的应用实例

六、图样的尺寸(GB/T 4458.4—1984、GB/T 16675.2—1996)

1. 尺寸的组成

标注一个尺寸,一般应包括尺寸界线、尺寸线和尺寸数字 3 个部分。如图 1.12 所示,尺寸数字表示尺寸的大小,尺寸线表示尺寸的方向,而尺寸界线则表示尺寸的范围。

2. 尺寸标注的注意事项

(1)机械图样中的尺寸,以 mm 为单位时,不需注明计量单位符号或名称(表面粗糙度值以 μm 为单位)。

(2)零件的真实大小以图样上的尺寸数值为依据,与图形大小及绘图的准确度无关。

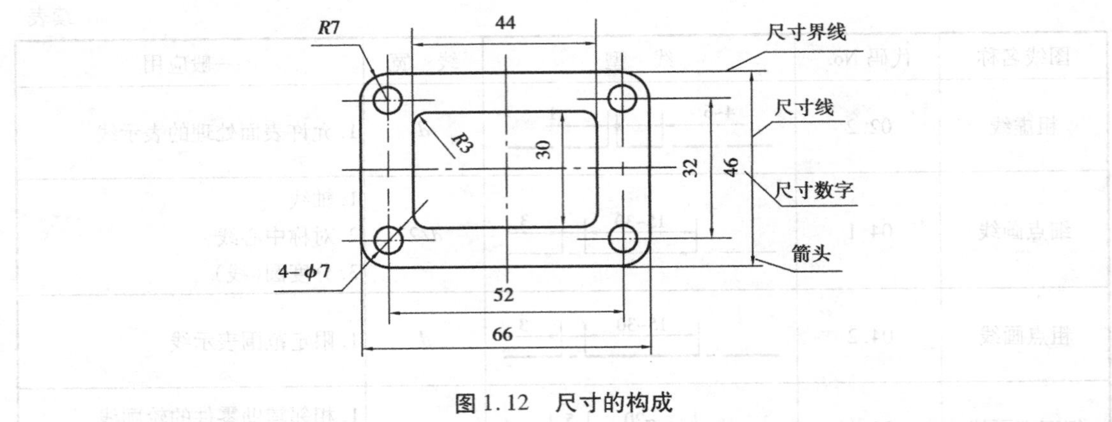

图 1.12　尺寸的构成

(3)标注尺寸时,较小的尺寸标在靠近图形的里面,较大的尺寸在外面。尺寸线尽量不要相交,而且每一个尺寸只标注一次。

(4)尺寸数字中间不允许任何图线穿过。

(5)圆或大于半圆圆弧的直径尺寸在尺寸数字前加一字母 ϕ,半圆或小于半圆的圆弧要标注半径,在尺寸数字前加一字母 R。标注球的直径或半径用 $S\phi$、SR 与圆区别开来。

(6)水平方向的尺寸数字注在尺寸线的上方,字头向上。垂直方向的尺寸数字注在尺寸线的左侧,字头朝左。角度的尺寸数字一律写成水平方向,一般注在尺寸数的中断处。常见的尺寸标注方法如表 1.5 所示。

表 1.5　常见的尺寸标注方法

线性尺寸的标注	角度的标注
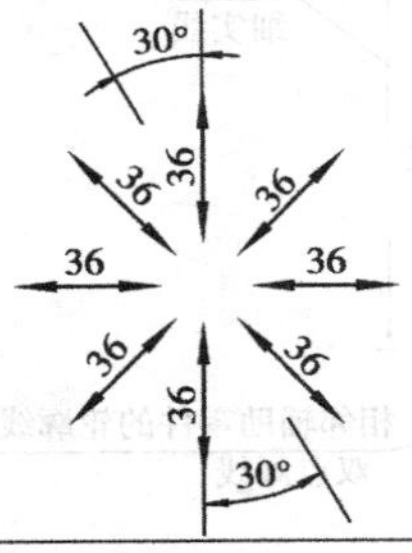	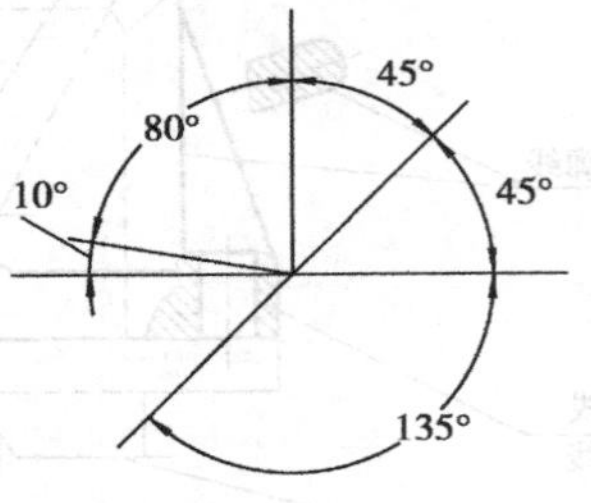
大圆弧直径的标注	板状零件厚度的标注
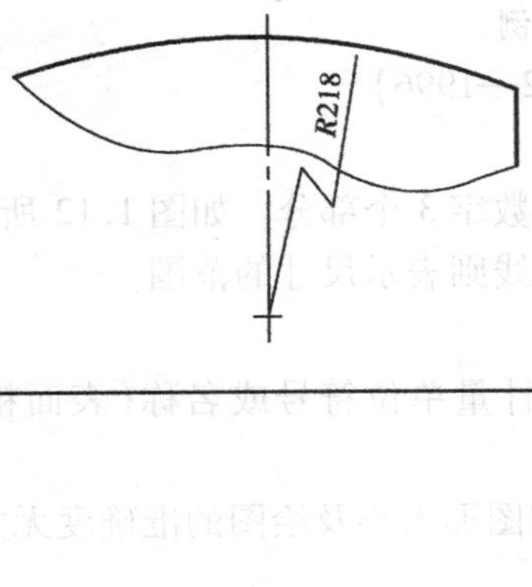	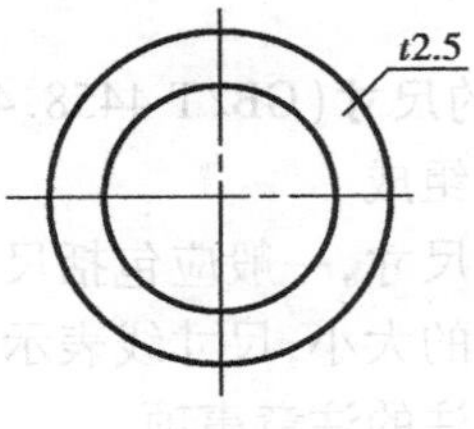

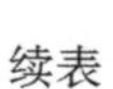

续表

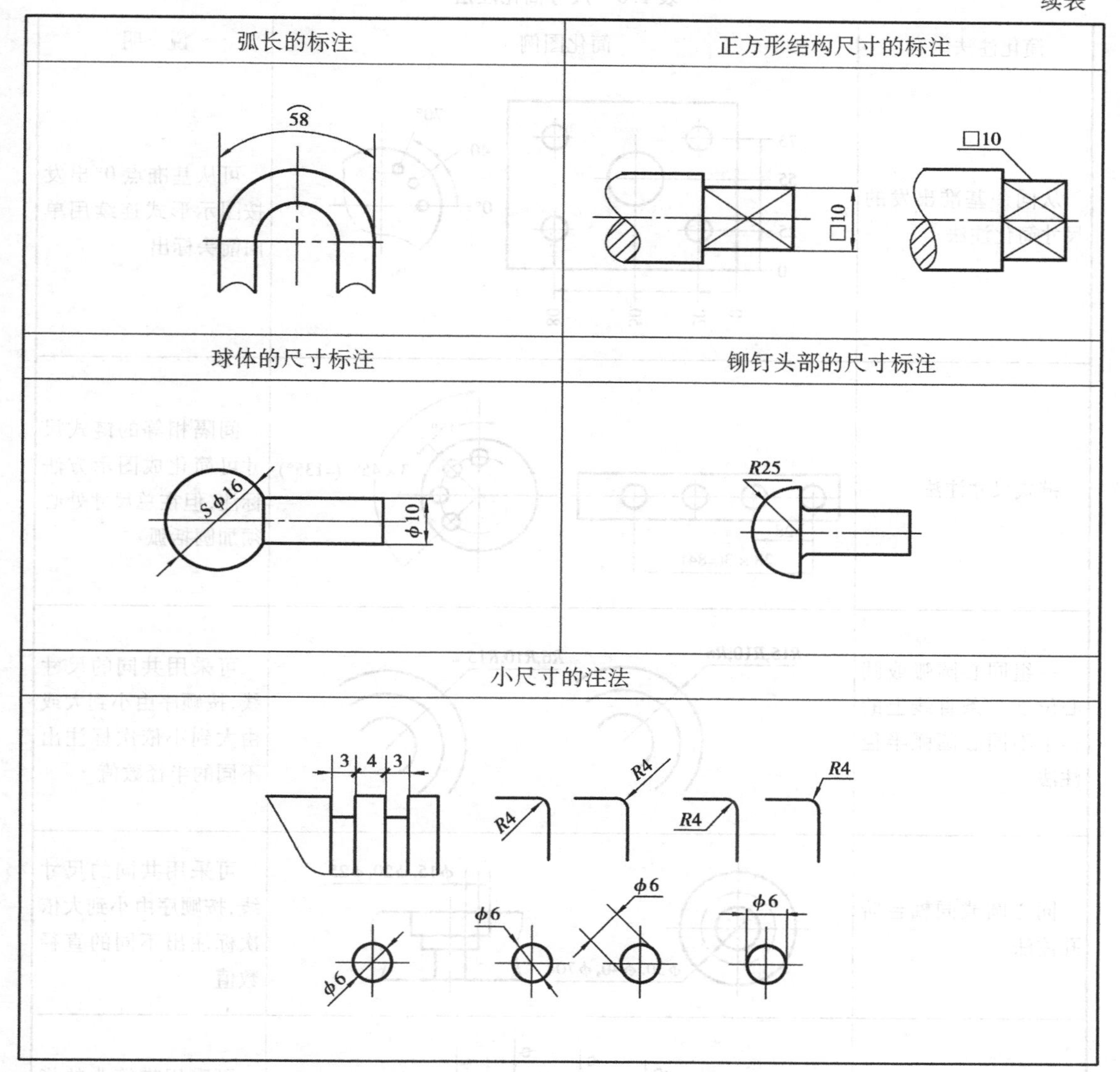

3. 尺寸的简化注法

国家标准技术制图（GB/T 16675. 2—1996）规定了尺寸的简化注法，现摘录介绍一部分，如表 1.6 所示。

表1.6　尺寸简化注法

简化注法内容	简化图例	说　明
从同一基准出发的尺寸简化注法	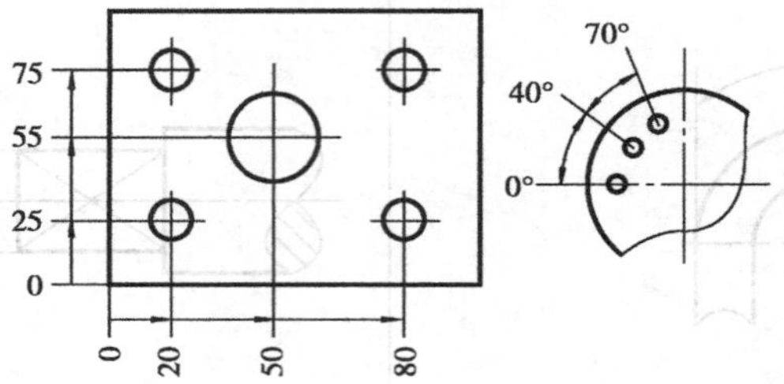 75 55 25 0 0 20 50 80 70° 40° 0°	可从基准点0°出发按图示形式连续用单向箭头标出
链式尺寸注法	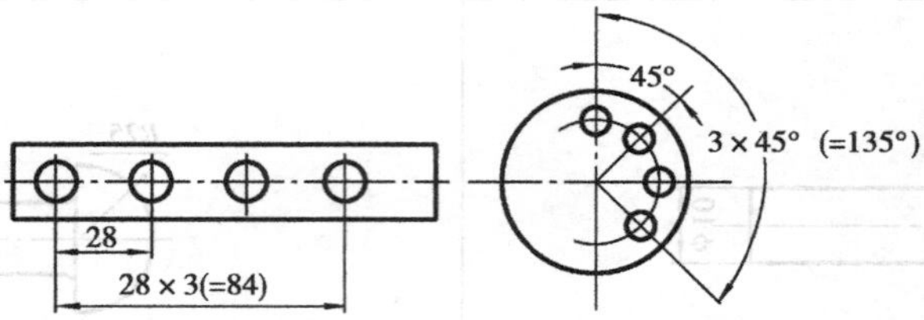 28 28×3(=84) 45° 3×45° (=135°)	间隔相等的链式尺寸可简化成图示方法标注,但在总尺寸处必须加圆括弧
一组同心圆弧或圆心位于一条直线上的多个不同心圆弧半径注法	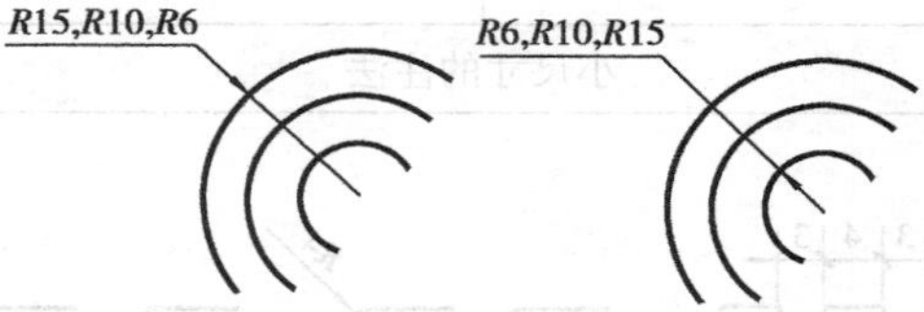 R15,R10,R6 R6,R10,R15	可采用共同的尺寸线,按顺序由小到大或由大到小依次标注出不同的半径数值
同心圆或同轴台阶孔注法	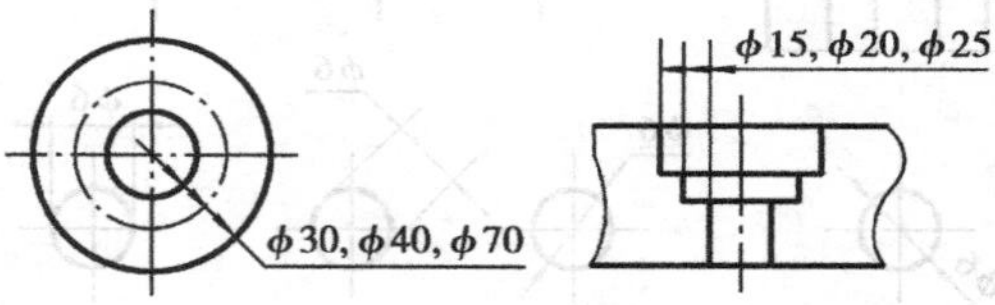 φ30, φ40, φ70 φ15, φ20, φ25	可采用共同的尺寸线,按顺序由小到大依次标注出不同的直径数值
台阶轴直径注法	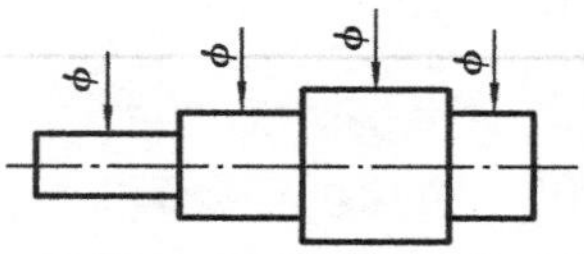 φ φ φ φ	可采用带箭头的指引线
均匀分布的成组要素注法	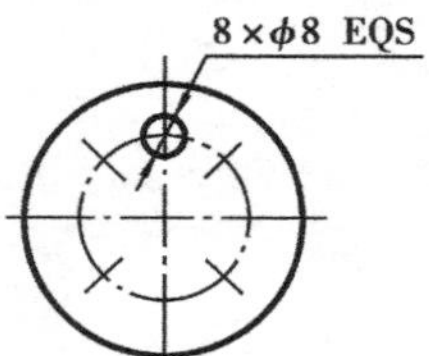 8×φ8 EQS	可只在一个要素上标注其尺寸和数量。注写“均布”缩写词“EQS”

续表

简化注法内容	简化图例	说　明
圆锥销孔注法	锥销孔 ϕ4 配作；2×锥销孔 ϕ3 配作	圆锥销孔均采用旁注法，所注直径是指配用的圆锥销的公称直径
采用指引线注尺寸	16×ϕ2.5；ϕ120；ϕ100；ϕ70	标注圆的直径尺寸时，可采用不带箭头的指引线

4. 尺寸标注常用的符号和缩写词(GB/T 16675.2—1996)

为了看图方便，现把尺寸标注常用的符号和缩写词收集在一起，如表1.7所示。

表1.7　常用的符号和缩写词

名　称	符号或缩写词	名　称	符号或缩写词
直径	ϕ	厚度	t
半径	R	正方形	□
球直径	$S\phi$	45°倒角	C
球半径	SR	深度	↧
弧长	⌒	沉孔或锪孔	⌴
均布	EQS	埋头孔	⌵

学习评估

现在已经完成了这一课题的学习，希望你能对所参与的活动提出意见。

请在相应的栏目内“√”	非常同意	同意	没有意见	不同意	非常不同意
1. 该课题的内容适合我的需求？					
2. 我能根据课题的目标自主学习？					
3. 上课投入，情绪饱满，能主动参与讨论、探索、思考和操作？					
4. 教师进行了有效指导？					
5. 我对自身的能力和价值有了新的认识，我似乎比以前更有自信心了？					

续表

请在相应的栏目内“√”	非常同意	同意	没有意见	不同意	非常不同意
你对改善本项目后面课题的教学有什么建议？					

巩固与练习

1. 识读如图1.12中所标注的尺寸，如尺寸4－ϕ7表示4个圆的直径为7 mm。请识读图中剩余的尺寸。

2. 比较图1.13(b)正确的尺寸标注图，分析图1.13(a)中尺寸标注的错误。

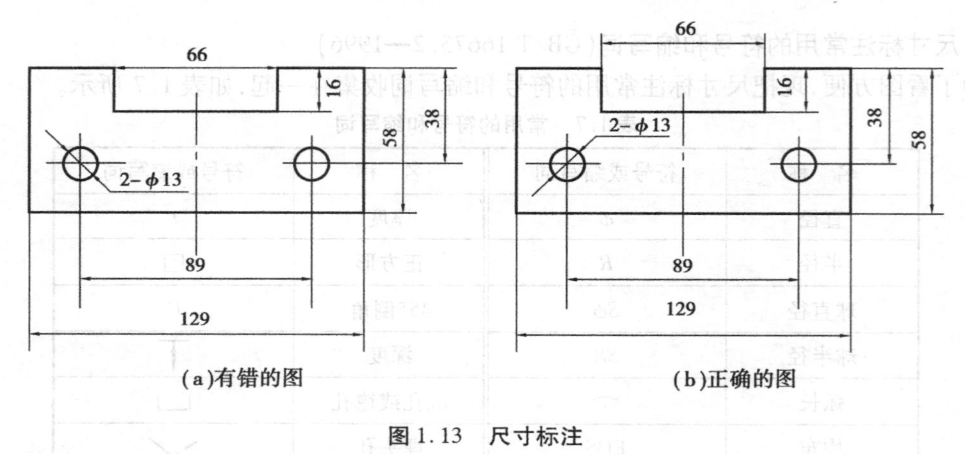

图1.13　尺寸标注

3. 比例自定，准确画出如图1.14所示的图形。

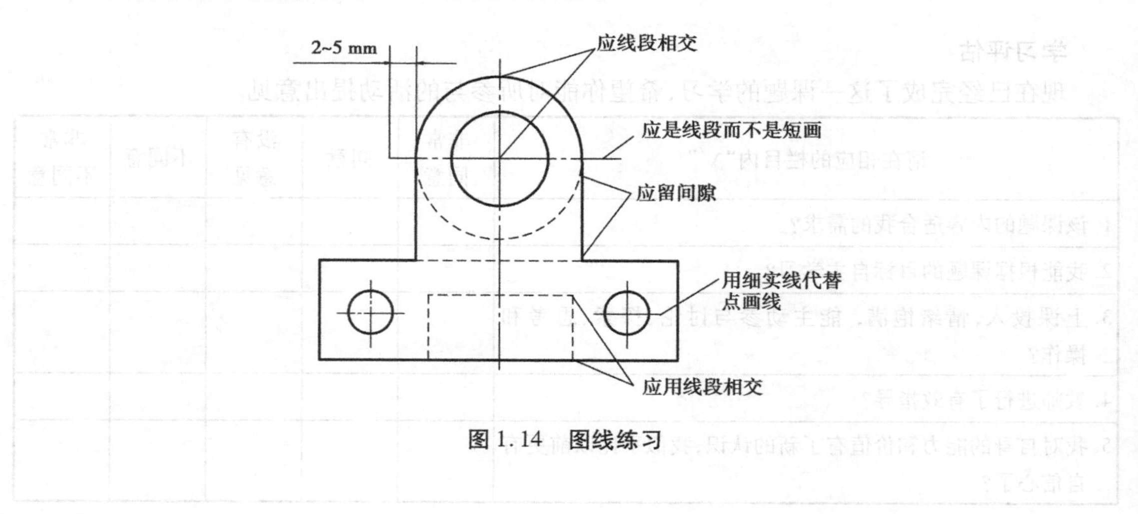

图1.14　图线练习

课题二　平面图形的画法

知识目标

1. 知道线段和圆的等分方法。
2. 理解斜度和锥度的概念。
3. 掌握圆弧连接求圆心和连接点的方法。
4. 掌握平面图形的识读方法。

技能目标

1. 能够对已知线段和圆进行等分作图。
2. 能够正确画出以及标注出斜度、锥度。
3. 能够用四心圆法绘制椭圆。
4. 绘制简单平面图形。

实例引入

如图 1.15 所示的车床顶尖和工件中心孔，是锥度的具体应用。你知道怎样用平面图形来表示吗？

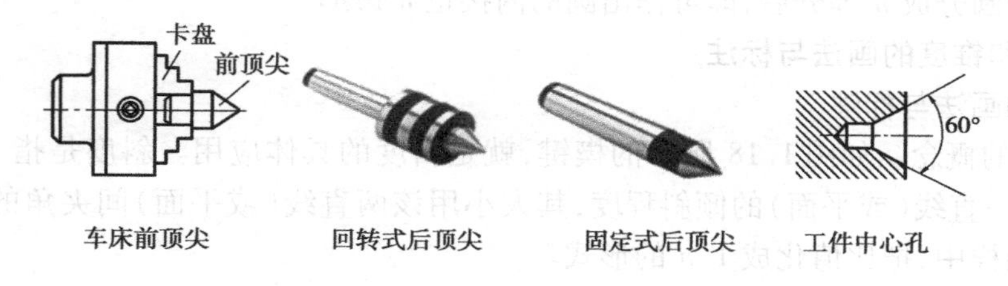

图 1.15　车床顶尖和工件中心孔

课题完成过程

一、线段和圆的等分

1. 线段的等分

以线段的 5 等分为例，学习线段的等分。如图 1.16(a)所示，把线段 *AB* 进行 5 等分，作图步骤如下：

(1)如图 1.16(a)所示，过端点 *A* 作直线 *AC*，与已知线段 *AB* 成任意锐角。

(2)如图 1.16(b)所示，用圆规以相等的距离在 *AC* 上量得 1,2,3,4,5 等分点。

(3)如图 1.16(c)所示，连接 5*B*，过 1,2,3,4 分别作线段 5*B* 的平行线，与线段 *AB* 相交即得 5 等分的各点 1′,2′,3′,4′。

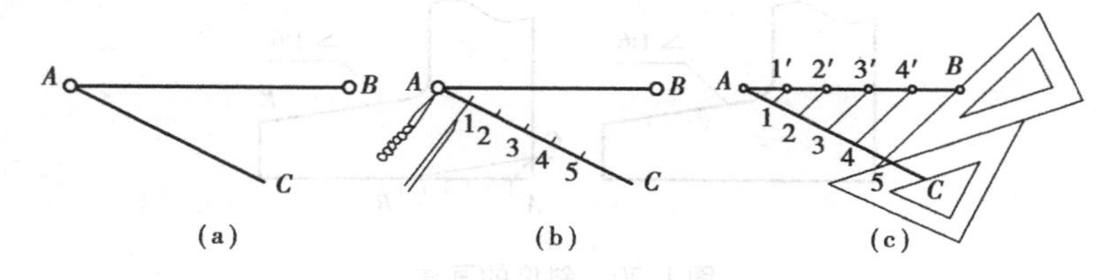

图 1.16　5 等分线段

2. 圆的等分

以圆的 7 等分为例，学习圆的等分。如图 1.17(a)所示，将已知圆分成 7 等分，作图步骤如下：

(1)将直径 AB 分成 7 等分(若作 n 边形，可分成 n 等分)，如图 1.17(b)所示。

(2)以 B 为圆心，AB 为半径，画弧交 CD 延长线于 M 点和 N 点，如图 1.17(b)所示。

(3)自点 M 和点 N 与直径上奇数点(或偶数点)连线，延长至圆周，即得各分点 1,2,3,4,5,6,7，如图 1.17(c)所示。

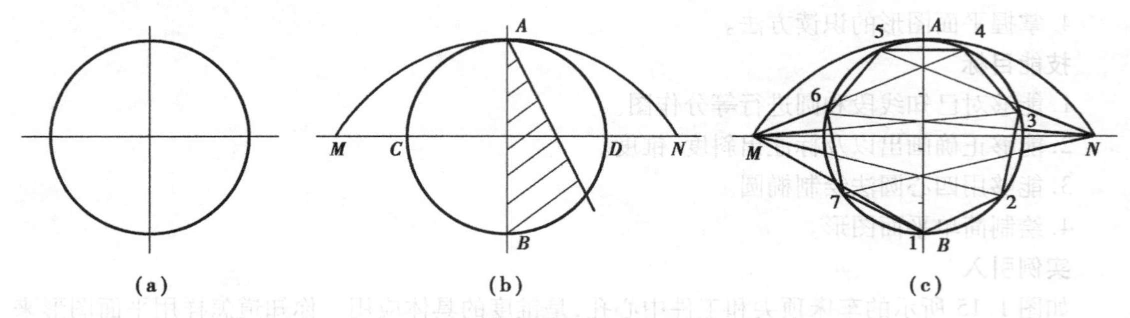

图 1.17　圆的 7 等分

当把一个圆分成 n 等分后，即可作出圆的内接正 n 边形。

二、斜度和锥度的画法与标注

1. 斜度的画法与标注

(1)斜度的概念。如图 1.18 所示的楔键，就是斜度的具体应用。斜度是指一直线(或平面)相对于另一直线(或平面)的倾斜程度，其大小用该两直线(或平面)间夹角的正切值来表示。通常在图样中，把比值化成 1∶n 的形式。

如图 1.19(a)所示：斜度 $= \tan\alpha = CA/AB = H/L$

如图 1.19(b)所示：斜度 $= (H-h)/L$

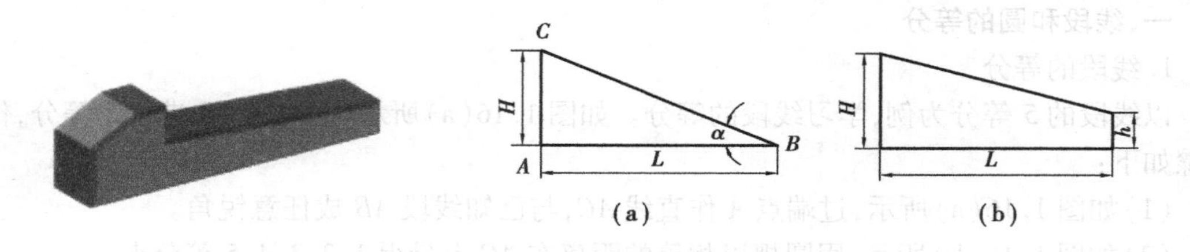

图 1.18　楔键　　图 1.19　斜度计算

(2)斜度的画法。如图 1.20 所示 1∶6的斜度，作图步骤如下：

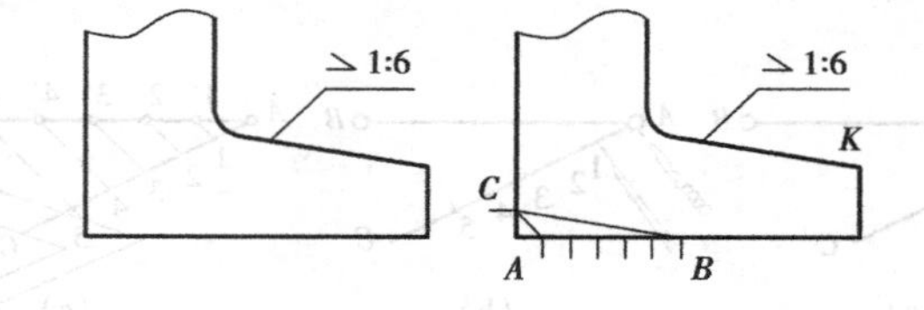

图 1.20　斜度的画法

①自点 A 在水平线上任取 6 等分，得到点 B。

②自点 A 在 AB 的垂线上，取相同的一个等分得点 C。

③连接 BC，即得 1∶6的斜度。

④过点 K 作 BC 的平行线，即得 1∶6的斜度线。

(3)斜度的标注。标注斜度时，斜度符号的画法，如图 1.21(a)所示。斜度符号的方向应与斜度的方向一致，如图 1.21(b)所示。

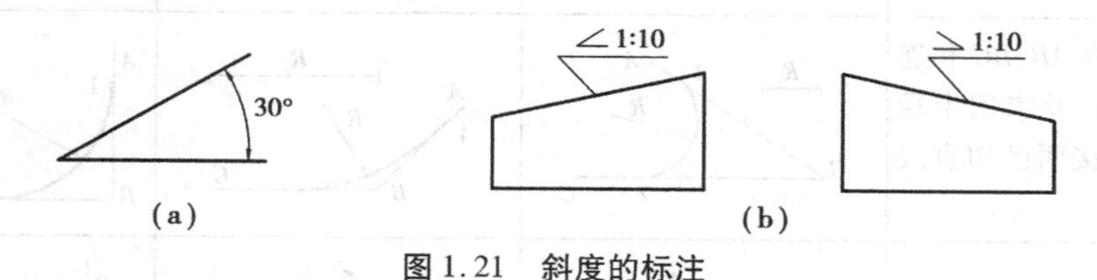

图 1.21 斜度的标注

2. 锥度的画法与标注

(1)锥度的概念。锥度是指正圆锥体的底圆直径与锥高之比。如果是圆锥台，则为上、下底圆的直径之差与圆锥台高度之比，如图 1.22 所示。锥度在图样上也以 1∶n 的简化形式表示。

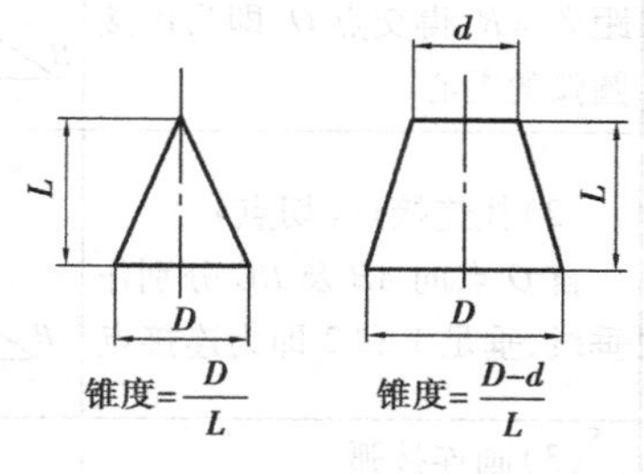

图 1.22 锥度

(2)锥度的画法。如图 1.23(a)所示物体的右半部分是一个锥度为 1∶3的圆锥台，其作图方法如下：

①由 A 点沿轴线向右取 3 等分得 B 点。

②由 A 沿垂线向上和向下分别取 2 个等分，得点 C，C_1。

③连接 BC，BC_1，即得 1∶3的锥度。

④过点 E，F 作 BC，BC_1 的平行线，即得所求圆锥台的锥度线，如图 1.23(b)所示。

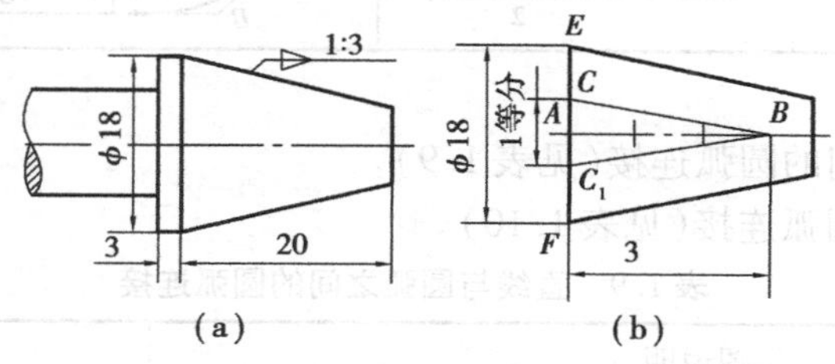

图 1.23 锥度的画法

(3)锥度的标注。在图样上应采用如图 1.24(a)所示的图形符号表示锥度，该符号应配置在基准线上。表示圆锥的图形符号和锥度应靠近圆锥轮廓标注，基准线应与圆锥的轴线平行，图形符号的方向应与锥度的方向相一致，如图 1.24(b)所示。

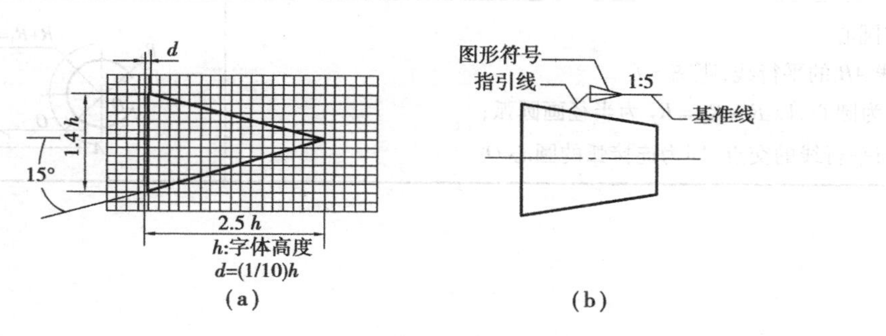

图 1.24 锥度的标注

三、圆弧连接

(1)两条直线间的圆弧连接(见表1.8)。

表1.8　两条直线间的圆弧连接

作图说明	作图步骤		
	锐角弧	钝角弧	直角弧
已知相交直线 AB,BC 和连接圆弧半径 R。要求用半径为 R 的圆弧连接两已知直线 AB 和 BC	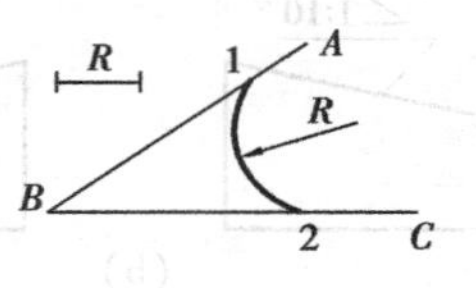	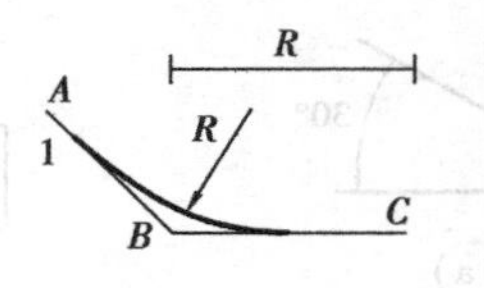	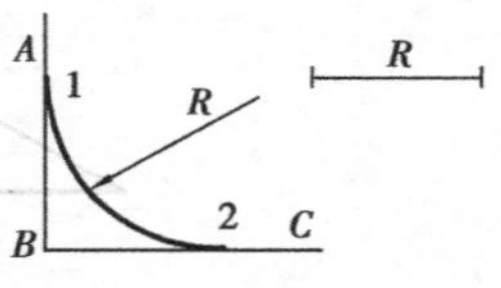
(1)定圆心 分别作 AB,BC 的平行线,距离 $=R$,得交点 O,即为连接圆弧的圆心	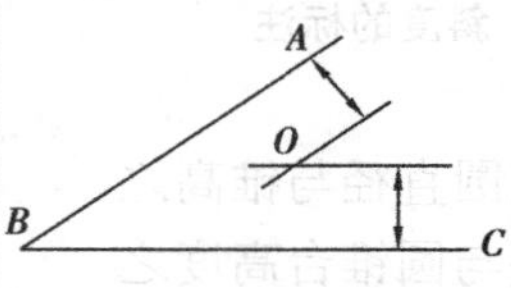	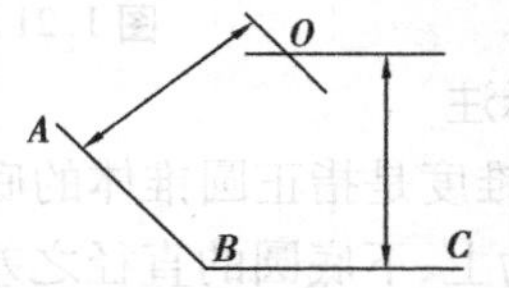	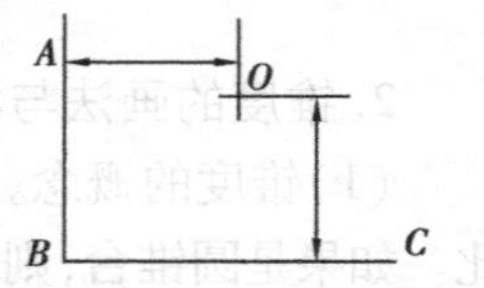
(2)找连接点(切点) 自 O 点向 AB 及 BC 分别作垂线,垂足1和2即为连接点	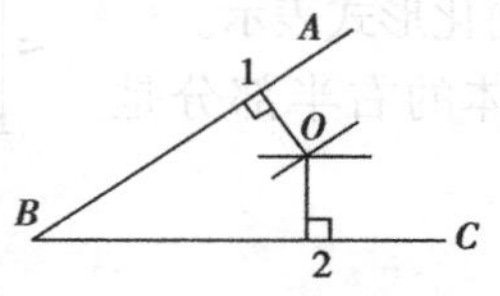	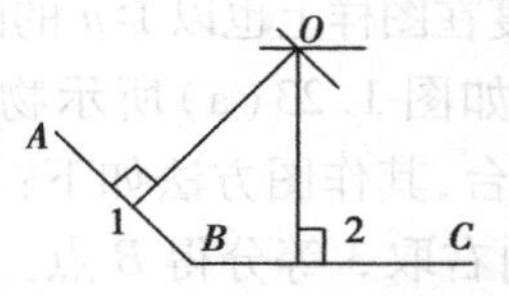	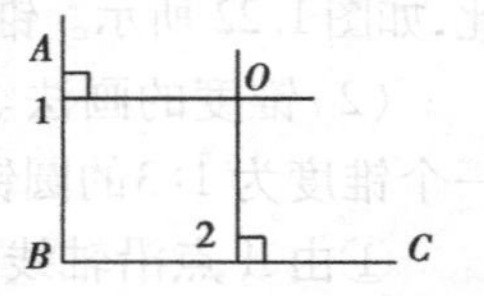
(3)画连接弧 以 O 为圆心,$O1$ 为半径,作圆弧 $\overset{\frown}{12}$,把 AB,BC 连接起来,这个圆弧即为所求	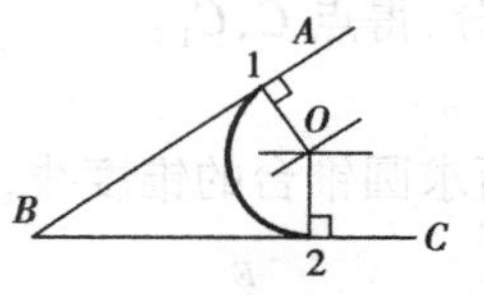	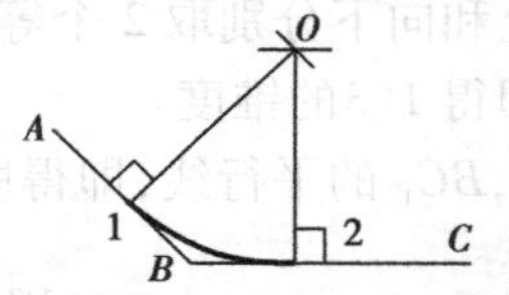	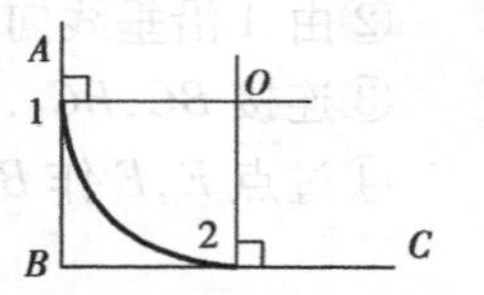

(2)直线与圆弧之间的圆弧连接(见表1.9)。

(3)两圆弧之间的圆弧连接(见表1.10)。

表1.9　直线与圆弧之间的圆弧连接

作图说明	作图步骤
已知连接圆弧半径 R、直线 AB 和半径为 R_1 的圆弧 要求用半径为 R 的圆弧、外切于已知直线 AB 和已知半径为 R_1 的圆弧	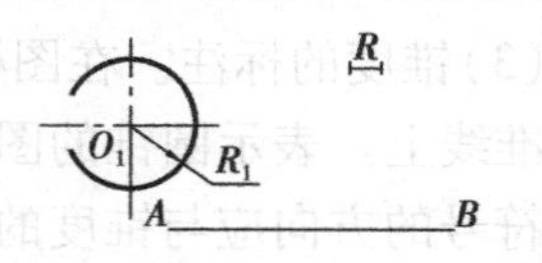
(1)定圆心 作直线 AB 的平行线,距离 $=R$ 以 O_1 为圆心,以 $R+R_1=R_2$ 为半径画圆弧; 圆弧与平行线的交点,即为连接弧的圆心 O	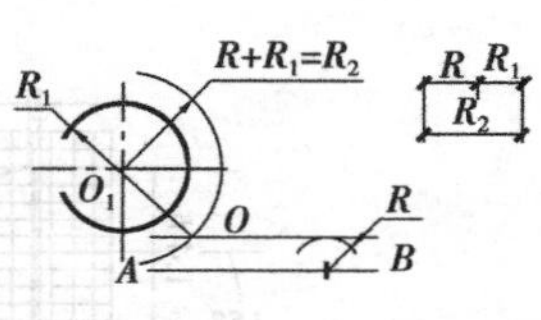

续表

作图说明	作图步骤
(2)定连接点(切点) 过 O 点作 AB 垂线 O_1 得交点 1,画连心线 OO_1 得交点 2; 1,2 即为圆弧连接的两个切点	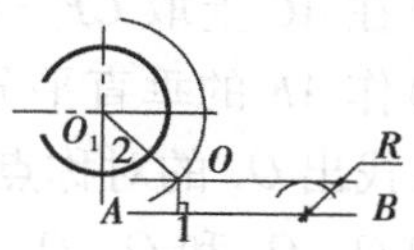
(3)画连接弧 以 O 为圆心,R 为半径,画弧$\overset{\frown}{12}$,即为所求的连接弧	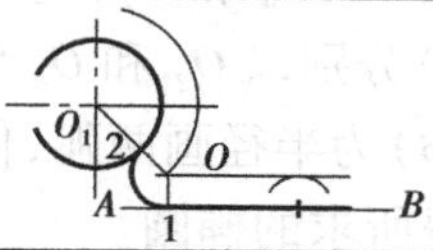

表 1.10 两圆弧之间的圆弧连接

作图说明	作图步骤	
	外切连接	内切连接
已知连接弧半径 R 和两已知圆弧半径 R_1、R_2,圆心位置 O_1、O_2。 要求用半径为 R 的圆弧连接两已知圆弧	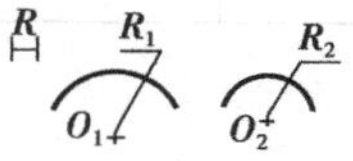	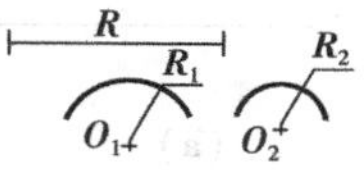
(1)定圆心 以 O_1 为圆心,外切时以 $R+R_1$(内切时以 $R-R_1$)为半径画圆弧; 以 O_2 为圆心,外切时以 $R+R_2$(内切时以 $R-R_2$)为半径画圆弧; 两圆弧交点,即为连接弧的圆心	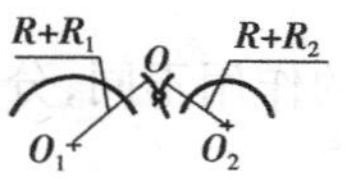	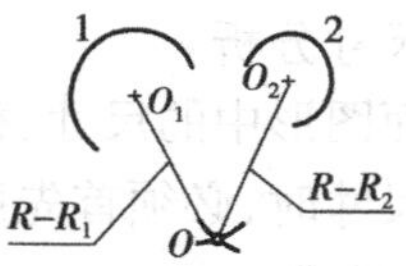
(2)定连接点(切点) 连接 O_1、O_2 及 O_1、O_2(内切时延长)交已知圆弧于 1、2 两点	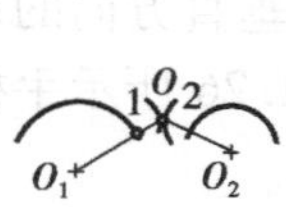	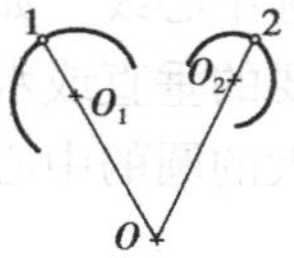
(3)画连接弧 以 O 为圆心,R 为半径,画连接弧$\overset{\frown}{12}$	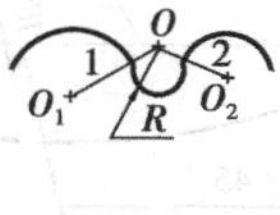	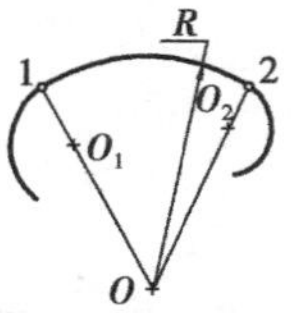

四、椭圆画法

椭圆画法有多种方法,由于一般数控车系统只具有直线和圆弧插补功能,当零件的轮廓为椭圆(非圆曲线)时,常用四段圆弧逼近零件轮廓曲线,因此下面只介绍椭圆近似画法:四心圆法。即求出画椭圆的四个圆心和半径,用四段圆弧近似地代替椭圆。

如图 1.25 所示，已知长轴 AB、短轴 CD。作图步骤如下：

(1)画出相互垂直且平分的长轴 AB 和短轴 CD，并连接 AC。

(2)在 AC 上取 $CF = OA - OC$。

(3)作 AF 的垂直平分线，使其分别交 AO 和 OD(或其延长线)于 O_1 和 O_2 点。以 O 为对称中心，找出 O_1 的对称点 O_3 及 O_2 的对称点 O_4，此 O_1, O_2, O_3, O_4 各点即为所求的四圆心。通过 O_2 和 O_3，O_4 和 O_2，O_4 和 O_3 各点，分别作连线。

(4)分别以 O_2 和 O_4 为圆心，O_2C(或 O_4D)为半径画两弧；再分别以 O_1 和 O_3 为圆心，O_1A(或 O_3B)为半径画两弧，使所画四弧的连接点分别位于 O_2O_1，O_2O_3，O_4O_1 和 O_4O_3 的延长线上，即得所求的椭圆。

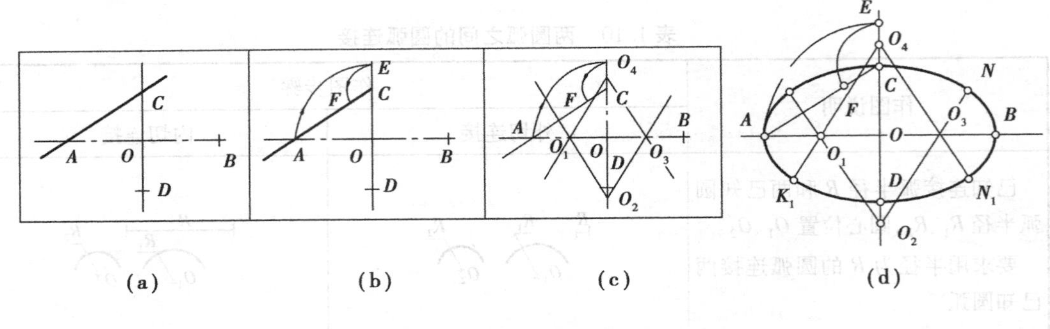

图 1.25 椭圆近似画法

五、平面图形的识读及画法

1. 尺寸分析

平面图形中的尺寸，根据尺寸所起的作用不同，分为定形尺寸和定位尺寸两类。而在标注和分析尺寸时，必须首先确定基准。

(1)基准

所谓基准就是标注尺寸的起点。一般平面图形常用的基准有以下几种：

①对称中心线。如图 1.26 所示手柄垂直方向的尺寸基准。

②主要的垂直或水平轮廓线。如图 1.26 所示手柄水平方向的尺寸基准。

③较大的圆的中心线，较长的直线等。

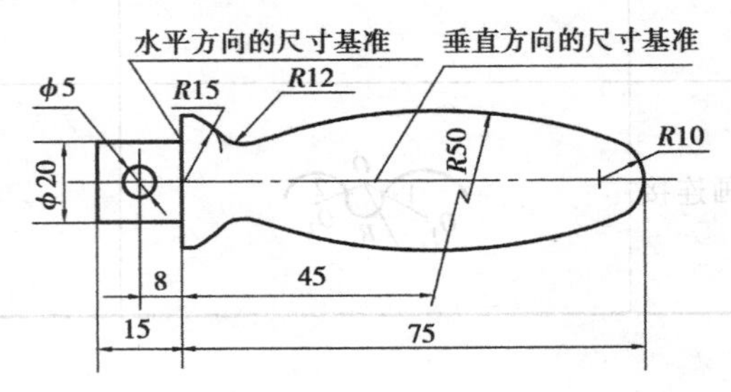

图 1.26 手柄尺寸基准

(2)定形尺寸

定形尺寸是确定图形中各部分几何形状大小的尺寸。如图 1.26 手柄尺寸：15,75,$R15$,

$R12$,$R50$,$R10$,$\phi20$,$\phi5$ 等。

(3)定位尺寸

定位尺寸是确定图形中各组成部分与基准之间相对位置的尺寸。如图 1.26 手柄尺寸:8,45。

其中 $R15$,$R12$,$R50$,$R10$ 尺寸既起定形又起定圆心位的作用。

2. 线段分析

平面图形中的线段或(圆弧)按照所给的尺寸齐全与否可以分为三类:(具体如图 1.27 所示)

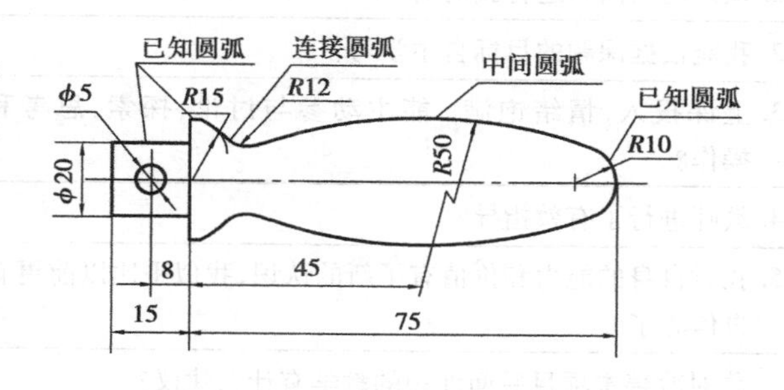

图 1.27　手柄线段分析

(1)已知弧

凡具有完整的定形尺寸(ϕ 及 R)和定位尺寸(圆心的两个定位尺寸),能直接画出的圆弧,称为已知弧。

(2)中间弧

仅知道圆弧的定形尺寸和圆心的一个定位尺寸,需借助与其一端相切的已知线段,求出圆心的另一定位尺寸,然后才能画出的圆弧,称为中间弧。

(3)连接弧

只有定形尺寸而无定位尺寸,需借助与其两端相切的线段,求出圆心后才能画出的圆弧,称为连接弧。

3. 画图步骤

手柄平面图绘制步骤如下:

(1)画出基准线,如图 1.28(a)所示。

(2)画出已知线段,如图 1.28(b)所示。

(3)画出中间线段,如图 1.28(c)所示。

(4)画出连接线段,如图 1.28(d)所示。

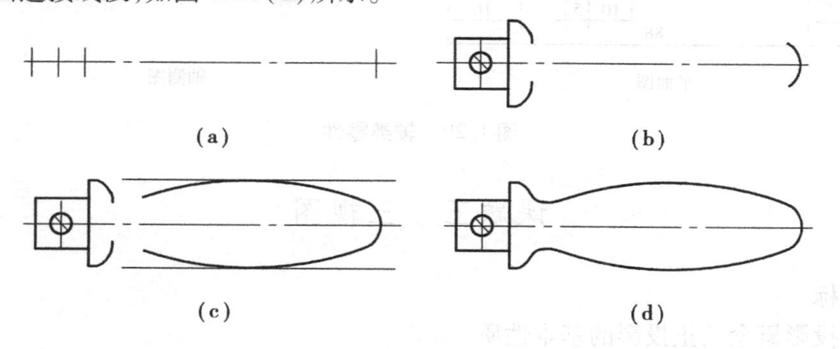

图 1.28　手柄绘制步骤

学习评估

现在已经完成了这一课题的学习，希望你能对所参与的活动提出意见。

请在相应的栏目内"√"	非常同意	同意	没有意见	不同意	非常不同意
1. 该课题的内容适合我的需求？					
2. 我能根据课题的目标自主学习？					
3. 上课投入，情绪饱满，能主动参与讨论、探索、思考和操作？					
4. 教师进行了有效指导？					
5. 我对自身的能力和价值有了新的认识，我似乎比以前更有自信心了？					
你对改善本项目后面课题的教学有什么建议？					

巩固与练习

如图 1. 29 所示平面图是一个用数控车床加工的轴类零件，请先对尺寸和线段进行分析，然后自定比例，画出该轴类零件平面图。

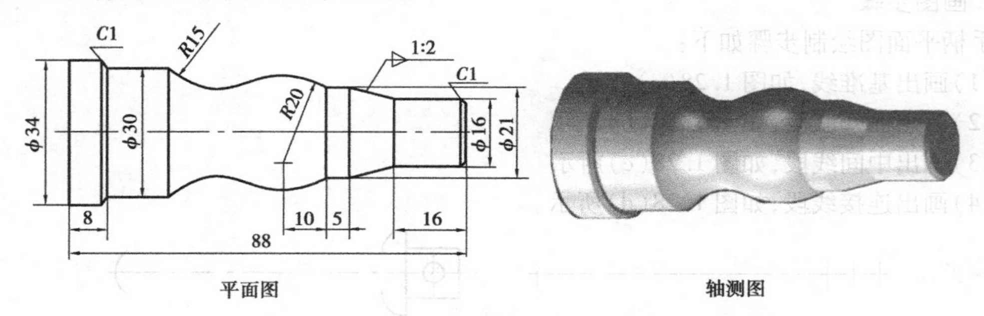

图 1. 29　轴类零件

课题三　三视图

知识目标

1. 知道投影概念及正投影的基本性质。
2. 掌握三视图的形成及投影规律。

技能目标

1. 达到一定的空间想象能力。
2. 能够认识简单的三视图。
3. 能够分析三视图的尺寸和方位关系。

实例引入

如图 1. 30 所示为一钳工锉削长方体的零件图。假设无左下角的立体图,你能看出该物体的形状及各部分的尺寸吗？看机械图样时,我们应了解空间物体在平面上的表达方法,这就是投影知识。

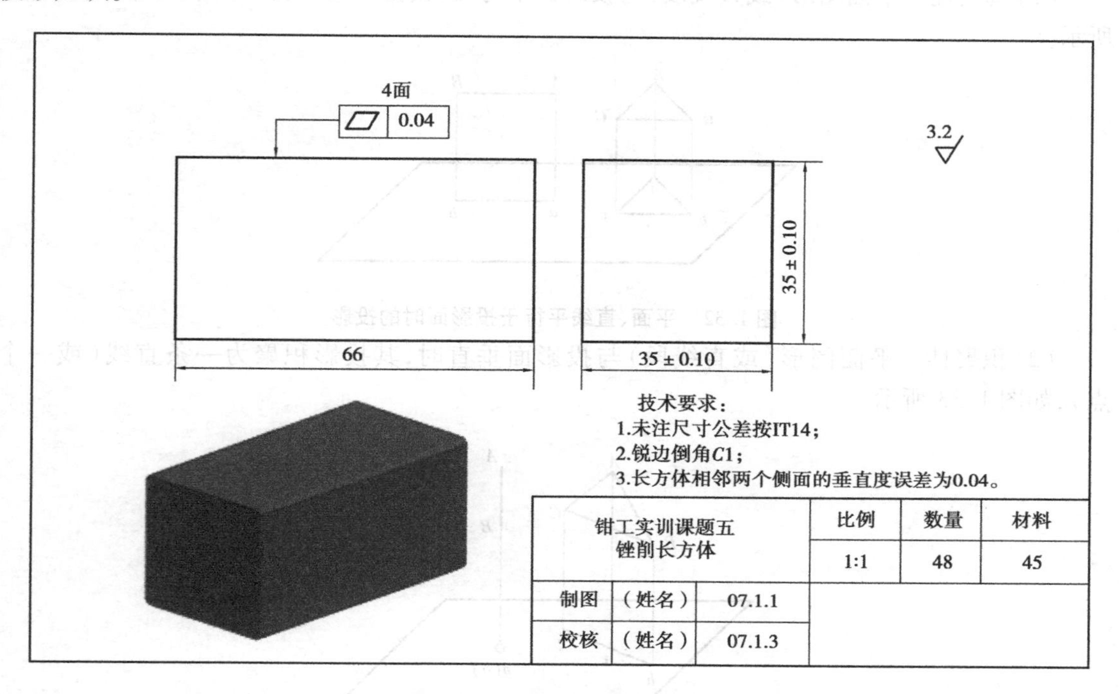

图 1. 30　钳工锉削长方体零件图

课题完成过程

一、投影概念及正投影的基本性质

1. 投影和投影法

光线照射物体,在地面或墙面就会留下物体的影子,物体的影子称为投影。人们对这种现象进行研究并总结出其中的规律,便形成了投影法。

2. 正投影法

用投射线投射物体,在选定的面上得到物体图形的方法,称为投影法。平行投射线与投影面垂直时,称为正投影法,根据正投影法所得的图形,称为正投影或正投影图,如图 1. 31 所示。

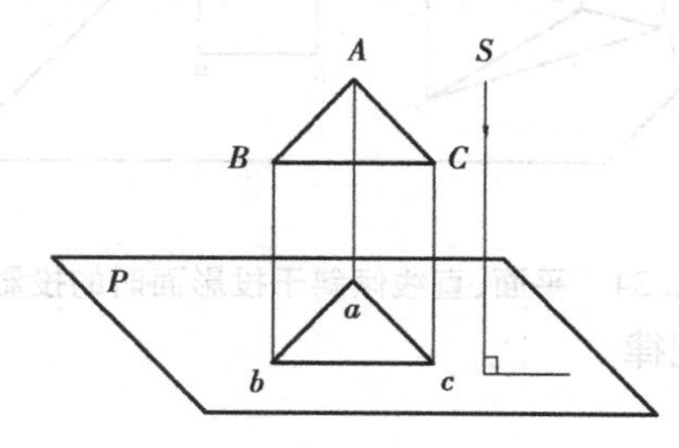

图 1. 31　正投影法

由于正投影法的投影线相互平行且垂直于投影面,利用正投影可以较好地表达物体表面的真实形状和大小,且作图简便。因此,正投影法是绘制机械图样最常用的方法。

3. 正投影的基本性质

(1)真实性。平面图形(或直线段)与投影面平行时,其投影反映实形(或实长),如图1.32所示。

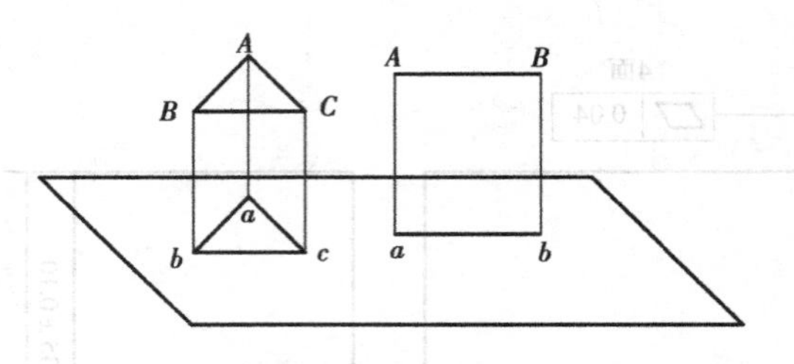

图 1.32 平面、直线平行于投影面时的投影

(2)积聚性。平面图形(或直线段)与投影面垂直时,其投影积聚为一条直线(或一个点),如图 1.33 所示。

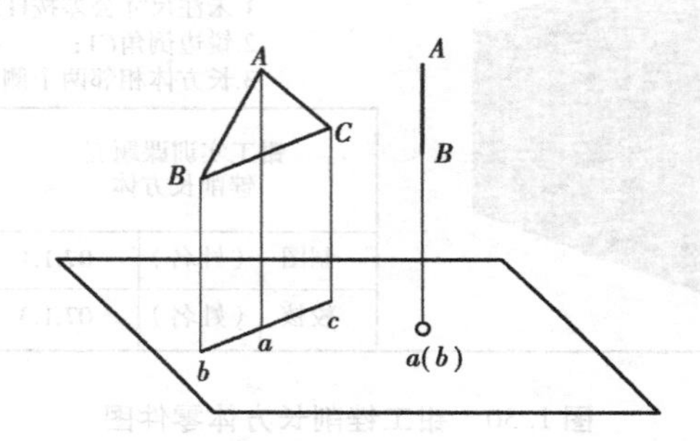

图 1.33 平面、直线垂直于投影面时的投影

(3)类似性。平面图形(或直线段)与投影面倾斜时,其投影变小(或变短),但投影的形状仍与原来形状相类似,如图 1.34 所示。

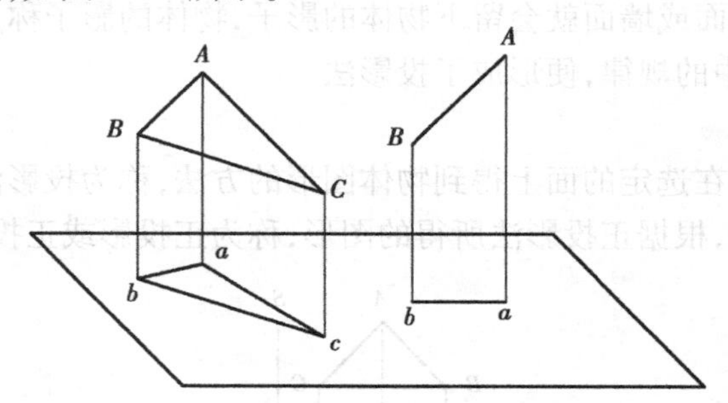

图 1.34 平面、直线倾斜于投影面时的投影

二、三视图的形成及投影规律

1. 三视图的形成

在绘制机械图样时,通常将正投影图称为视图。只有一个视图是不能完整地表达物体的形状。如图 1.35 所示,几个形状不同的物体,它们在投影面上的视图完全相同。因此,一般要

从三个方向观察物体,才能表达清楚物体的形状,这就是三视图的知识。

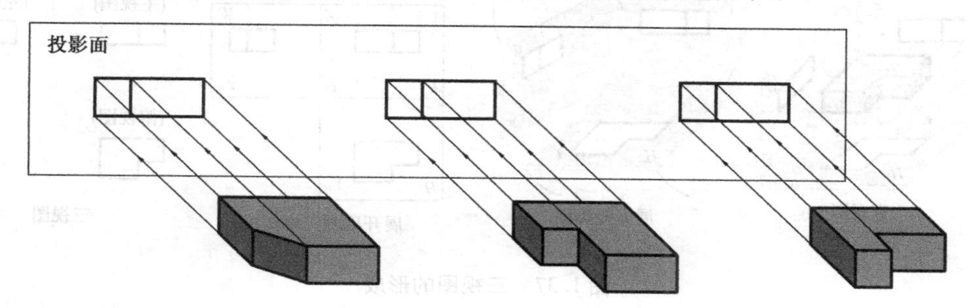

图 1.35　不同的物体在同一投影面可以得到相同的投影

(1)位置关系。学习机械制图,最重要的是要搞清楚物体的位置关系。如图 1.36 所示,一观察者站在教室里面,脸朝向黑板。此时:

①地面称为水平面,用字母“*H*”表示。

②黑板称为正平面,用字母“*V*”表示。

③观察者右面的墙壁称为侧平面,用字母“*W*”表示。

④*H* 与 *V* 的交线叫 *X* 轴。

⑤*H* 与 *W* 的交线叫 *Y* 轴。

⑥*V* 与 *W* 的交线叫 *Z* 轴。

⑦*X* 轴、*Y* 轴和 *Z* 轴相交于 *O* 点。

⑧观察者的左面为“左”,观察者的右面为“右”,靠近观察者(脸这一面)为“前”,远离观察者为“后”,观察者头顶方向为“上”,观察者脚的方向为“下”,这就是在 *H*,*V*,*W* 三投影面体系中,前、后、左、右、上、下六个位置关系的确定情况。

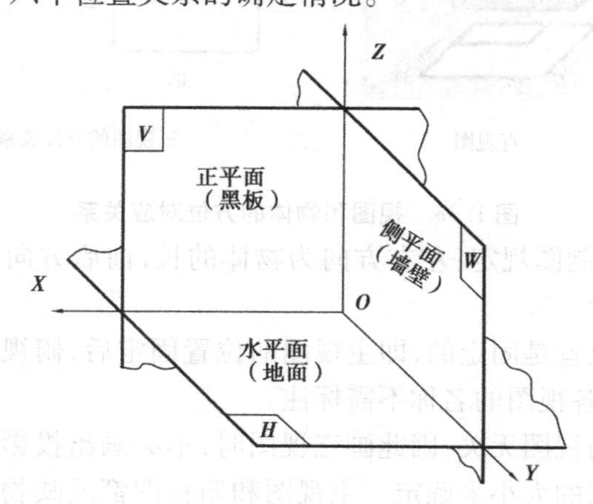

图 1.36　三投影面体系

(2)三视图的形成。三视图的形成如图 1.37 所示,物体放在三投影面体系中,得到三个投影图。为了绘图方便:*V* 面保持不动,*H* 投影面绕 *X* 轴向下转 90°, *W* 投影面绕 *Z* 轴向右转 90°,于是 *H* 面和 *W* 面与 *V* 面同在一平面内。在三个投影面得到的三个投影图分别叫:

①主视图。物体在 *V* 面上的投影。

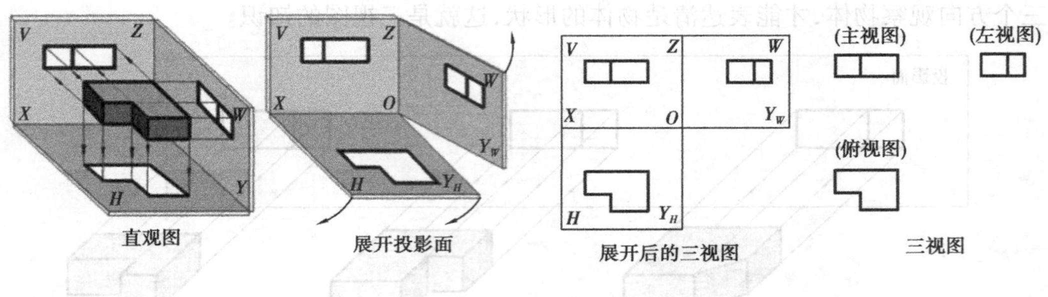

图 1.37　三视图的形成

②俯视图。物体在 H 面上的投影。

③左视图。左视图又叫侧视图,是物体在 W 面上的投影。

2. 三视图的投影规律

(1)方位关系。从图 1.38 中,可以看出:

①主视图反映物体的左、右、上、下方位。

②俯视图反映物体的左、右、前、后方位。

③侧视图反映物体的上、下、前、后方位。

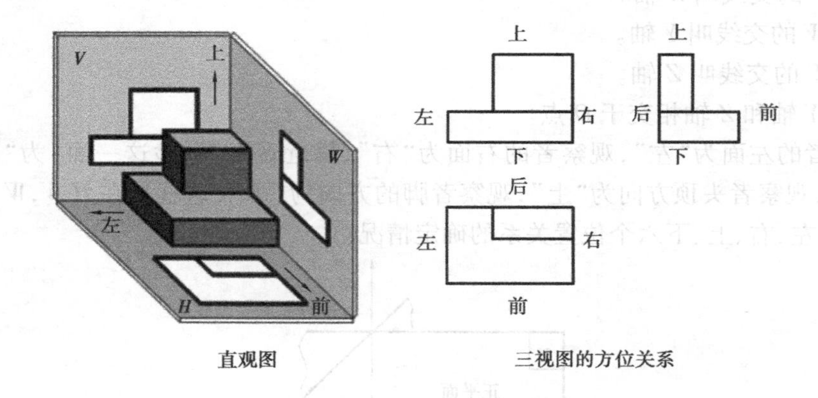

图 1.38　视图和物体的方位对应关系

(2)投影规律。机械制图规定:左右方向为物体的长,前后方向为物体的宽,上下方向为物体的高,如图 1.39 所示。

三视图之间的相对位置是固定的,即主视图的位置固定后,俯视图在主视图的正下方,左视图在主视图的正右方,各视图的名称不需标注。

由于投影面的大小与视图无关,因此画三视图时,不必画出投影面的边界,视图之间的距离可根据图纸幅面和视图的大小来确定。主视图和俯视图都反映物体的长,主视图和左视图都反映物体的高,俯视图和左视图都反映物体的宽,因一个物体只有同一个长、宽和高,由此得出三视图具有“长对正、高平齐、宽相等”(三等)的投影规律。

如图 1.39 所示,无论是整个物体或物体的局部,在三视图中,其投影都必须符合“长对正、高平齐、宽相等”的关系。

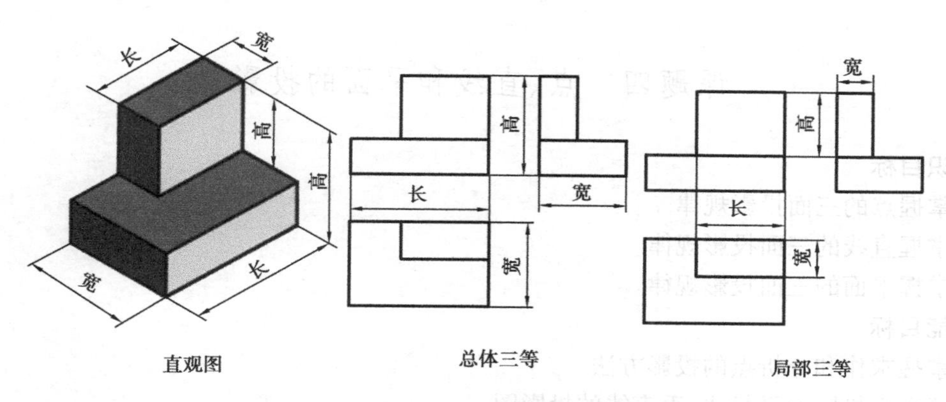

图 1.39　三视图投影规律

学习评估

现在已经完成了这一课题的学习，希望你能对所参与的活动提出意见。

请在相应的栏目内"√"	非常同意	同意	没有意见	不同意	非常不同意
1. 该课题的内容适合我的需求？					
2. 我能根据课题的目标自主学习？					
3. 上课投入，情绪饱满，能主动参与讨论、探索、思考和操作？					
4. 教师进行了有效指导？					
5. 我对自身的能力和价值有了新的认识，我似乎比以前更有自信心了？					
你对改善本项目后面课题的教学有什么建议？					

巩固与练习

如图 1.40 所示，说出三视图的位置关系、投影关系，并在括号内填写对应的方位关系。

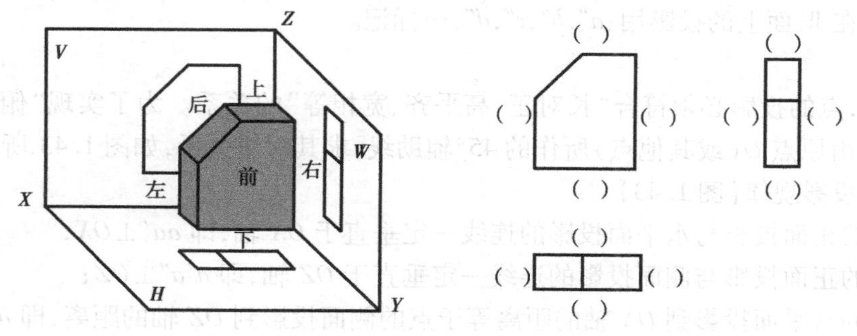

图 1.40　三视图巩固与练习

课题四　点、直线和平面的投影

知识目标

1. 掌握点的三面投影规律。
2. 掌握直线的三面投影规律。
3. 掌握平面的三面投影规律。

技能目标

1. 掌握求作和分析点的投影方法。
2. 能画出投影面平行线、垂直线的投影图。
3. 能分析识别投影面平行面、垂直面。

实例引入

如图 1.41 所示，点、线和面是组成形体的基本元素，只有对形体上点、线和面的投影分析清楚后，才能真正看懂三视图。本课题将学习点、直线和平面的投影。

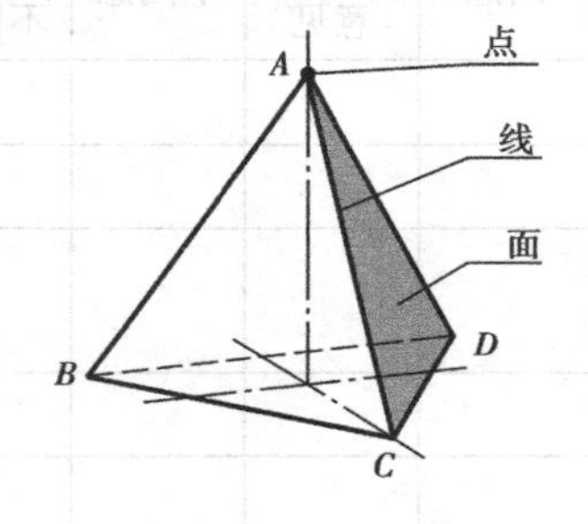

图 1.41　棱锥

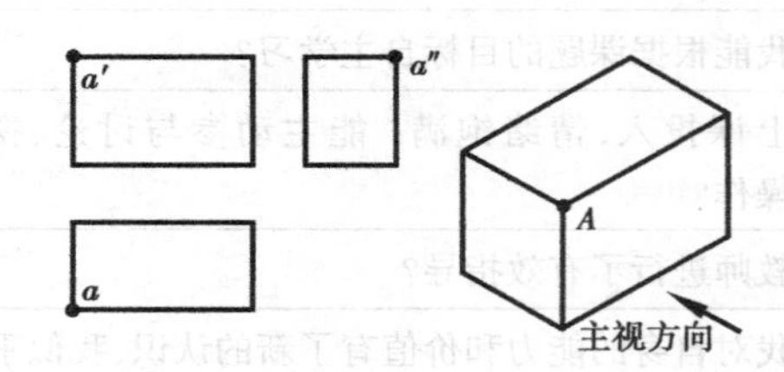

图 1.42　长方体顶点三视图

课题完成过程

一、点的三面投影

如图 1.42 所示，点的投影特性：点的投影永远是点。

1. 点的投影标记

空间点用：$A,B,C,D,\cdots$标记；

空间点在 H 面上的投影用：$a,b,c,d,\cdots$标记；

空间点在 V 面上的投影用：$a',b',c',d',\cdots$标记；

空间点在 W 面上的投影用：$a'',b'',c'',d'',\cdots$标记。

2. 作图

作图时，点的投影必须符合"长对正、高平齐、宽相等"的关系。为了实现"俯、左视图宽相等"，可利用由原点 O（或其他点）所作的 45°辅助线，求其对应关系，如图 1.43 所示。

3. 点的投影规律（图 1.43）

（1）点的正面投影与水平面投影的连线一定垂直于 OX 轴，即 $aa' \perp OX$；

（2）点的正面投影与侧面投影的连线一定垂直于 OZ 轴，即 $a'a'' \perp OZ$；

（3）点的水平面投影到 OX 轴的距离等于点的侧面投影到 OZ 轴的距离，即 $aa_X = a''a_Z$。

例 1：如图 1.44（a）所示，已知点 A 的 V 面投影 a'和 H 面投影 a，求 W 面投影 a''。

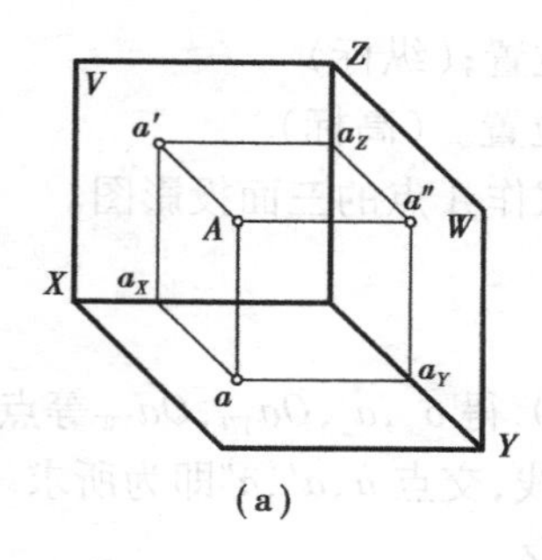

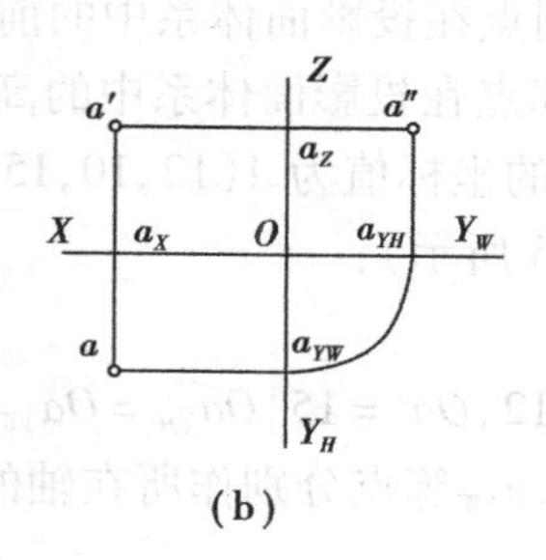

图 1.43　点的投影规律

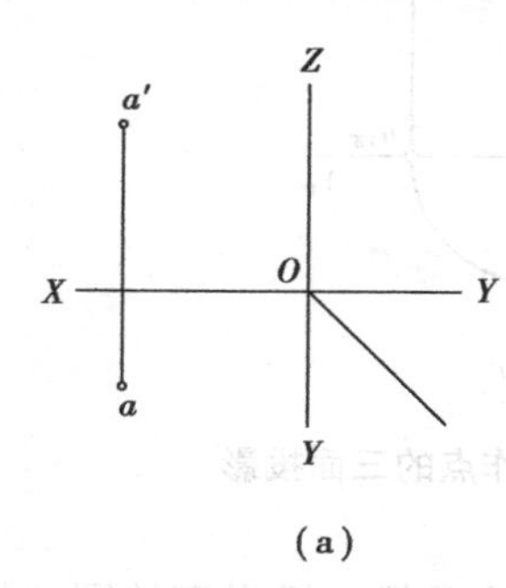

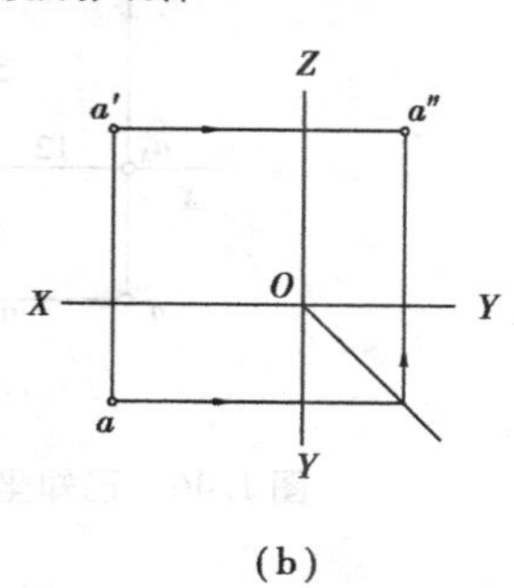

图 1.44　补画点的第三面投影

作图:

(1) 过原点 O 作 45°线。

(2) 过 a 作平行于 X 轴的直线与 45°线相交,再过交点作平行于 Z 轴的直线。

(3) 过 a' 作平行于 X 轴的直线与平行于 Z 轴的直线相交于 a'',即为所求,如图 1.44(b)所示。

4. 点的坐标

A 点到 W 面的距离为 X 的坐标值

A 点到 H 面的距离为 Z 的坐标值　A 点表示为 $A(x,y,z)$,如图 1.45 所示。

A 点到 V 面的距离为 Y 的坐标值

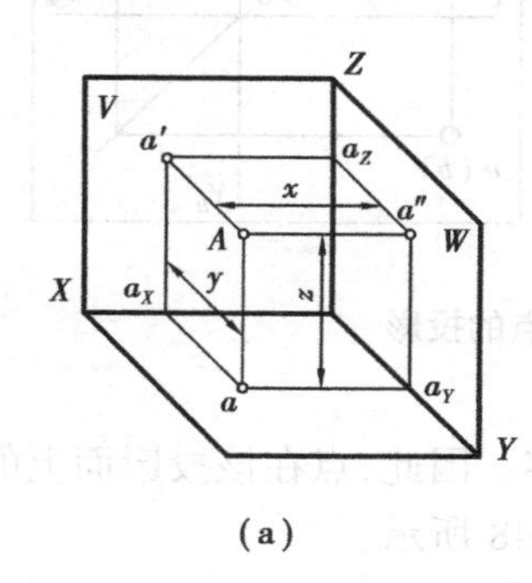

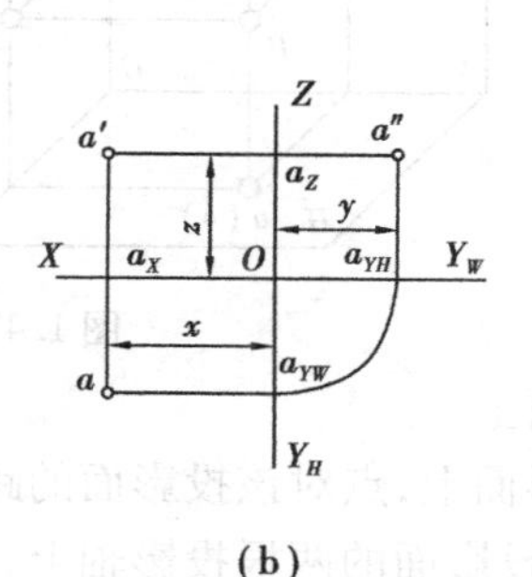

图 1.45　点的坐标

X 坐标确定空间点在投影面体系中的左右位置;(横标)

Y 坐标确定空间点在投影面体系中的前后位置;(纵标)

Z 坐标确定空间点在投影面体系中的高低位置。(高标)

例 2:已知 A 点的坐标值为 $A(12,10,15)$,试作 A 点的三面投影图。

步骤(如图 1.46 所示):

①作投影轴;

②量取:$Oa_x=12, Oa_z=15, Oa_{YH}=Oa_{YW}=10$,得 $a_x, a_z, Oa_{YH}, Oa_{YW}$ 等点 ;

③过 a_x, a_z, a_{YH}, a_{YW} 等点分别作所在轴的垂线,交点 a, a', a'' 即为所求。

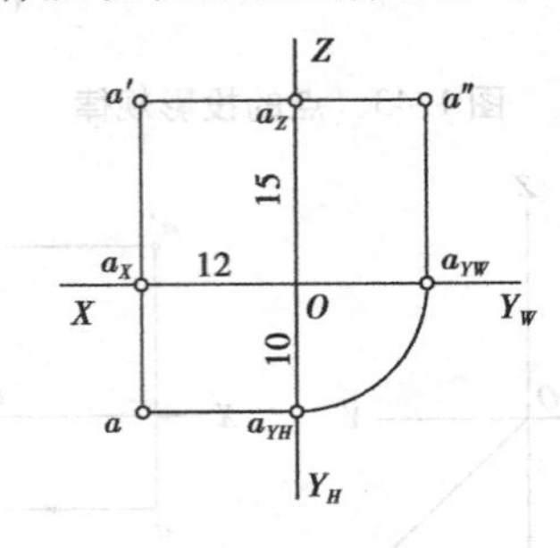

图 1.46　已知坐标作点的三面投影

5. 重影点的投影

当空间两点的某两个坐标值相等时,该两点处于某一投影面的同一投射线上,则这两点对该投影面的投影重合于一点。空间两点的同面投影重合于一点的性质,称为重影性,该两点称为重影点。

重影点有可见性问题。在投影图上,如果两个点的投影重合,则对重合投影所在投影面的距离较大的那个点是可见的,而另一点是不可见的,应将不可见的字母用括号括起来,如图 1.47所示。

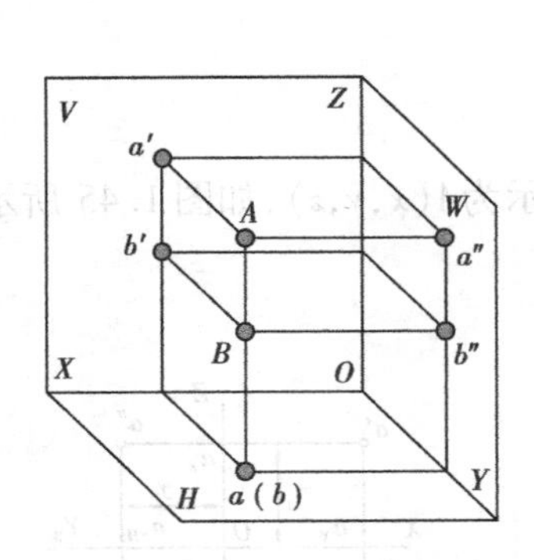

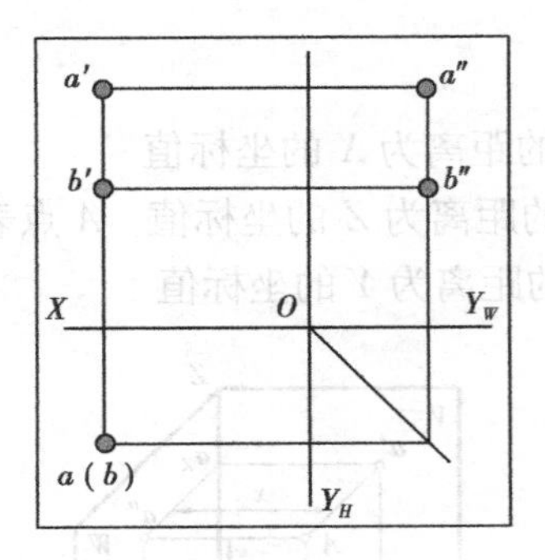

图 1.47　重影点的投影

6. 点在投影面上

由于点在投影面上,点对该投影面的距离为零。因此,点在该投影面上的投影与空间点重合,另两投影在该投影面的两根投影轴上,如图 1.48 所示。

二、直线的三面投影

在绘制直线的投影图时,只要作出直线上任意两点的投影,再将两点的同面投影连接起来,即得到直线的三面投影。

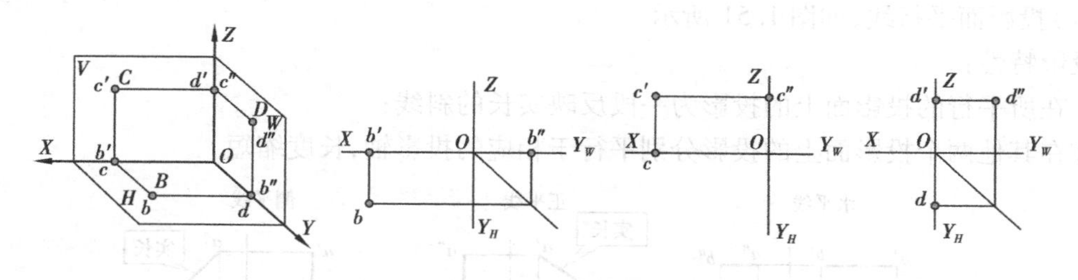

图 1.48　点在投影面上的投影

例 3:已知直线 AB 端点坐标为 $A(20,15,5)$，$B(5,5,20)$，作 AB 的三面投影。

作图步骤学生思考，直线 AB 的三面投影如图 1.49 所示。

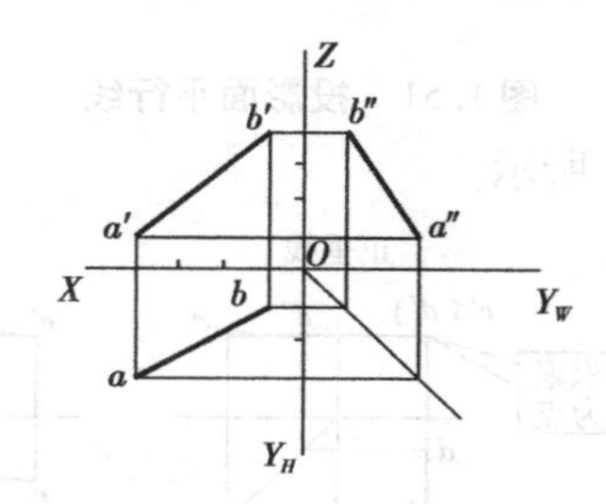

图 1.49　直线 AB 的三面投影

1. 直线的投影特性

(1)直线倾斜于投影面:投影具有收缩性，投影变短线，如图 1.50(a)所示。

(2)直线平行于投影面:投影具有真实性，投影实长线，如图 1.50(b)所示。

(3)直线垂直于投影面:投影具有积聚性，投影聚一点，如图 1.50(c)所示。

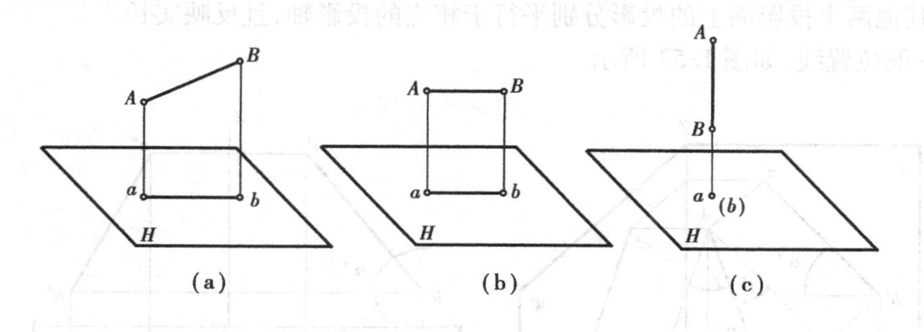

图 1.50　直线的投影特性

2. 直线在三投影面体系中的投影特性

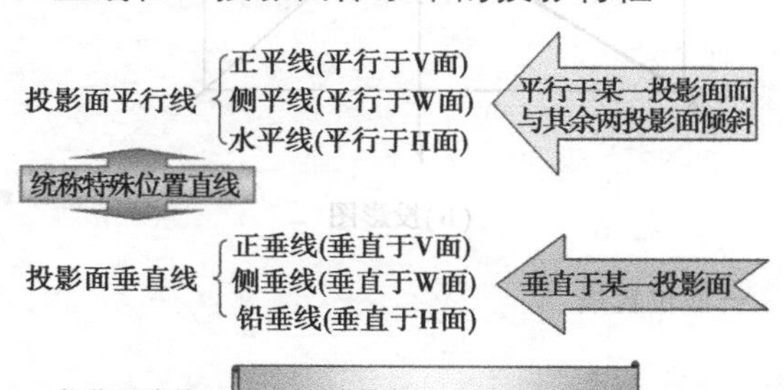

(1)投影面平行线,如图 1.51 所示。

投影特性:

①在所平行的投影面上的投影为一段反映实长的斜线;

②在其他两个投影面上的投影分别平行于相应的投影轴,长度缩短。

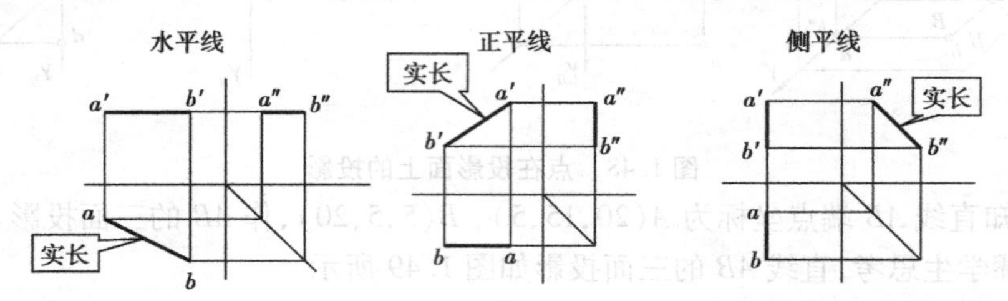

图 1.51　投影面平行线

(2)投影面垂直线,如图 1.52 所示。

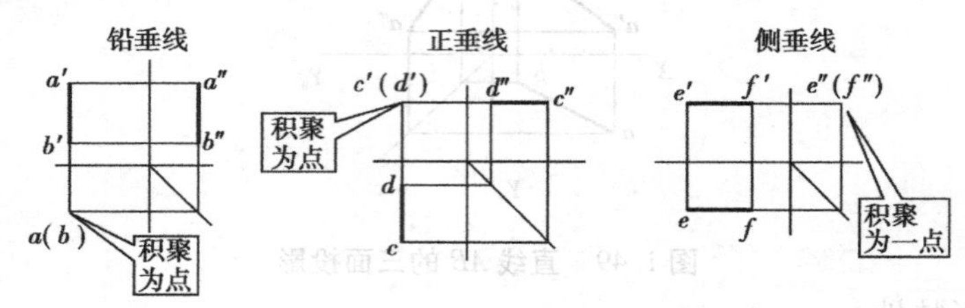

图 1.52　投影面垂直线

投影特性:

①在所垂直的投影面上的投影积聚为一点;

②在其他两个投影面上的投影分别平行于相应的投影轴,且反映实长。

(3)一般位置线,如图 1.53 所示。

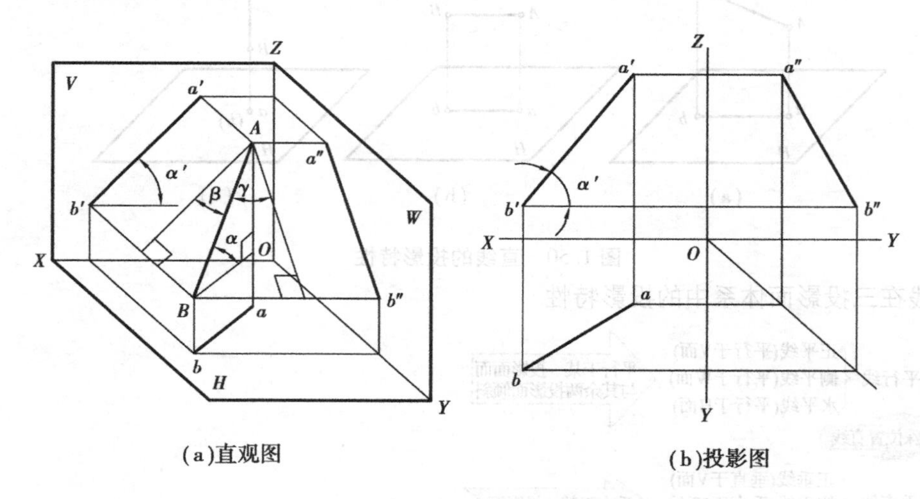

(a)直观图　　(b)投影图

图 1.53　一般位置线

投影特性:

①三个投影都倾斜于投影轴,长度均小于实长;

②投影与投影轴的夹角不反映直线对投影面的真实倾角。

三、平面的三面投影

将平面进行投影时，可根据平面的几何形状特点及其对投影面的相对位置，找出能够决定平面的形状、大小和位置的一系列点来，然后作出这些点的三面投影，并连接这些点的同面投影，即得到平面的三面投影。

例4：已知一平面的正面投影和水平面投影，补画第三面投影。

作图步骤（如图1.54所示）：

（1）标点1,2,3,4,5,6；

（2）找点的对应投影1′,2′,3′,4′,5′,6′；

（3）求点的第三投影1″,2″,3″,4″,5″,6″；

（4）连线。

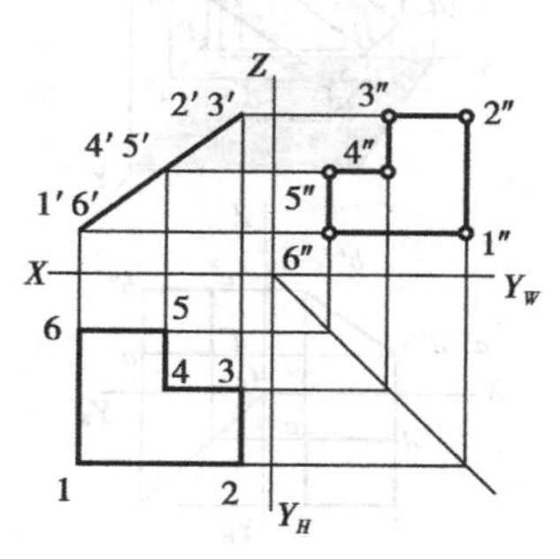

图1.54　补画平面的第三面投影

1. 平面的投影特性

（1）平面平行于投影面：投影具有真实性，投影原形现，如图1.55(a)所示。

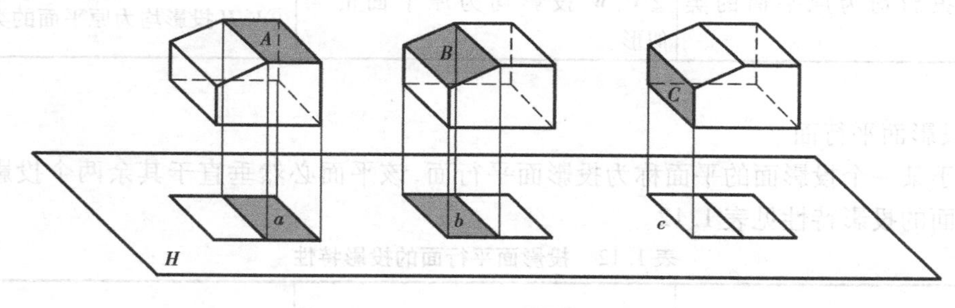

(a)真实性　(b)收缩性　(c)积聚性

图1.55　平面的投影特性

（2）平面倾斜于投影面：投影具有收缩性，投影面积变，如图1.55(b)所示。

（3）平面垂直于投影面：投影具有积聚性，投影聚成线，如图1.55(c)所示。

2. 平面的三面投影特性

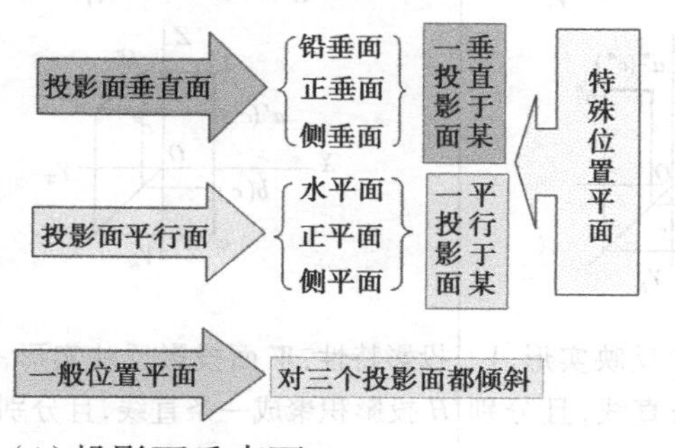

（1）投影面垂直面

垂直于某一个投影面，而倾斜于其余两个投影面的平面为投影面垂直面。投影面垂直面的投影特性见表1.11。

表 1.11　投影面垂直面的投影特性

正垂面	铅垂面	侧垂面
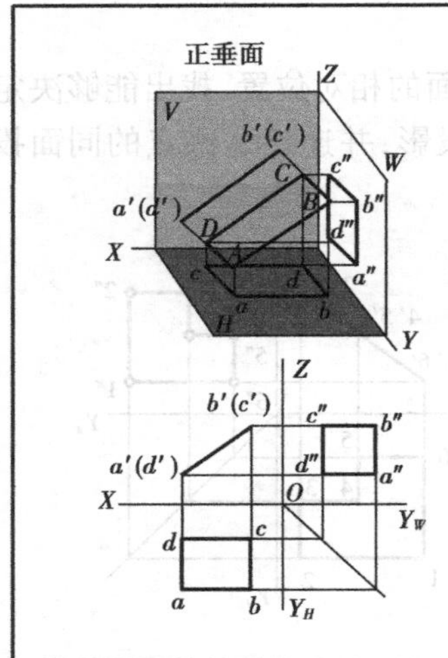	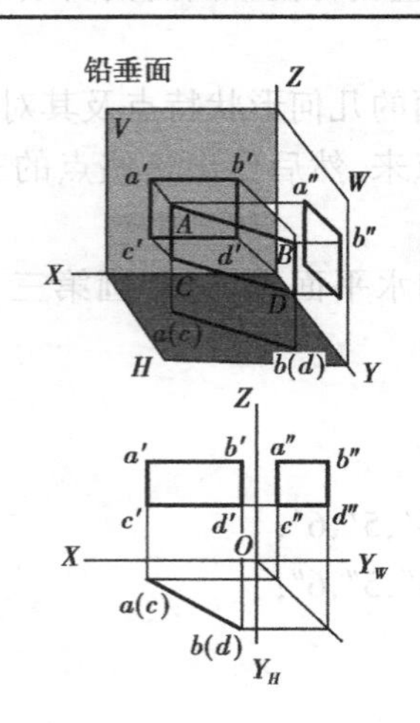	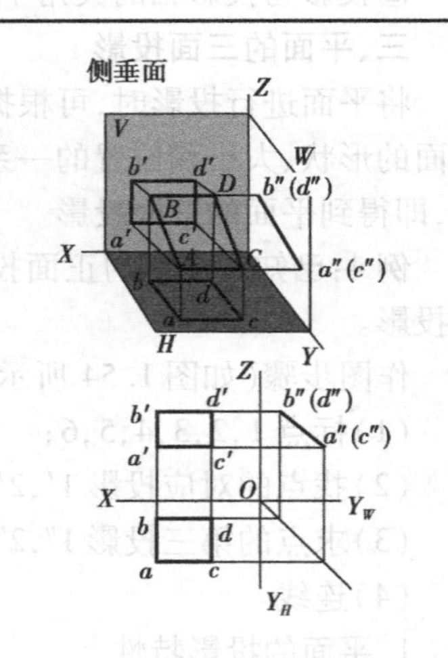
投影特性： ①*V* 面投影积聚成一条直线。 ②*H*、*W* 投影均为原平面的类似形。	投影特性： ①*H* 面投影积聚成一条直线。 ②*V*、*W* 投影均为原平面的类似形。	投影特性： ①*W* 面投影积聚成一条直线。 ②*V*、*H* 投影均为原平面的类似形。

（2）投影面平行面

平行于某一个投影面的平面称为投影面平行面，该平面必然垂直于其余两个投影面。投影面平行面的投影特性见表 1.12。

表 1.12　投影面平行面的投影特性

正平面	水平面	侧平面
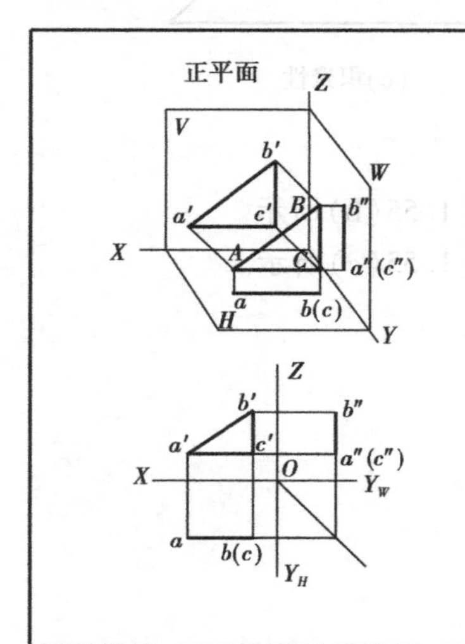	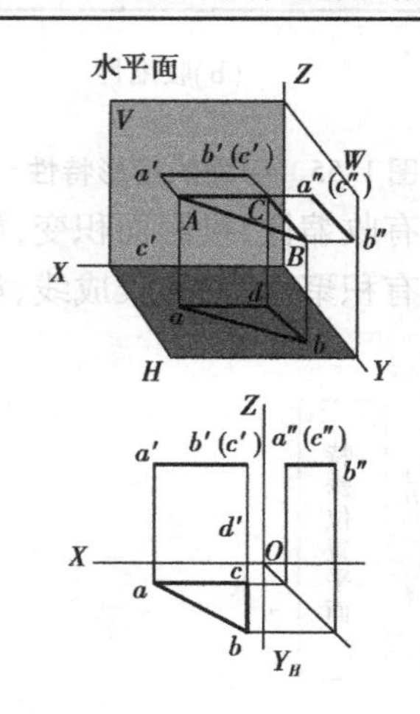	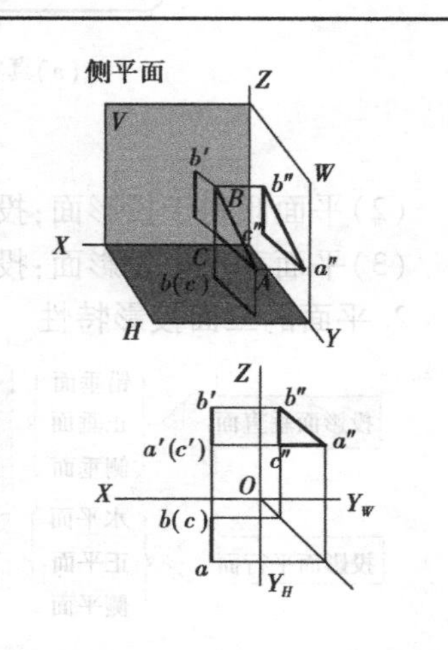
投影特性：*V* 面投影反映实形，*H*、*W* 投影积聚成一条直线，且分别平行与 *OX* 轴、*OZ* 轴	投影特性：*H* 面投影反映实形，*V*、*W* 投影积聚成一条直线，且分别平行与 OY_W 轴、*OX* 轴	投影特性：*W* 面投影反映实形，*V*、*H* 投影积聚成一条直线，且分别平行与 OY_H 轴、*OZ* 轴

(3)一般位置平面

对三个投影面都倾斜的平面。其特性为:三面投影均不反映实形,也不具有积聚性,如图1.56所示。

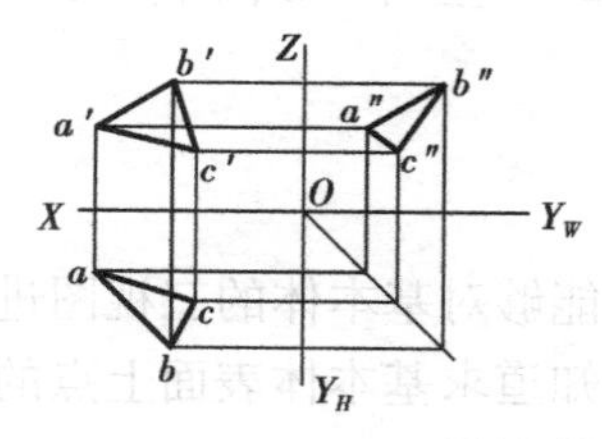

图1.56　一般位置平面

学习评估

现在已经完成了这一课题的学习,希望你能对所参与的活动提出意见。

请在相应的栏目内“√”	非常同意	同意	没有意见	不同意	非常不同意
1. 该课题的内容适合我的需求?					
2. 我能根据课题的目标自主学习?					
3. 上课投入,情绪饱满,能主动参与讨论、探索、思考和操作?					
4. 教师进行了有效指导?					
5. 我对自身的能力和价值有了新的认识,我似乎比以前更有自信心了?					
你对改善本项目后面课题的教学有什么建议?					

巩固与练习

根据平面*ABC*的三视图,分析空间平面的位置,并判断是什么面。

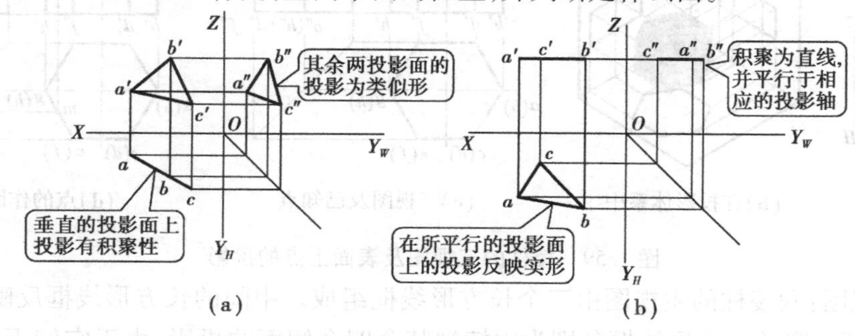

图1.57　分析空间平面

图 1. 57(a)空间平面 ABC 为＿＿＿＿面， 图 1. 57(b)空间平面 ABC 为＿＿＿＿面。

课题五 基本几何体的三视图

知识目标

1. 知道基本体及其分类。

图 1.58 阀

2. 能够对基本体的三视图进行投影分析。

3. 知道求基本体表面上点的投影方法。

技能目标

能够画出六棱柱、三棱锥、圆柱、圆锥、圆球等三视图。

实例引入

机器上的零件,由于其作用不同而有各种各样的结构形状,不管它们的形状如何复杂,都可以看成是由一些简单的基本几何体组合起来的,如图 1. 58 所示是一个水阀,由棱柱、棱锥、圆柱、圆锥、圆球、圆环等基本几何体组成。

课题完成过程

基本几何体又分为平面立体和曲面立体两类。平面立体:表面都是由平面所构成的形体,如棱柱、棱锥。曲面立体:表面是由曲面和平面或者全部是由曲面构成的形体,如圆柱、圆锥、球体。

一、棱柱

1. 棱柱的三视图分析

棱柱体属平面立体,其表面均是平面。下面以正六棱柱为例,来说明棱柱体的形体及投影分析的方法。

正六棱柱如图 1. 59(a)所示。它由 8 个面构成,其上、下两个面为全等而且相互平行的正六边形。侧面为 6 个全等且与上、下两个面均垂直的长方形。

投影作图时,正六棱柱的上、下底面平行于 H 面放置,前、后两个侧面平行于 V 面放置,然后进行三面投影,如图 1. 59 所示。

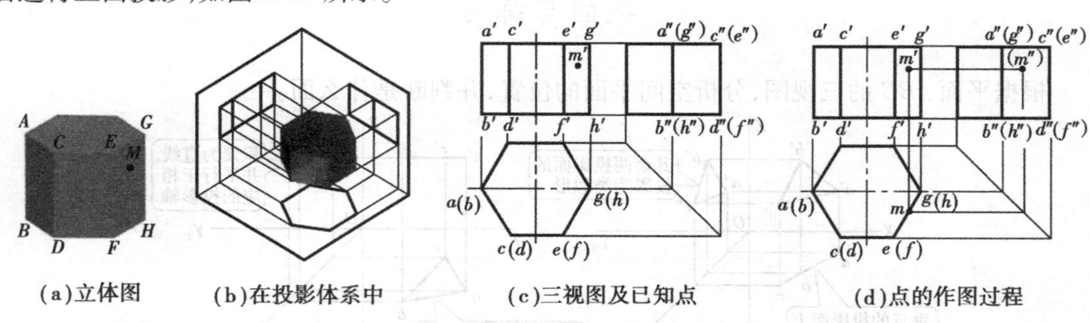

图 1. 59 棱柱的三视图及表面上点的投影

(1)主视图:六棱柱的主视图由三个长方形线框组成。中间的长方形线框反映前、后面的实形;左、右两个窄的长方形线框分别为六棱柱其余四个侧面的投影,由于它们不与正面 V 平行,因此投影不反映实形。顶、底面在主视图上的投影积聚为两条平行于 OX 轴的直线。

(2)俯视图:六棱柱的俯视图为一正方形,反映顶、底面的实形。6 个侧面垂直于水平面 H,它们的投影都积聚在正六边形的六条边上。

(3)左视图:六棱柱的左视图由两个长方形线框组成。这两个长方形线框是六棱柱左边两个侧面的投影,且遮住了右边两个侧面。由于两侧面与侧投影面 W 面倾斜,因此投影不反映实形。六棱柱的前、后面在左视图上的投影有积聚性,积聚为右边和左边两条直线;上、下两条水平线是六棱柱顶面和底面的投影,积聚为直线。

2. 棱柱三视图的画图步骤

(1)先画出三个视图的对称线作为基准线,然后画出六棱柱的俯视图;

(2)根据"长对正"和棱柱的高度画主视图,并根据"高平齐"画左视图的高度线;

(3)根据"宽相等"完成左视图。

3. 求棱柱表面上点的投影

已知棱柱表面上 M 点的正面投影 m',如图 1.59(c)所示,通过观察立体图 1.59(a)可知,点 M 在正六棱柱 $EFHG$ 侧面上,$EFHG$ 侧面在俯视图上的投影具有积聚性,我们可利用积聚性作出点的其余两个投影 m 及 m'',作法如图 1.59(d)所示。

二、棱锥

1. 棱锥的三视图分析

有一个面是多边形,其余各面有一个公共顶点的三角形的平面立体称为棱锥。棱锥体属平面立体,其表面均是平面。下面以正三棱锥为例,来说明棱锥体的形体及其投影分析方法。

正三棱锥如图 1.60(a)所示,它由四个面构成,其底面为等边三角形,三个侧面均为等腰三角形,三条棱线交于一点,即锥顶。

投影作图时,正三棱锥的底面 ABC 平行于 H 面放置,后侧面 SAC 垂直于 W 面放置,然后进行三面投影,如图 1.60 所示。

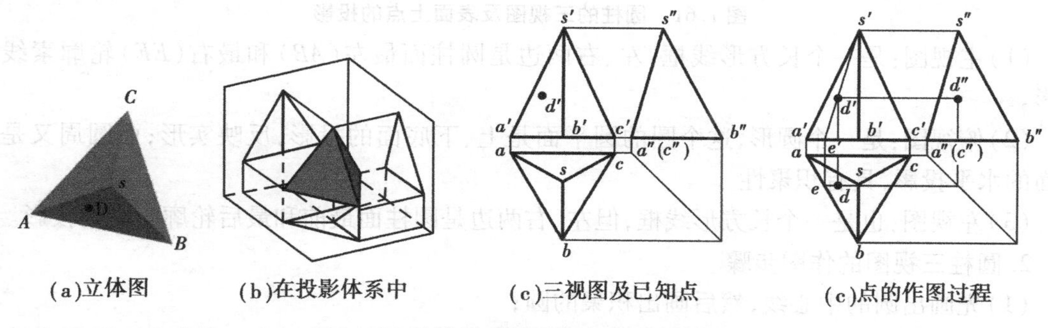

图 1.60　棱锥的三视图及表面上点的投影

(1)主视图:两个直角三角形线框,棱锥的底面具有积聚性,积聚为一条直线,前面两个侧面具有类似性。

(2)俯视图:三个等腰三角形线框,棱锥的底面具有真实性,为一个等边三角形,反映实形,其他三个侧面具有类似性。

(3)左视图:一个三角形线框,后面的那个侧面具有积聚性,积聚为一条直线。前面两个侧面具有类似性,棱锥的底面具有积聚性,积聚为一条直线。

2. 棱锥三视图的作图步骤

(1)画出作图基准线及反映底面实形的俯视图;

(2)由三棱锥的高,按投影关系画出主视图;

(3)由主、俯视图按投影关系画出左视图,检查并加深图线,完成作图。

3. 求棱锥体表面上点的投影

通过观察立体图可知,点 D 在 SAB 平面上,已知点 D 的正面投影,求点 D 的其余两个投影,我们可利用辅助直线法。具体作图过程,如图 1.60(c)所示,由点 S 过点 D 作直线 SE,因为点 D 在直线 SE 上,则点 D 的投影必在直线 SE 的同名投影上,由此可作出点 D 的其余两个投影。

三、圆柱

1. 圆柱的三视图分析

圆柱体表面是由圆柱面和上、下底平面(圆形)围成的,而圆柱面可以看成一条与轴线平行的直母线绕轴线旋转而成的。圆柱体属曲面立体,如图 1.61(a)所示。

投影作图时,圆柱的上、下两平面与 H 面平行放置,这时圆柱面必定垂直于 H 面,然后进行圆柱的三面投影,如图 1.61 所示。

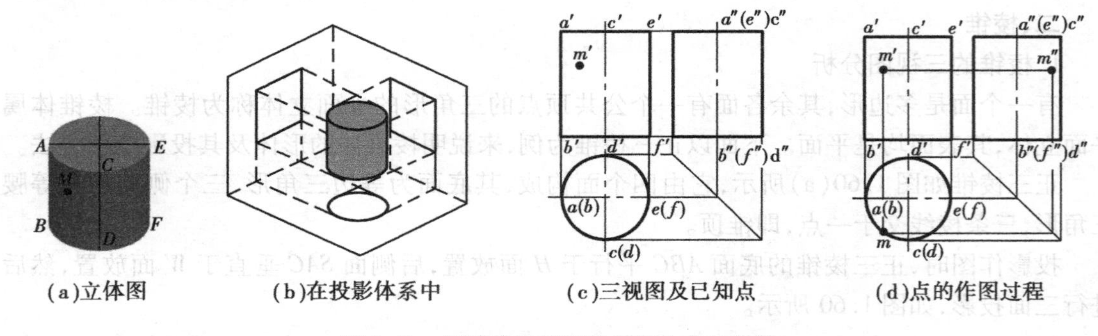

(a)立体图　(b)在投影体系中　(c)三视图及已知点　(d)点的作图过程

图 1.61　圆柱的三视图及表面上点的投影

(1)主视图:是一个长方形线框,左、右两边是圆柱面最左(AB)和最右(EF)轮廓素线的投影。

(2)俯视图:是一个圆形,这个圆的圆平面是上、下底面的投影,反映实形;而圆周又是圆柱面的水平投影,具有积聚性。

(3)左视图:也是一个长方形线框,但左、右两边是圆柱面最前和最后轮廓素线的投影。

2. 圆柱三视图的作图步骤

(1)先画出圆的中心线,然后画出积聚的圆;

(2)以中心线和轴线为基准,根据投影的对应关系画出其余两个投影图,即两个全等矩形。

(3)完成全图。

3. 求圆柱表面上点的投影

如图 1.61(a)所示,点 M 在圆柱面上,已知点 M 的正面投影,由于圆柱面在俯视图上的投影具有积聚性,因此我们可利用积聚性作点 M 的水平投影,再作第三面投影,具体作图过程如图 1.61(d)所示。

四、圆锥

1. 圆锥的三视图分析

圆锥体的表面由圆锥面和圆形底面围成，而圆锥面则可看成由直母线绕与它斜交的轴线旋转而成。属于曲面立体，如图 1.62(a)所示。

投影作图时，圆锥的底面平行于 H 面放置，然后进行三面投影，如图 1.62 所示。

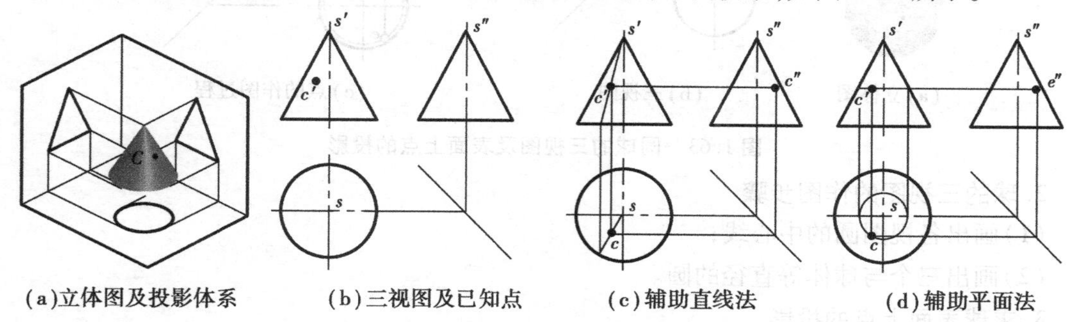

图 1.62　圆锥的三视图及表面上点的投影

(1)主视图：是一个等腰三角形，其底边为圆形底面的积聚性投影，两腰是最左、最右直素线的投影。

(2)俯视图：是一个圆，反映底面的实形；这个圆也是圆锥面的水平面投影，凡是在圆锥面上的点、线的水平面投影都应在圆平面的范围内。

(3)左视图：与它的主视图一样，也是一个等腰三角形。但其两腰所表示锥面的部位不同，试自行分析。

2. 圆锥三视图的作图步骤

(1)先画出中心线，然后画出圆锥底圆，画出主视图、左视图的底部；

(2)根据圆锥的高画出顶点；

(3)连轮廓线，完成全图。

3. 求圆锥表面上点的投影

如图 1.62(a)所示，圆锥体表面上有一点 C，且已知点 C 的正面投影，试作点 C 的其余两个投影。具体的作图方法有两种：辅助直线法和辅助平面法，如图 1.62(c)、图 1.62(d)所示。

五、圆球

1. 圆球的三视图分析

圆球的表面，可以看作是以一个圆为母线，绕其自身的直径(即轴线)旋转而成的立体，属于曲面立体，如图 1.63(a)所示。

投影作图时，因为圆球从任何一个方向看都是一个圆，所以圆球的三视图是三个直径都等于圆球直径的圆，如图 1.63(b)所示。

圆球的三视图虽然是三个相同的圆，但每个圆所反映圆球的方位是不同的。主视图中的圆是圆球上平行于 V 面的最大轮廓圆的投影，它将圆球面分为前、后两部分。俯视图中的圆是圆球上平行于 H 面的最大轮廓圆的投影，它将圆球面分为上、下两部分。左视图中的圆是圆球上平行于 W 面的最大轮廓圆的投影，它将圆球面分为左、右两部分。

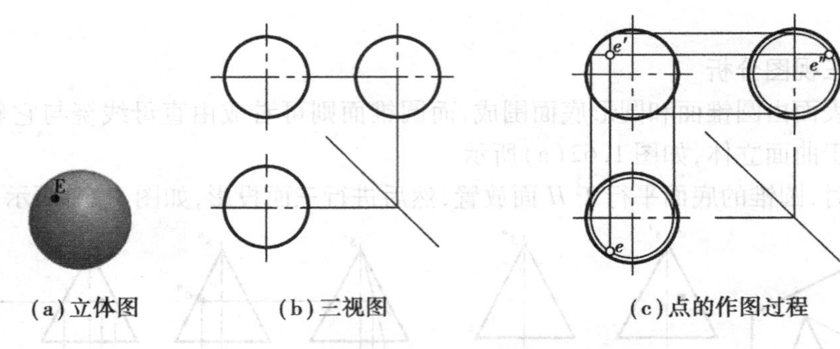

(a)立体图　(b)三视图　(c)点的作图过程

图1.63　圆球的三视图及表面上点的投影

2. 球的三视图的作图步骤

(1)画出各视图圆的中心线;

(2)画出三个与球体等直径的圆。

3. 求球表面上点的投影

由于球体表面不具有积聚性,故不能采用积聚性法来求得圆球表面上点的投影。同时,球体表面也不存在直线,因而也不能采用辅助直线法求得圆球表面上点的投影。对于球体表面常用辅助平面法来求点的投影。具体作图过程如图1.63(c)所示。

学习评估

现在已经完成了这一课题的学习,希望你能对所参与的活动提出意见。

请在相应的栏目内"√"	非常同意	同意	没有意见	不同意	非常不同意
1. 该课题的内容适合我的需求?					
2. 我能根据课题的目标自主学习?					
3. 上课投入,情绪饱满,能主动参与讨论、探索、思考和操作?					
4. 教师进行了有效指导?					
5. 我对自身的能力和价值有了新的认识,我似乎比以前更有自信心了?					
你对改善本项目后面课题的教学有什么建议?					

巩固与练习

1. 如图1.59(a)所示,对六棱柱表面上的顶点、棱线及平面进行投影分析。

2. 如图1.60所示,对三棱锥表面上的顶点、棱线及平面进行投影分析。如:直线SA和H,V,W投影面均倾斜,故直线SA的投影在H,V,W三个投影面上都有类似性,投影变短。

课题六　轴测图

知识目标

1. 知道轴测图的基本知识。

2. 掌握正等轴测图的画法。

3. 知道斜二等轴测图的画法。

技能目标

能够画简单的正等测图。

实例引入

如图 1.64 所示，是同一滚动轴承内圈的立体图，你知道它们作图方法有哪些不同吗？本课题将学习这方面的知识。

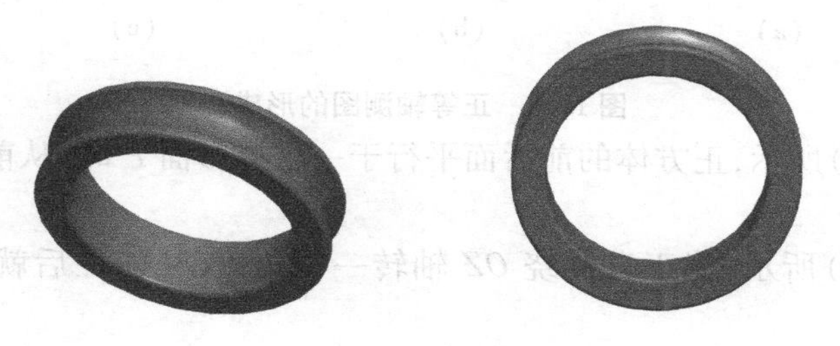

图 1.64　滚动轴承内圈立体图

课题完成过程

一、轴测图的形成

1. 轴测图的术语

轴测投影是将物体连同直角坐标体系，沿不平行于任意一坐标平面的方向，用平行投影法，将其投射在单一投影面上所得到的图形，简称为轴测图。

(1) 轴测投影面。轴测投影的单一投影面称为轴测投影面，如图 1.65 中的 P 平面。

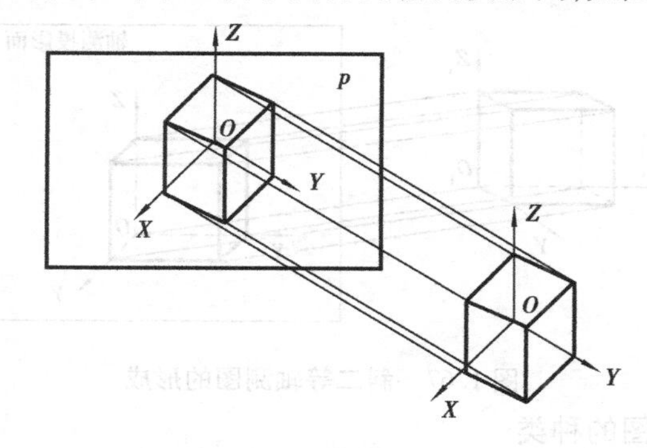

图 1.65　轴测图

(2)轴测轴。在轴测投影面上的坐标轴 OX，OY，OZ 称为轴测投影轴，简称轴测轴。

(3)轴间角。轴测投影中，任意两根轴测轴之间的夹角称为轴间角。

(4)轴向伸缩系数。轴测轴上的单位长度与相应直角坐标轴上的单位长度的比值称为轴向伸缩系数。OX,OY,OZ 轴上的轴向伸缩系数分别用 p_1,q_1,r_1 表示。

2. 正等轴测图的形成

正等轴测图的形成,如图 1.66 所示,可以这样理解:

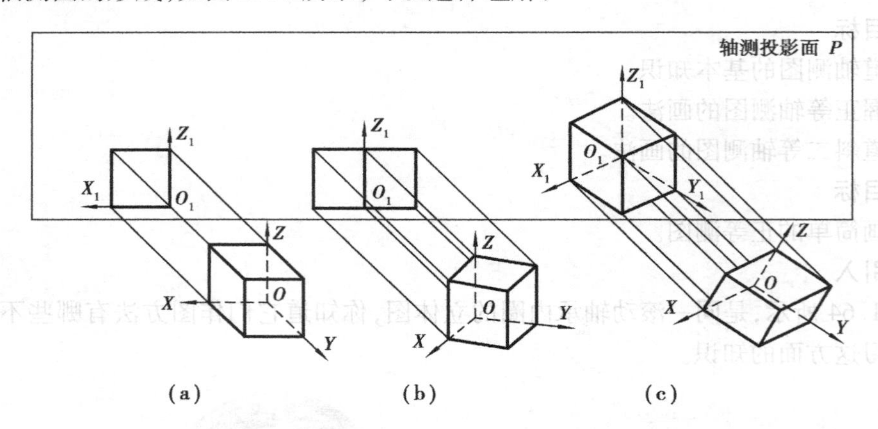

图 1.66　正等轴测图的形成

(1)如图 1.66(a)所示,正方体的前后面平行于一个投影面 P 时,从前往后能看到一个正方形。

(2)如图 1.66(b)所示,将正方体绕 OZ 轴转一个角度,从前往后就能看到正方体的两个面。

(3)如图 1.66(c)所示,将正方体再向前倾斜一个角度(至三个轴间角同为 120°),从前往后就能看到正方体的三个面。

这种轴测图称为正等轴测图,简称正等测。

3. 斜二等轴测图的形成

如图 1.67 所示,使正方体的 $X_1O_1Z_1$ 坐标面平行于轴测投影面 P,投射方向倾斜于轴测投影面 P,并且所选择的投射方向使 OX 轴与 OY 轴的夹角为 135°,这种轴测图称为斜二等轴测图,简称斜二测。

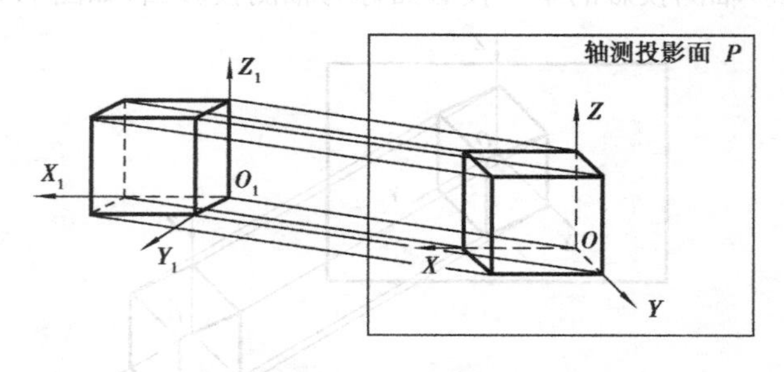

图 1.67　斜二等轴测图的形成

二、工程上常用轴测图的种类

工程上常用的轴测图有正等轴测图和斜二等轴测图。

为了便于作图,绘制轴测图时,对轴向伸缩系数进行简化,使其比值成为简单的数值。简化伸缩系数分别用 p,q,r 表示。常用轴测图的轴间角和简化伸缩系数见表 1.13。

表 1.13　常用的轴测投影

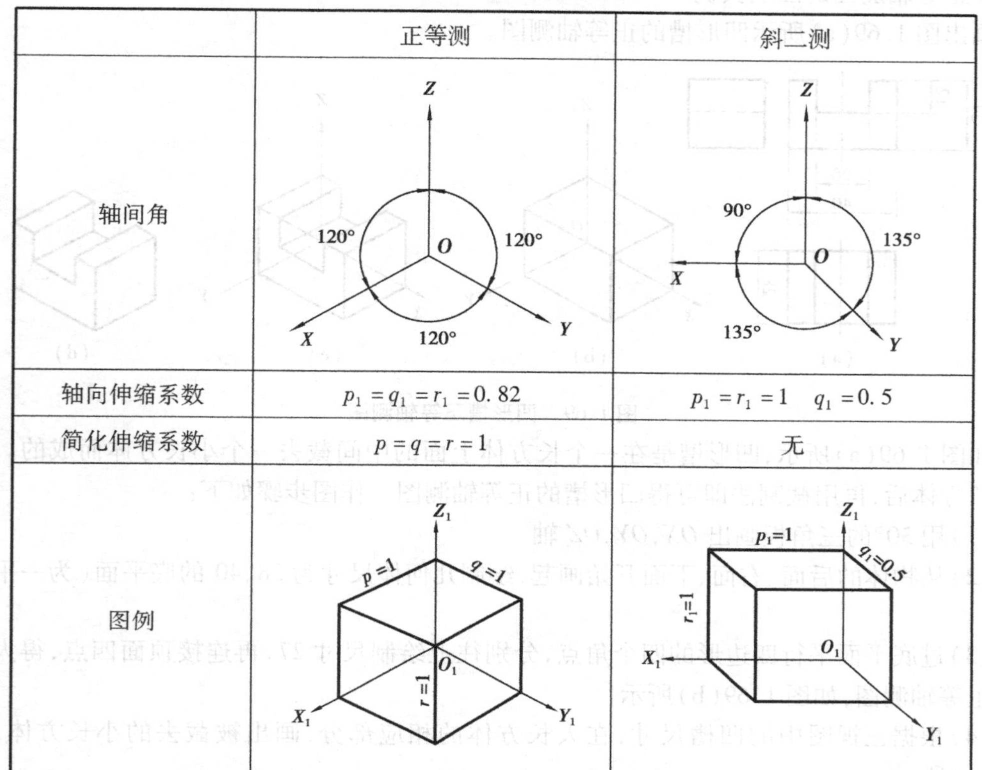

	正等测	斜二测
轴间角	120°　120°　120°	90°　135°　135°
轴向伸缩系数	$p_1 = q_1 = r_1 = 0.82$	$p_1 = r_1 = 1$　$q_1 = 0.5$
简化伸缩系数	$p = q = r = 1$	无
图例	$p=1$　$q=1$　$r=1$	$p_1=1$　$q_1=0.5$　$r_1=1$

三、正等轴测图的画法

1. 正等轴测图的坐标系

正等轴测图的轴间角$\angle XOY = \angle XOZ = \angle YOZ = 120°$。画图时，一般使 OZ 轴处于垂直位置，OX，OY 轴与水平成30°。可利用30°的三角板与丁字尺，方便地画出三根轴测轴，如图1.68所示。

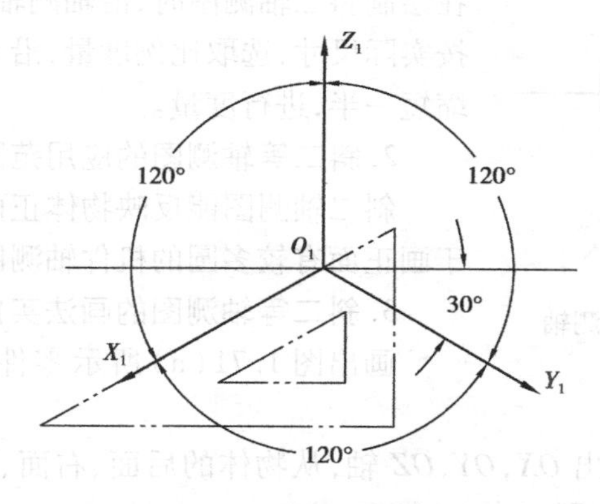

图 1.68　画正等轴测图轴测轴

2. 正等轴测图的画法实例

画出图1.69(a)所示凹形槽的正等轴测图。

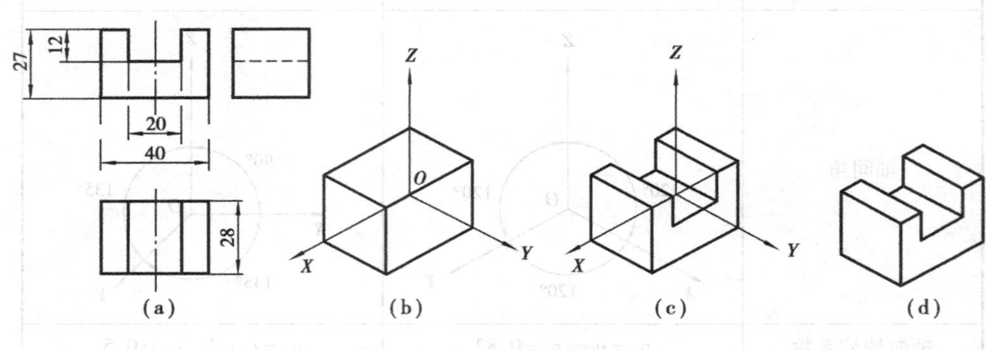

图1.69　凹形槽正等轴测图

如图1.69(a)所示,凹形槽是在一个长方体上面的中间截去一个小长方体而成的。只要画出长方体后,再用截割法即可得凹形槽的正等轴测图。作图步骤如下:

(1)用30°的三角板画出 OX,OY,OZ 轴。

(2)从物体的后面、右面、下面开始画起,绘制几何体尺寸为28,40的底平面(为一平行四边形)。

(3)过底平面平行四边形的四个角点,分别往上绘制尺寸27,再连接顶面四点,得大长方体的正等轴测图,如图1.69(b)所示。

(4)根据三视图中的凹槽尺寸,在大长方体的相应部分,画出被截去的小长方体,如图1.69(c)所示。

(5)擦去不要的线条,加深轮廓线,即得凹形槽的正等轴测图,如图1.69(d)所示。

四、斜二等轴测图的画法

1. 斜二轴测图的坐标系

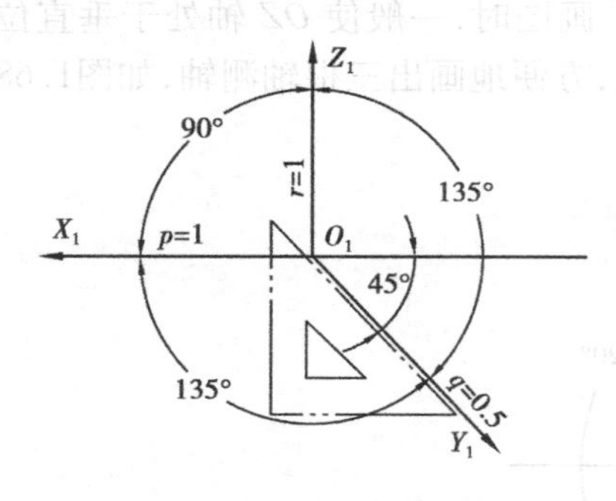

图1.70　画斜二轴测图轴测轴

斜二轴测图的轴间角 $\angle XOZ = 90°$,$\angle XOY = \angle YOZ = 135°$,可利用45°的三角板与丁字尺画出,如图1.70所示。在绘制斜二轴测图时,沿轴测轴 OX 和 OZ 方向的尺寸,可按实际尺寸,选取比例度量,沿 OY 方向的尺寸,选取比例缩短一半,进行度量。

2. 斜二等轴测图的应用范围

斜二轴测图能反映物体正面的实形且画圆方便,适用于画正面有较多圆的机件轴测图。

3. 斜二等轴测图的画法实例

画出图1.71(a)所示零件的斜二等轴测图,作图步骤为:

(1)用45°的三角板画出 OX,OY,OZ 轴,从物体的后面、右面、下面开始画起。把主视图"复制"到图1.71(b)所示位置。

(2)如图1.71(b)所示,绘制 OB,OB 等于物体宽度尺寸一半。

(3)把主视图再一次"复制"到图1.71(b)所示 B 点位置,如图1.71(c)所示。

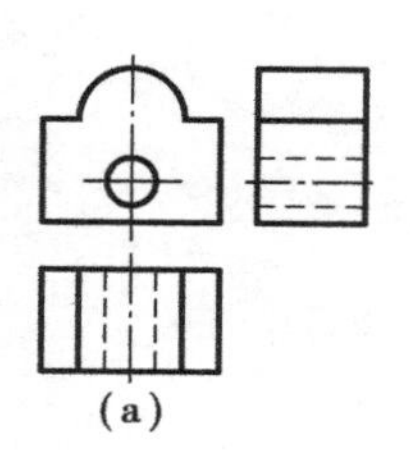
(a)

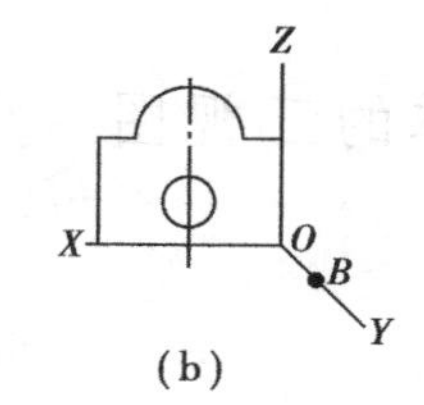

(b)

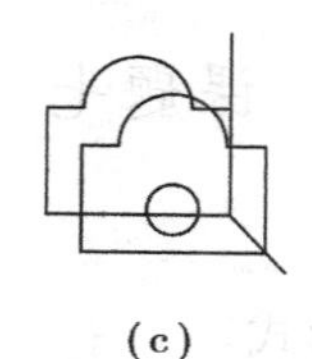
(c)

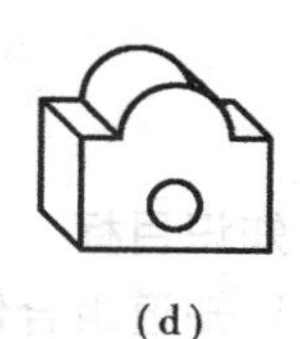
(d)

图 1.71 斜二等轴测图画法

(4)擦去不要的线条,加深轮廓线,即得零件的斜二轴测图,如图 1.71(d)所示。

学习评估

现在已经完成了这一课题的学习,希望你能对所参与的活动提出意见。

请在相应的栏目内"√"	非常同意	同意	没有意见	不同意	非常不同意
1. 该课题的内容适合我的需求?					
2. 我能根据课题的目标自主学习?					
3. 上课投入,情绪饱满,能主动参与讨论、探索、思考和操作?					
4. 教师进行了有效指导?					
5. 我对自身的能力和价值有了新的认识,我似乎比以前更有自信心了?					
你对改善本项目后面课题的教学有什么建议?					

巩固与练习

1. 如图 1.72 所示,(a)图为三视图,则(b)图为 ____________ 轴测图;(c)图为 ____________ 轴测图。

2. 如图 1.73 所示的三视图,请画出正等轴测图。

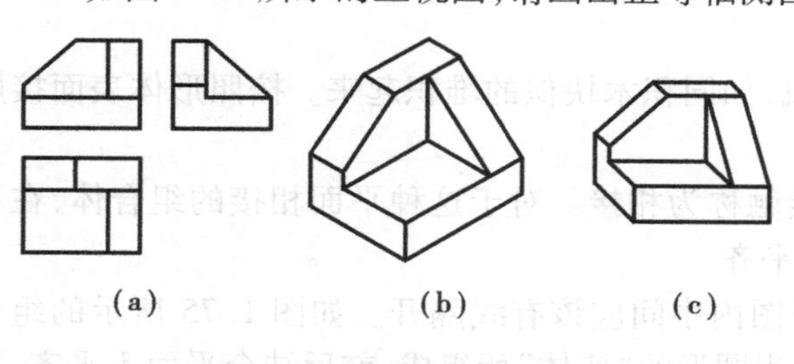

图 1.72 三视图与轴测图

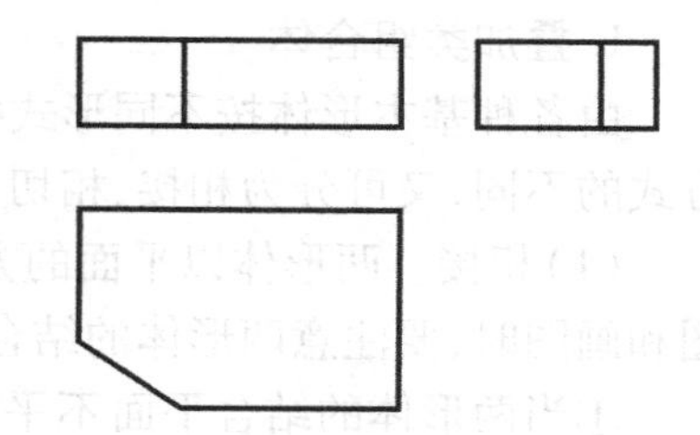
图 1.73 已知三视图画正等测

课题七　组合体的三视图

知识目标

1. 知道组合体的组合形式。
2. 知道组合体视图的画法。
3. 掌握形体分析法识读三视图。
4. 知道识读组合体的尺寸标注方法。

技能目标

熟悉组合体三视图的投影特征,并能根据视图的形状特征,看懂常见形体的三视图。

实例引入

如图1.74所示的几何体,是由两个或两个以上的基本几何体组成的物体,叫组合体。本课题将学习组合体三视图。

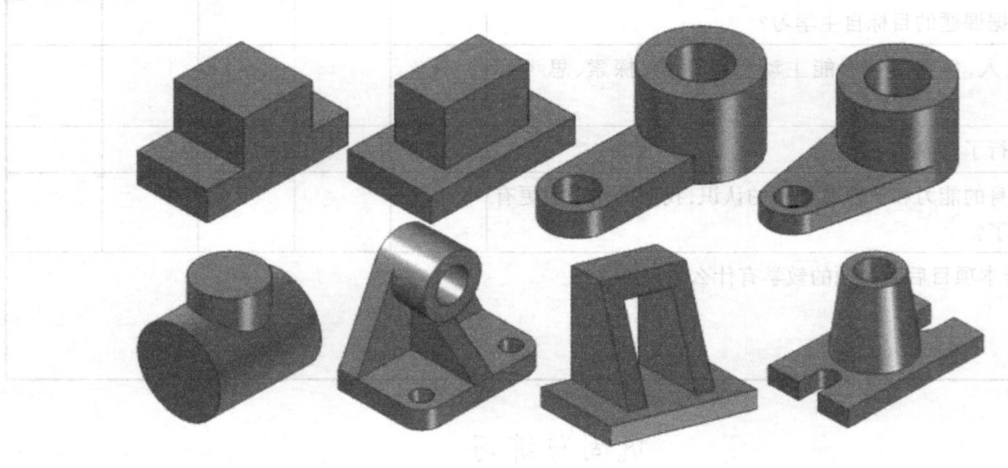

图1.74　组合体

课题完成过程

一、组合体的组合形式

组合体的组合形式有叠加、切割和综合三种方式。

1.叠加类组合体

由各种基本形体按不同形式叠加而形成,如同积木块似的堆积起来。按照形体表面接触方式的不同,又可分为相接、相切、相贯三种。

(1)相接。两形体以平面的方式相互接触称为相接。对于这种平面相接的组合体,在看图和画图时,要注意两形体的结合平面是否平齐。

①当两形体的结合平面不平齐时,在视图内中间应该有线隔开。如图1.75所示的组合体,它由一块长方形的"底板"和一个一端呈半圆形的"座体"所组成,前后结合平面不平齐,其分界处应有线隔开。

②当两形体的结合平面平齐时,在视图内中间不应有线隔开。如图1.76所示的组合体,两形体的前后结合平面是平齐的,形成一个表面,分界线就不存在了。

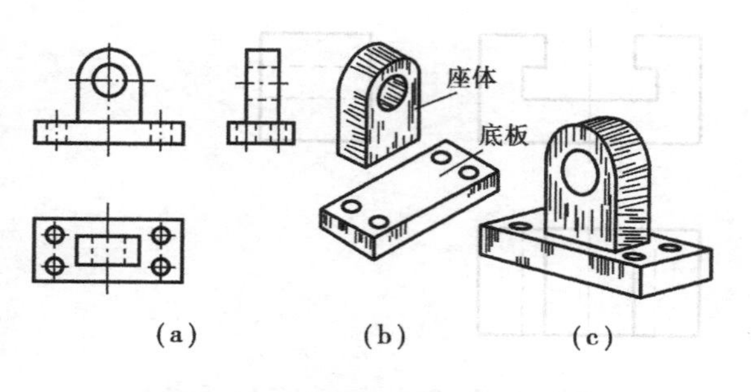

图 1.75　支座结合平面不平齐

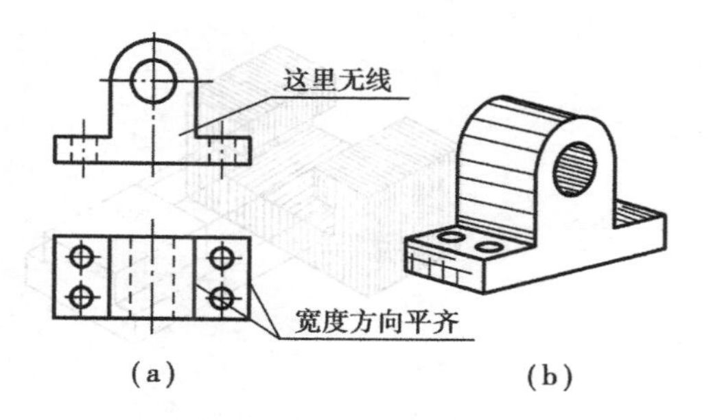

图 1.76　支座结合平面平齐

(2)相切。如图 1.77 所示的组合体,可看成是由左面“支耳”和右面“圆筒”两部分相切而成。由于两形体相切,在相切处是光滑过渡的,二者之间没有分界线,因此相切处不画出切线。

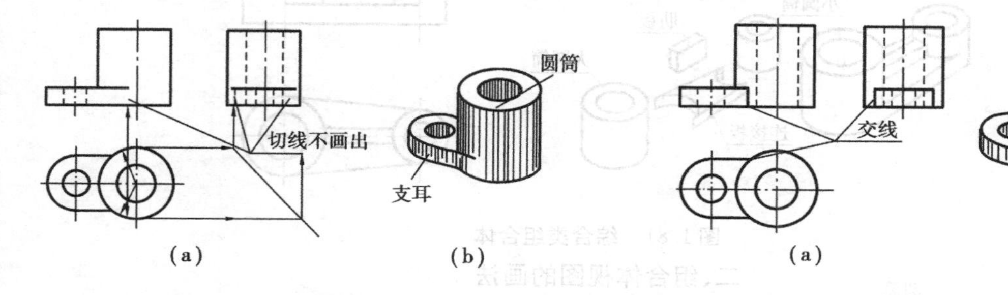

图 1.77　套筒相切

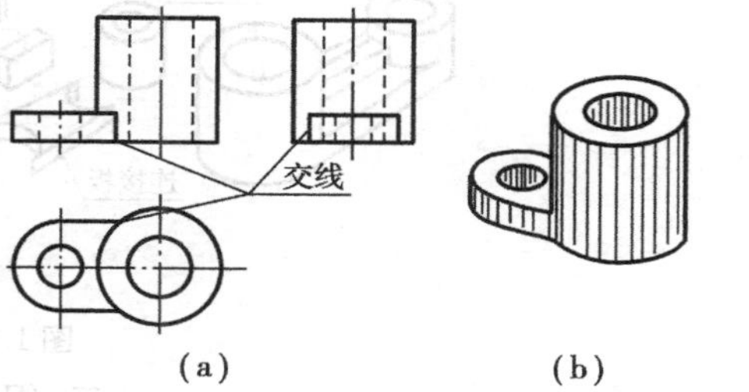

图 1.78　套筒相贯

(3)相贯。两形体的表面彼此相交称为相贯。如图 1.78 所示,在相交处的交线叫相贯线,由于形体不同,相交的位置不同,就会产生不同的相贯线。相贯线有的是直线,有的是曲线,如图 1.79 所示。

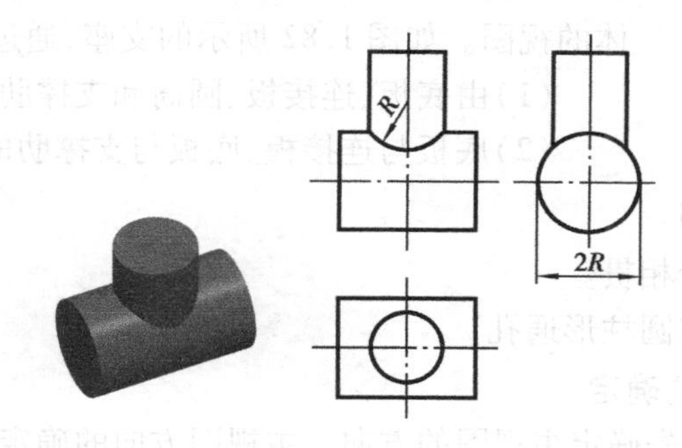

图 1.79　曲线相贯线

2. 切割类组合体

切割类组合体可以看成是在一个平面立体或一个曲面立体,被平面切割(如钻孔、挖槽等)后,形成的切口几何体的形式,如图 1.80 所示。

3. 综合类组合体

综合类组合体既有叠加又有切割,如图 1.81 所示。

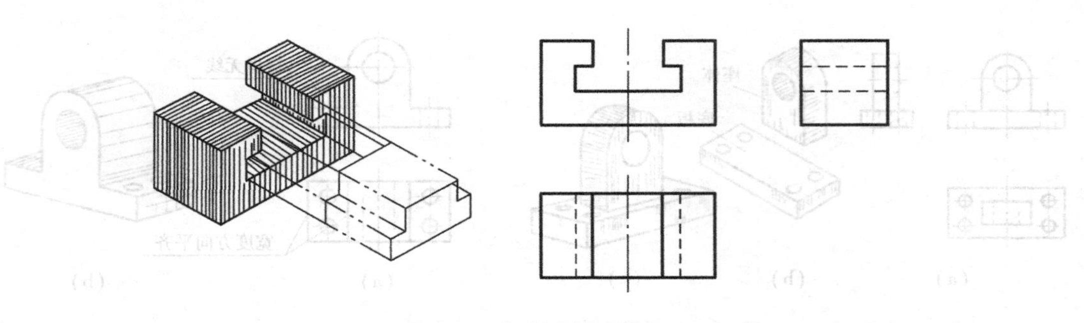

图 1.80　切割类组合体

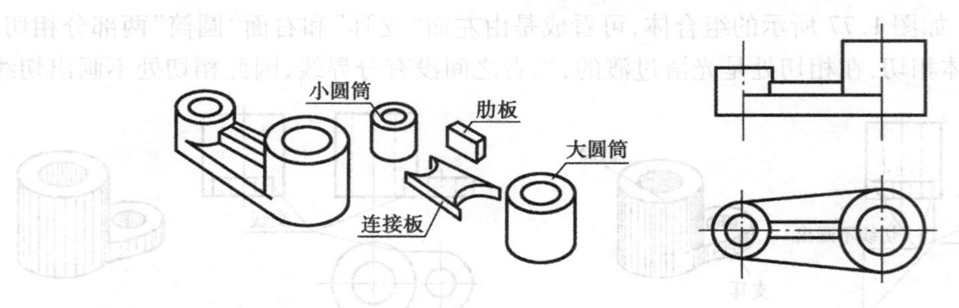

图 1.81　综合类组合体

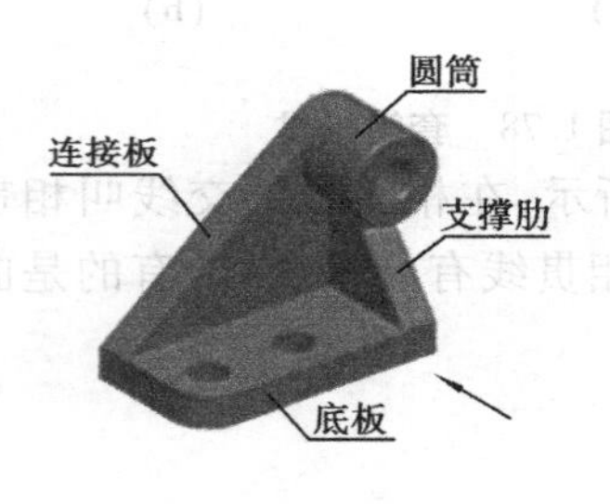

图 1.82　支座

二、组合体视图的画法

一般按以下步骤绘制组合体的视图：

1. 组合体的形体分析

组合体来源于基本几何体，只要把一个组合体分解为几个基本几何体，再分别画出基本几何体的视图，就可以画出该组合体的视图。如图 1.82 所示的支座，通过形体分析可知：

(1)由底板、连接板、圆筒和支撑肋组成。

(2)底板与连接板、底板与支撑肋的组合形式为平齐相接。

(3)连接板与圆筒相切。

(4)支撑肋与圆筒属于相贯。

(5)圆筒和底板上均有圆柱形通孔。

2. 组合体主视图方向的确定

画组合体视图之前，应先确定主视图的方向。主视图方向的确定原则是：选出最能反映物体各部分形状特征和相对位置的方向，作为主视图的投射方向。从图 1.82 的箭头方向看，所得到的视图能满足所述的基本要求，可以作为主视图方向。主视图确定之后，俯视图和左视图也就随之确定。底板需要水平面投影，表达其形状和两圆心的位置，支撑肋则需要侧面投影表达形状。因此，三个视图缺少一个视图都不能将物体表达清楚。

3. 组合体视图的作图过程

图 1.82 所示支座的三视图作图过程，如图 1.83 所示。

三、看组合体的视图

画图是把空间的组合体用正投影法表示在平面上，读图是画图的逆过程，是根据已画出的

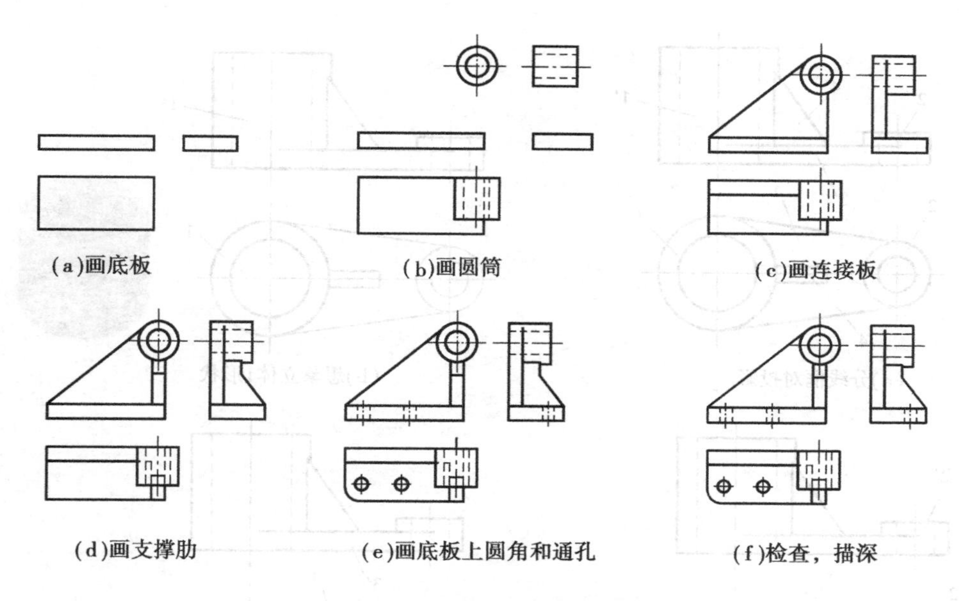

图 1.83　支座的作图过程

视图,运用投影规律,想象出组合体的空间形状。看组合体视图的方法主要有形体分析法和线面分析法,以形体分析法为主,线面分析法为辅。

1. 形体分析法

以图 1.84 所示的图形为例,具体讲解。

(1)形体分析法概念及基本方法

根据组合体视图的特点,将其大致分成几个部分,然后逐个将每一部分的几个投影进行分析,想出其形状,最后想象出物体的整体结构形状,这种看图方法称为形体分析法。如图 1.84 所示,根据三视图的基本投影规律,从图上逐个识别出基本形体,再确定它们的组合形式及相对的位置,综合想象出组合体的形状。

(2)形体分析法的读图步骤

①看视图,分线框。先看主视图,联系另外两个视图,按投影规律找出基本形体投影的对应关系,想象出该组合体可分成四部分:大圆筒 1、小圆筒 2、底板 3、筋板 4,如图 1.84(a)所示。

②对投影,识形体。根据每一部分的三视图,逐个想象出各基本形体的形状和位置,如图 1.84(b) ~ 图 1.84(e)所示。

③定位置,出整体。每个基本形体的形状和位置确定后,整个组合体的形状也就确定了,如图 1.84(f)所示。

2. 线面分析法

(1)线面分析法概念

线面分析法就是运用线面的投影规律,分析视图中的线条、线框的含义和空间位置,从而看懂视图。形体分析法从“体”的角度去分析立体的形状,而线面分析法则是从“面”的角度去分析立体的形状,把复杂立体假想成由若干基本表面按照一定方式包围而成,确定了基本表面的形状以及基本表面间的关系,复杂立体的形状也就确定了。线面分析法对于切割式的零件

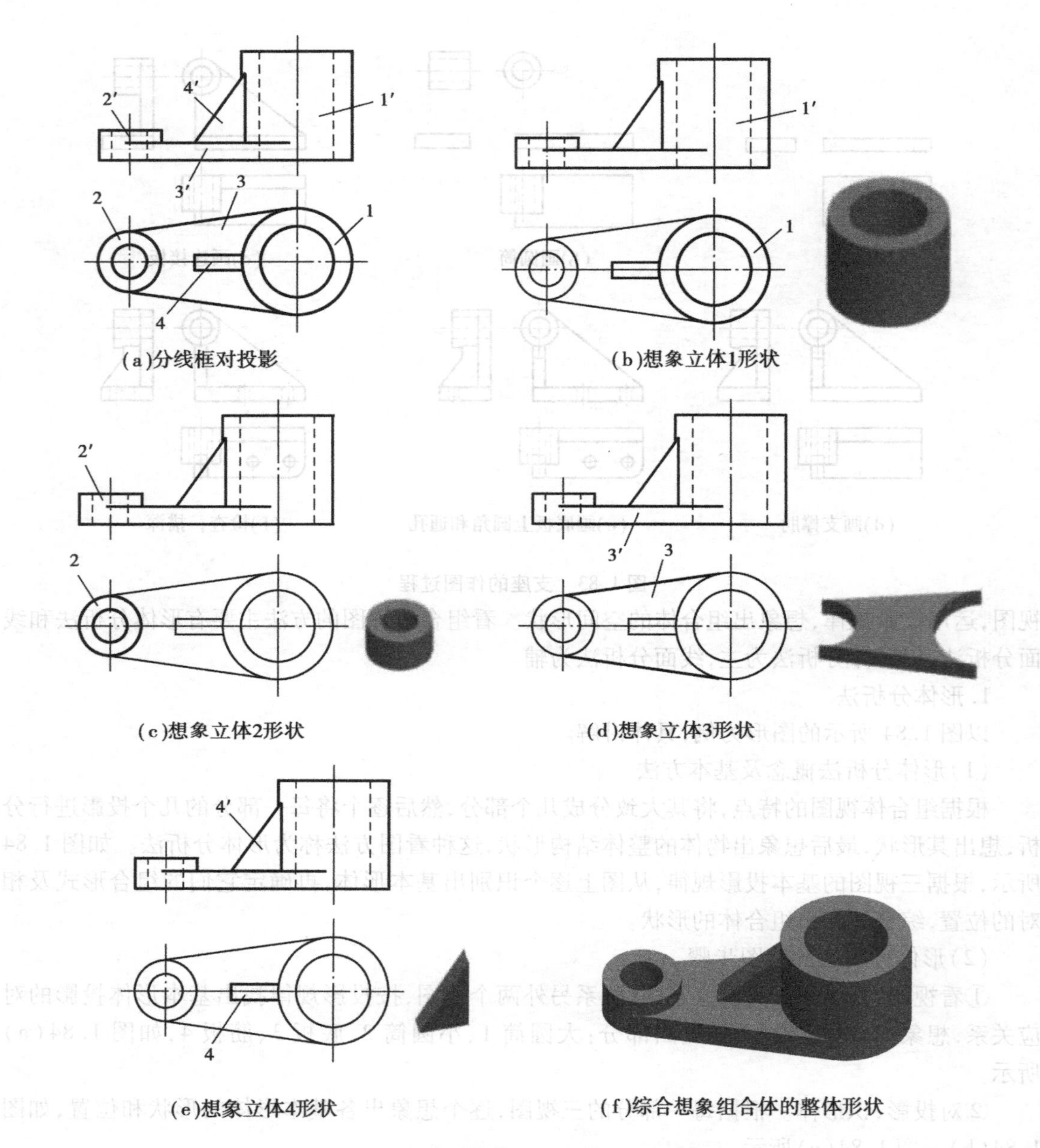

(a)分线框对投影　(b)想象立体1形状

(c)想象立体2形状　(d)想象立体3形状

(e)想象立体4形状　(f)综合想象组合体的整体形状

图 1.84　用形体分析法的看图步骤

用得较多。

(2)线面分析法的读图步骤

如图 1.85(a)所示三视图,可先用形体分析法作主要分析,观察其基本形体是个长方体。从主视图可看出,长方体的左上方被切掉一角;从左视图可知,长方体的前面中部切去一块。

①看视图,分线框。由上述的分析,可把三视图分出如图 1.85(b) ~ 图 1.85(f)所示的 5 个主要线框。

②对投影,识面形。对分出的 5 个主要线框进行分析:

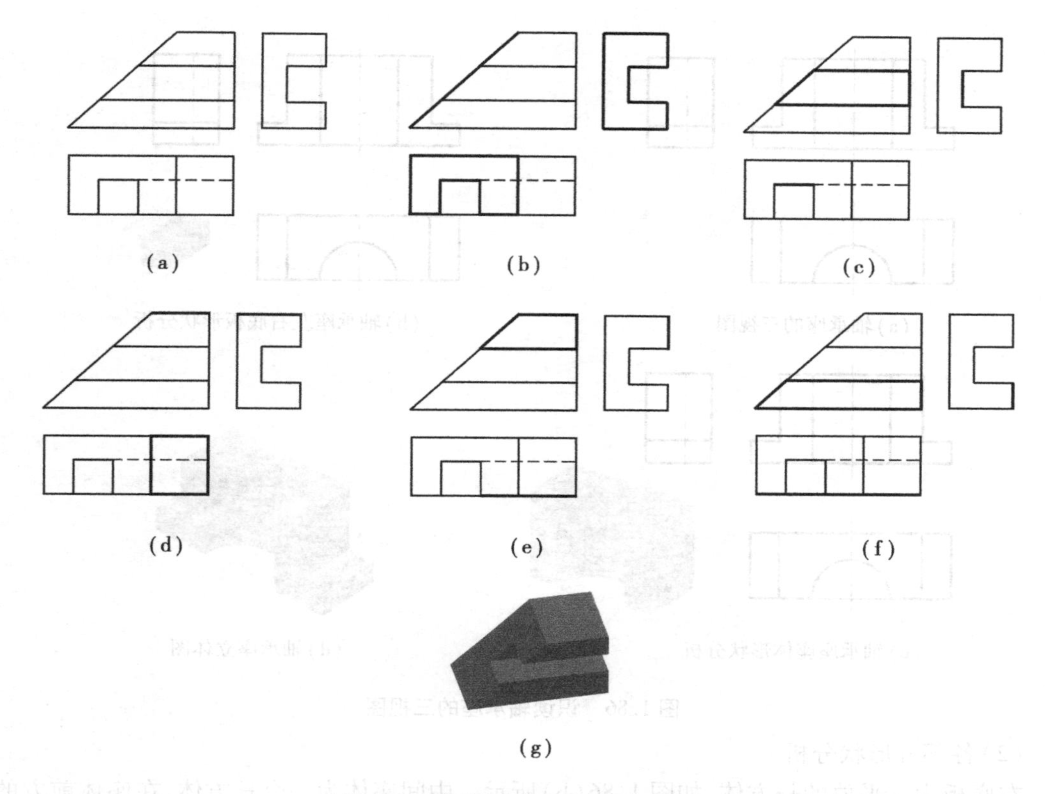

图 1.85　用线面分析法的看图步骤

图 1.85(b)所示的线框，代表长方体左上方切掉一角后形成的平面。该平面和 V 面垂直，与 H 面和 W 面倾斜。

图 1.85(c)所示的线框，代表长方体前面中部，切去一块后形成的槽底平面，该平面和 V 面平行，与 H 面和 W 面垂直。

图 1.85(d)所示的线框，代表长方体左上方切掉一角后物体的顶面形状，该平面和 H 面平行，与 V 面和 W 面垂直。

图 1.85(e)和图 1.85(f)所示的线框，代表长方体前面中部，切去一块后物体前面的形状。

③定位置，出整体。根据以上分析，想象出物体的整体形状，如图 1.85(g)所示。

在读图时，一般先用形体分析法，作粗略的分析，对图中的难点，再利用线面分析法，作进一步的分析，即"形体分析看大概，线面分析看细节"。

3. 识读三视图的基本要领

识读三视图，就是由三视图(平面图形)想象出物体空间形状的过程。下面以识读轴承座的三视图为例，讲解识读三视图的基本要领。如图 1.86(a)所示，为轴承座的三视图。

(1)三视图的位置分析

从图 1.86(a)中可知，水平排列的左边一个图为主视图，右边一个图为左视图，主视图的下方为俯视图。它们之间有长对正、高平齐、宽相等的投影关系。主视图表达了轴承座的主要形状特征。将主视图和俯视图联系起来看，轴承座可以分为左右底板和中间座体三部分，且轴承座左右对称。将俯视图和左视图联系起来看，可知轴承座中间座体与左右底板，前后平齐。

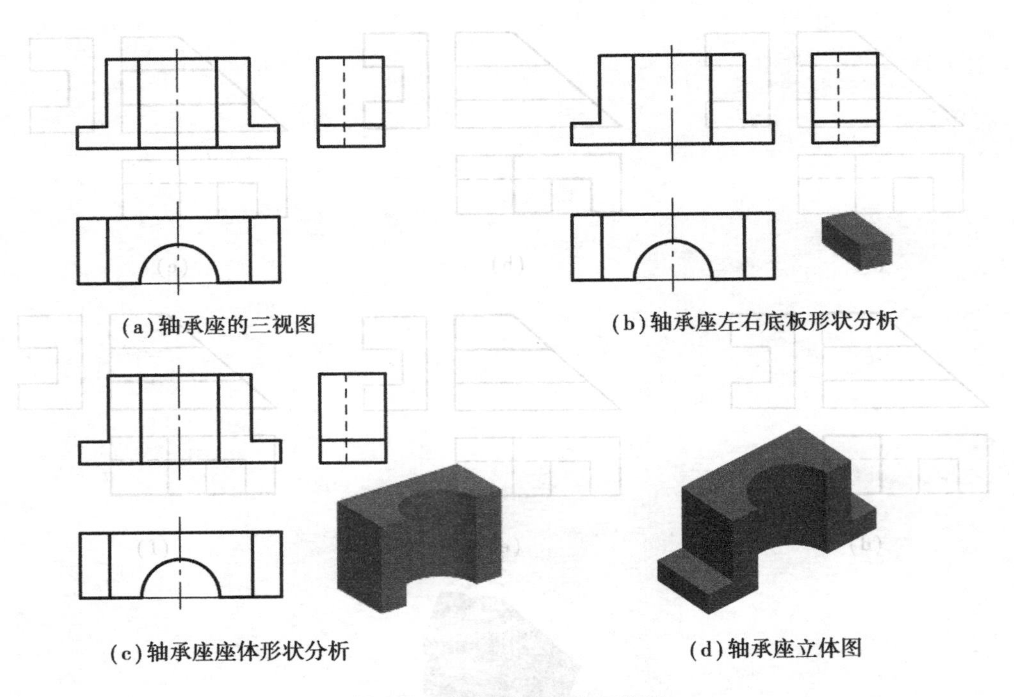

(a)轴承座的三视图　(b)轴承座左右底板形状分析

(c)轴承座座体形状分析　(d)轴承座立体图

图 1.86　识读轴承座的三视图

(2)各部分形状分析

右底板为一平放的长方体,如图 1.86(b)所示。中间座体为一个长方体,在座体前方的中间位置,开有一个半圆形通孔,如图 1.86(c)所示。

(3)综合分析

通过上面的分析,可以想象出轴承座的整体形状为:轴承座由左右底板和中间座体三部分组成,三部分前后均平齐,座体前方的中间位置开有一个半圆形通孔,如图 1.86(d)所示。

由上例可知,识读三视图的过程,就是通过投影分析,想象出物体空间形状的过程。掌握三视图的投影规律,是识读三视图的最基本的要领。另外,在识读三视图时,还必须注意:

因为一个视图不能反映物体的全部形状,所以在识读三视图时,必须将三个视图联系起来看,运用双向思维的方法,反复分析和验证,才能最后确定空间物体的形状。同学们自行分析图 1.87 和图 1.88 所示的三视图。

四、识读组合体的尺寸标注

1. 组合体尺寸标注的要求、种类及尺寸基准

(1)组合体尺寸标注的要求

组合体的形状和大小是由它的视图及其所注尺寸来反映的。在视图上标注尺寸,有如下基本要求:

①正确。尺寸数值要正确无误,注法要符合国家标准的规定。

②完整。尺寸必须能唯一确定立体的大小,不能遗漏和重复。

③清晰。尺寸的布局要整齐、清晰、恰当,便于看图。

④合理。尺寸标注要保证设计要求,便于加工和测量。

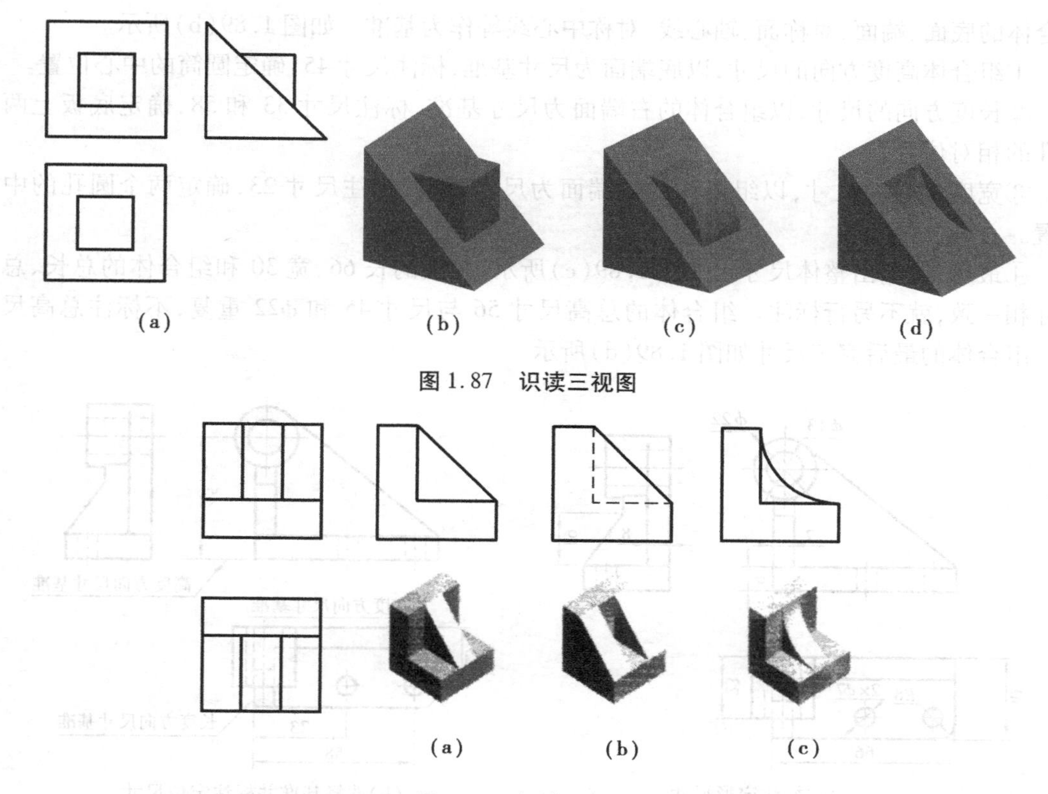

图 1.87　识读三视图

图 1.88　识读三视图

(2)组合体尺寸标注的种类和尺寸基准

要达到尺寸标注完整的要求,仍要应用形体分析法,将组合体分解为若干基本形体,标注出各基本形体的大小和确定这些基本形体之间的相对位置尺寸,最后注出组合体的总体尺寸。

因此,组合体的尺寸应包括下列三种:

①定形尺寸。确定组合体各基本形体的形状和大小的尺寸。

②定位尺寸。确定组合体各基本形体间的相对位置的尺寸。

③总体尺寸。确定组合体的总长、总宽和总高的尺寸。

通常把标注和测量尺寸的起点,称为尺寸基准。组合体有长、宽和高三个方向的尺寸,每个方向至少应该有一个尺寸基准,用来确定基本形体在该方向的相对位置。当某方向的尺寸基准多余一个时,其中有一个是主要基准,其余为辅助基准。

2. 组合体尺寸标注实例分析

现以图 1.89 所示的组合体为例,说明其尺寸标注。

在形体分析的基础上,先标注出组合体各基本形体的定形尺寸,如图 1.89(a)所示。

(1)底板标注五个尺寸:30,66,9,$R8$ 和 $2\times\phi7$。

(2)连接板标注一个尺寸:8,其长度尺寸和高度尺寸不必标注。

(3)圆筒标注三个尺寸:$\phi13$,$\phi22$ 和 23。

(4)支撑肋标注两个尺寸:7 和 19,高度尺寸和宽度尺寸不必标注。

(5)标注定位尺寸,标注组合体的定位尺寸时,应该选择好尺寸基准。标注时,通常选择组合体的底面、端面、对称面、轴心线、对称中心线等作为基准。如图 1.89(b) 所示。

①组合体高度方向的尺寸，以底端面为尺寸基准，标注尺寸 45，确定圆筒的中心位置。

②长度方向的尺寸，以组合体的右端面为尺寸基准，标注尺寸 33 和 58，确定底板上两个圆孔的相对位置。

③宽度方向的尺寸，以组合体的后端面为尺寸基准，标注尺寸 23，确定两个圆孔的中心位置。

④最后，调整出整体尺寸。如图 1.89(c) 所示，底板的长 66、宽 30 和组合体的总长、总宽尺寸相一致，就不另行标注。组合体的总高尺寸 56 与尺寸 45 和 $\phi22$ 重复，不标注总高尺寸 56。组合体的最后完工尺寸如图 1.89(d) 所示。

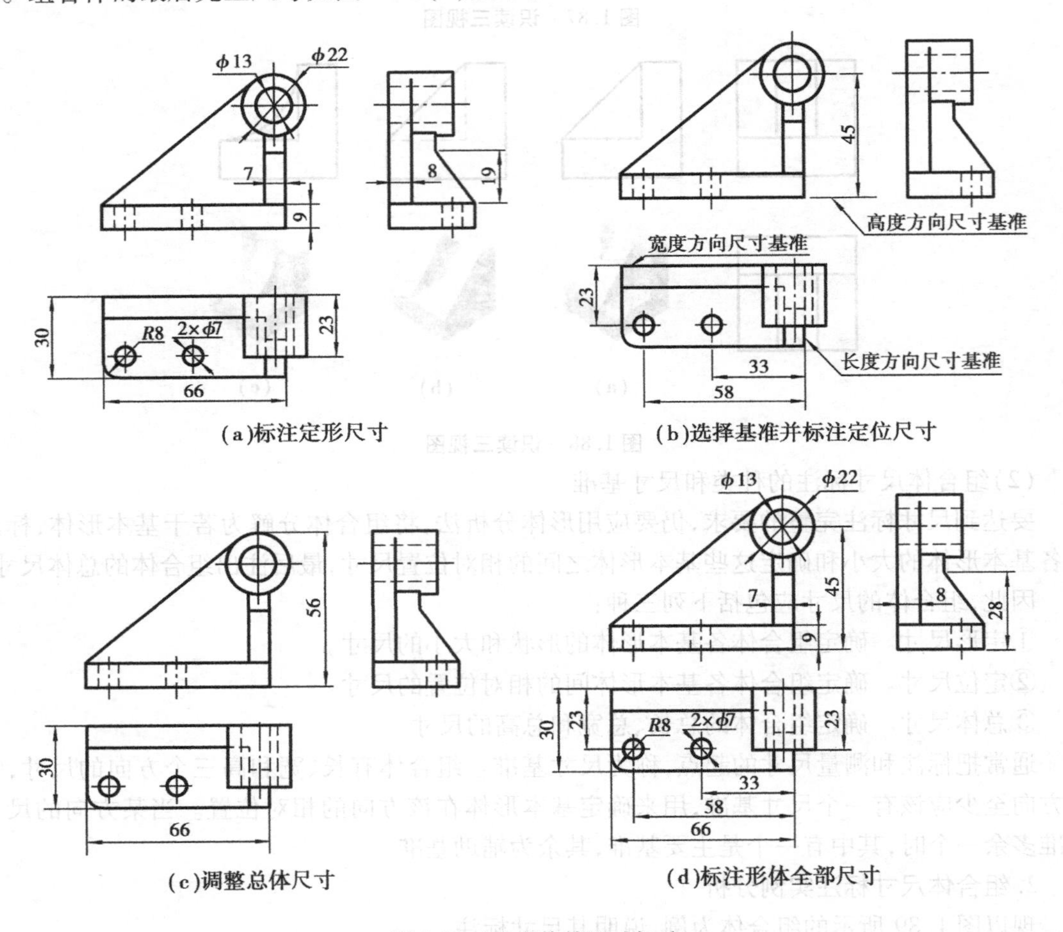

图 1.89　组合体的尺寸标注

组合体三视图中的尺寸分析，是识图的重要内容之一。三视图中的尺寸分析，可以在看懂三视图的基础上进行，也可以在进行形体分析时，同步进行。对上述各类尺寸进行分析，可以更进一步地明确组合体各组成部分的形状大小和相互的位置关系，以达到真正读懂组合体三视图的目的。

学习评估

现在已经完成了这一课题的学习，希望你能对所参与的活动提出意见。

请在相应的栏目内"√"	非常同意	同意	没有意见	不同意	非常不同意
1. 该课题的内容适合我的需求？					
2. 我能根据课题的目标自主学习？					
3. 上课投入，情绪饱满，能主动参与讨论、探索、思考和操作？					
4. 教师进行了有效指导？					
5. 我对自身的能力和价值有了新的认识，我似乎比以前更有自信心了？					
你对改善本项目后面课题的教学有什么建议？					

巩固与练习

1. 识读如图 1.90 所示三视图，判断实体图？

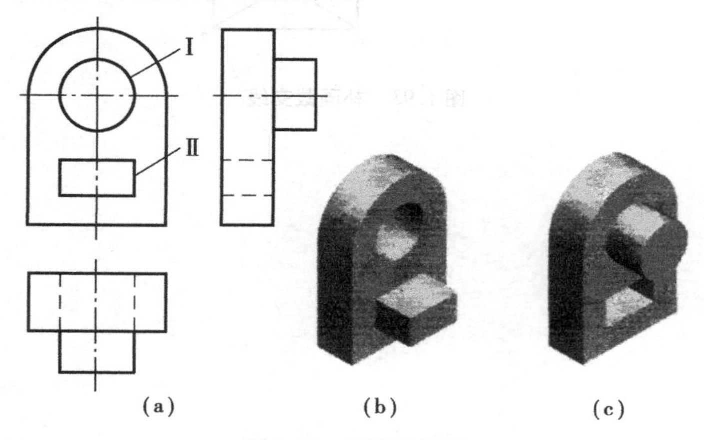

图 1.90　识读三视图

2. 如图 1.91 所示，从主视图和俯视图进行形体分析（已画出形体），补画左视图？

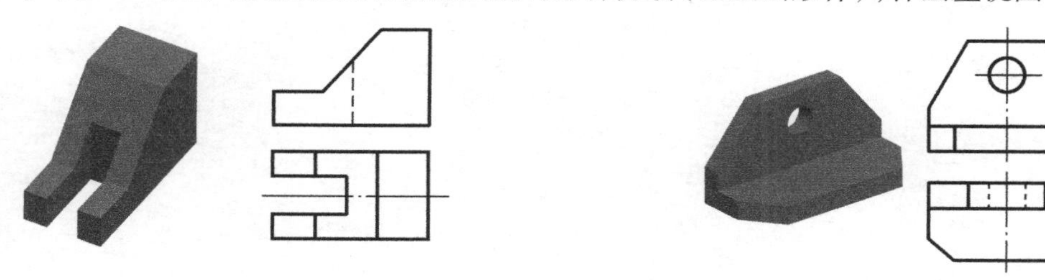

图 1.91　补画视图

3. 如图 1.92 所示,对三视图进行形体分析(已画出形体),补齐视图中所缺的图线?

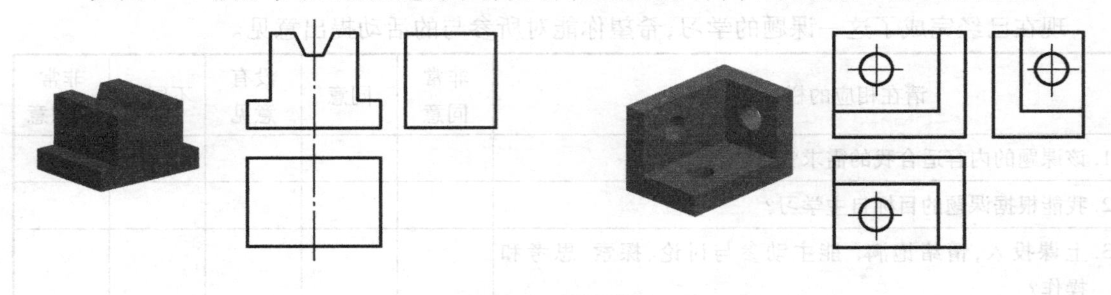

图 1.92　补缺线

4. 基本几何体被平面截割后产生的表面交线叫做截交线。在如图 1.93 所示的三视图中,补画四棱锥的截交线?

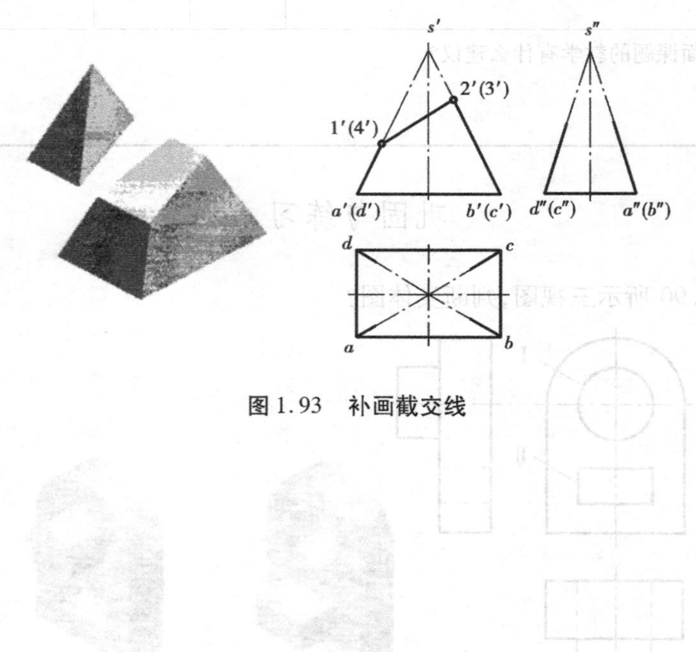

图 1.93　补画截交线

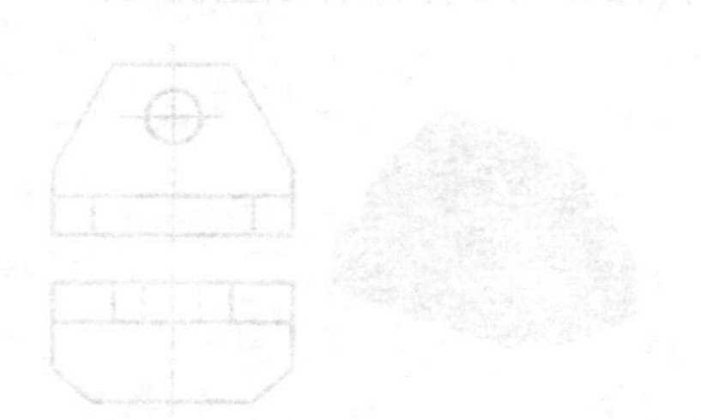

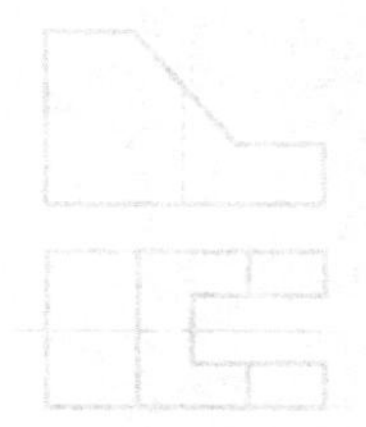

项目二　机械图样的表达与识读

项目内容

1. 认识机件的表达方法。
2. 了解标准件与常用件的画法。
3. 识读零件图。
4. 识读装配图。

项目目标

1. 熟悉各种视图、剖视图、断面图的表达方法和简化画法。
2. 熟悉各种常用零件的规定画法。
3. 掌握零件图的识读方法和步骤，并能看懂简单的零件图。
4. 掌握装配图的识读方法和步骤，并能看懂简单的装配图。

项目实施过程

课题一　认识机件的表达方法

知识目标

1. 掌握视图的表达方法。
2. 掌握剖视图和断面图的表达方法。
3. 知道局部放大图和常用简化画法。

技能目标

1. 能够识读常见视图、剖视图和断面图。
2. 能够绘制简单的剖视图和断面图。

实例引入

在实际生产中，有些机件的结构较为简单，使用一个或两个视图，就可以表达清楚；而有些结构较为复杂的机件即使使用三个视图也难以将其内外结构表达清楚，这样就需要采用一些其他的表达方法。国家标准针对视图、剖视图和断面图等基本表达方法做出了明确的规定，必须遵照执行。如图2.1所示是管接头的表达方法，本课题就其中一些常用的表达方法进行学习。

课题完成过程

一、视图

按照国家标准GB/T 4458.1—2002，视图是用正投影法绘制的图形。视图一般只画出机件的可见部分，必要时才画出其不可见部分。视图分为基本视图、向视图、局部视图和斜视图四种。

1. 基本视图

物体向基本投影面投射所得的视图，称为基本视图。国家标准中规定正六面体的六个面

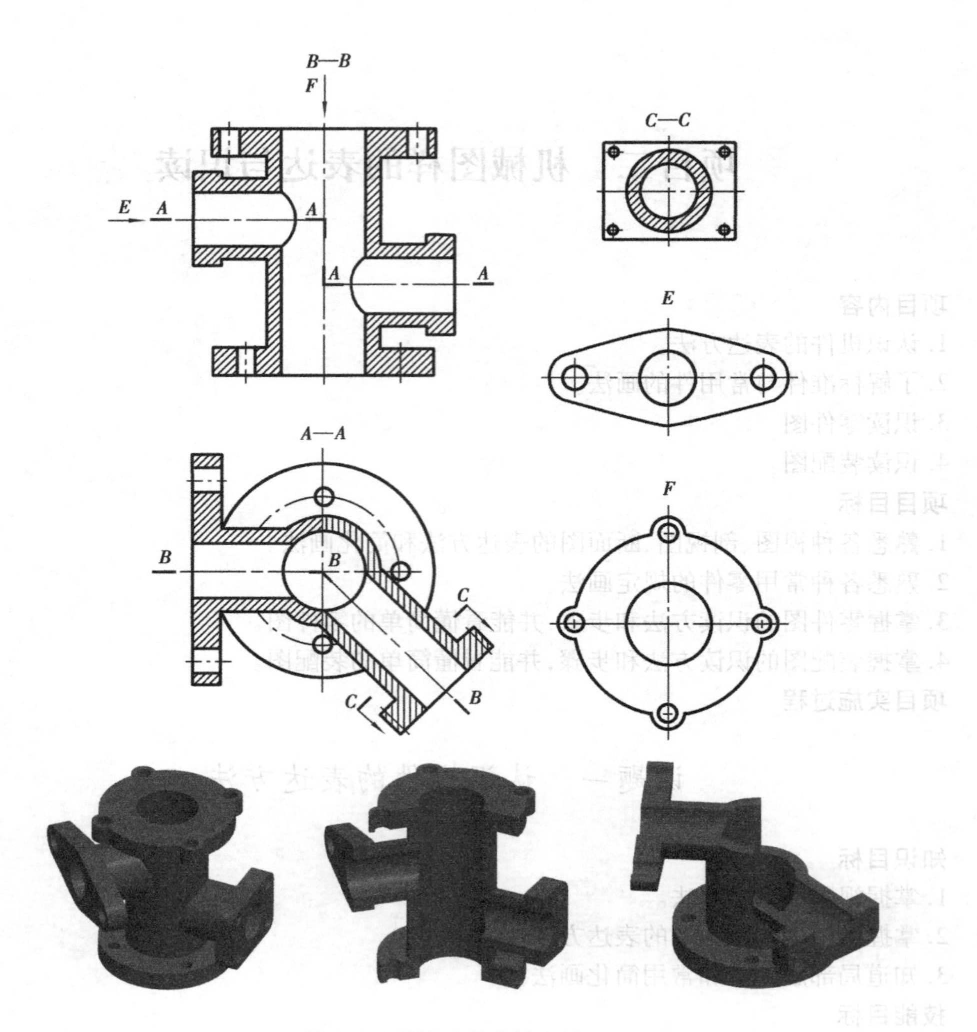

图 2.1　管接头的表达方法

为基本投影面。将机件放在六面体中,然后向各基本投影面进行投射,即得到 6 个基本视图,如图 2.2 所示。

6 个基本投影面和 6 个基本视图可展开到一个平面上,其方法是正面保持固定不动,按图 2.3 所示箭头方向,把基本投影面都展开到与正面在同一平面上。这样,6 个基本视图的位置也就确定了,如图 2.4 所示,绘制时无须标注视图名称,应使其保证“长对正、高平齐、宽相等”的投影关系,如图 2.5 所示。同学们可自行总结方位关系:除后视图外,靠近主视图是后面,远离主视图是前面。

基本视图主要用于表达零件在基本投射方向上的外部形状。在绘制零件图样时,一般应优先考虑选用主、俯、左三个基本视图,然后再考虑其他的基本视图,使图样表达完整、清晰,又不重复,并使视图数量最少。

2. 向视图

向视图是可自由配置的视图。向视图必须进行标注,即在视图上方标注大写拉丁字母“*A*”、“*B*”、“*C*”等,在相应的视图附近,用箭头指明投射方向,并标注相同的字母,如图 2.6

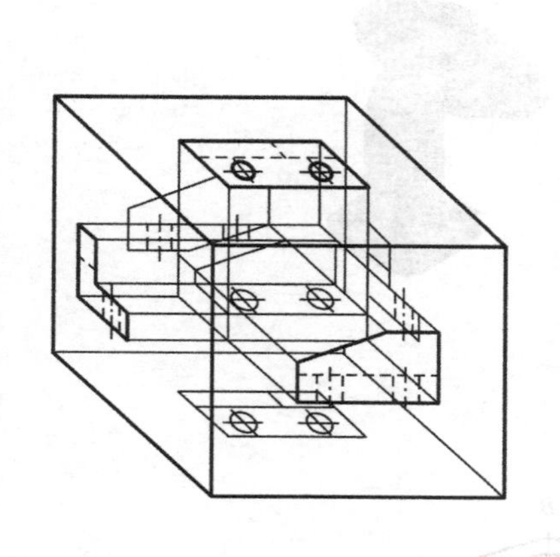

图 2.2　六个基本视图的投影

图 2.3　投影面的展开

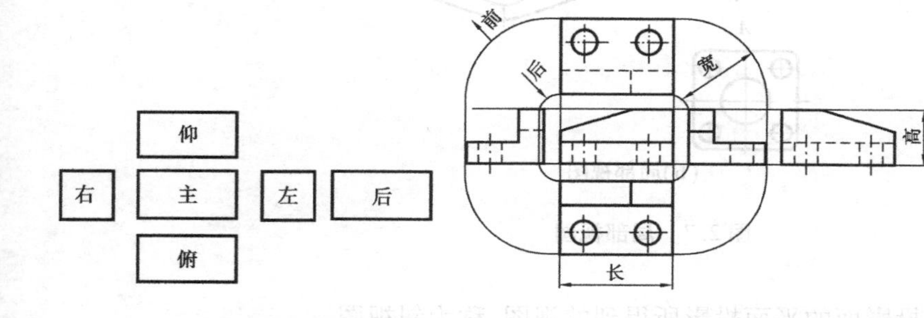

图 2.4　基本视图的配置

图 2.5　6 个基本视图的投影关系

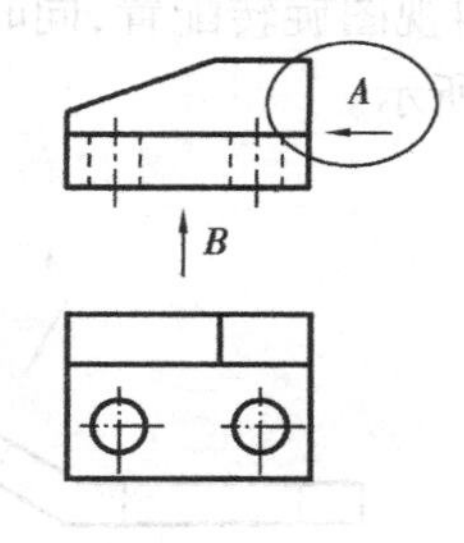

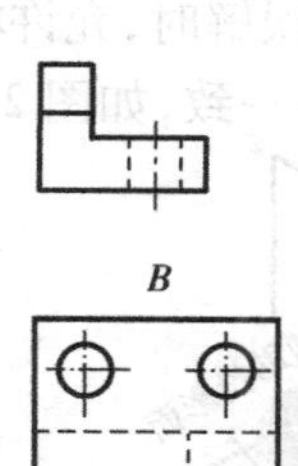

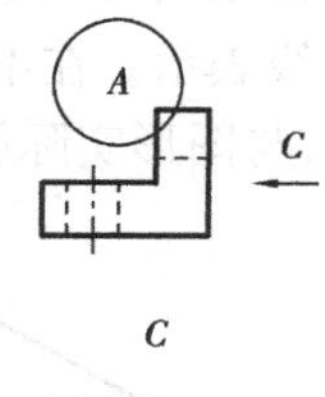

C

图 2.6　向视图

所示。

3. 局部视图

将机件的某一部分向基本投影面投射所得的视图，称为局部视图。绘制局部视图时应注意：

（1）局部视图可按基本视图的配置形式配置，也可按向视图的配置形式配置并标注。当局部视图按照投影关系配置，中间又没有其他视图隔开时，可省略标注。

（2）局部视图的断裂边界应以波浪线表示。当它们所表示的局部结构是完整的，且外轮廓线又呈封闭时，波浪线可省略不画，如图 2.7 所示。

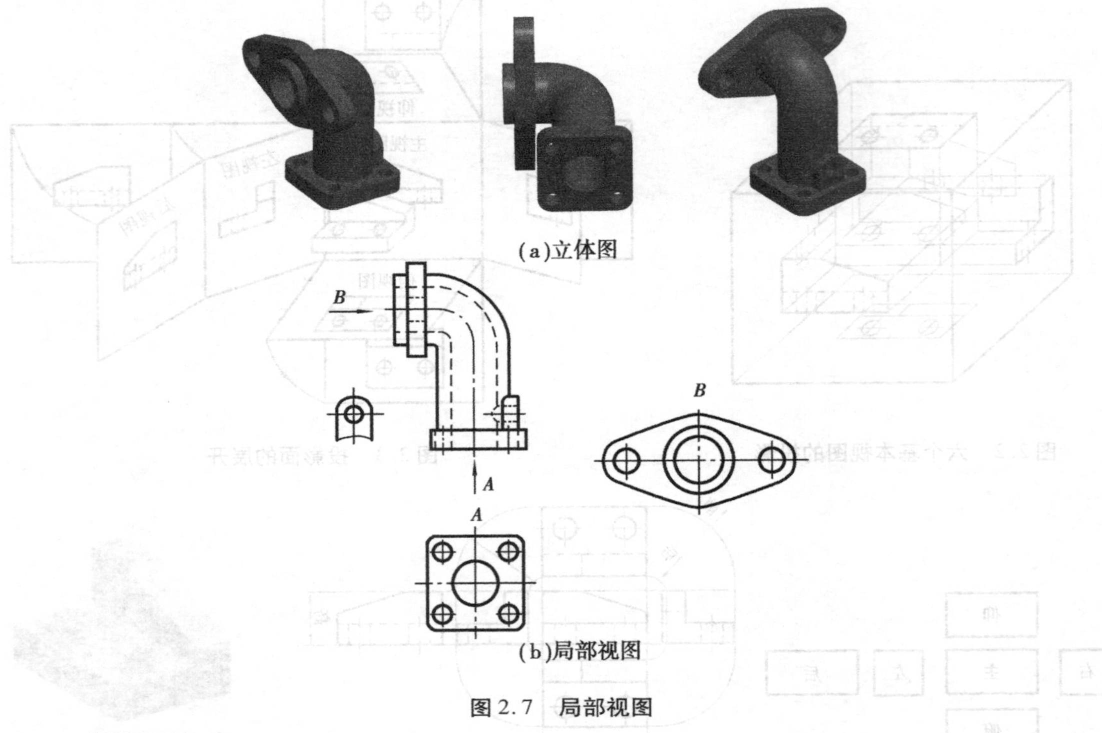

图 2.7　局部视图

4. 斜视图

零件向不平行于基本投影面的平面投影所得到的视图，称为斜视图。

斜视图只反映零件上倾斜结构的实形，其余部分省略不画，斜视图的断裂边界可用波浪线或双折线表示。在不会引起误解时，允许将斜视图旋转配置，同时在斜视图上方标注旋转符号“⌒”，与图形实际旋转方向一致，如图 2.8 所示。

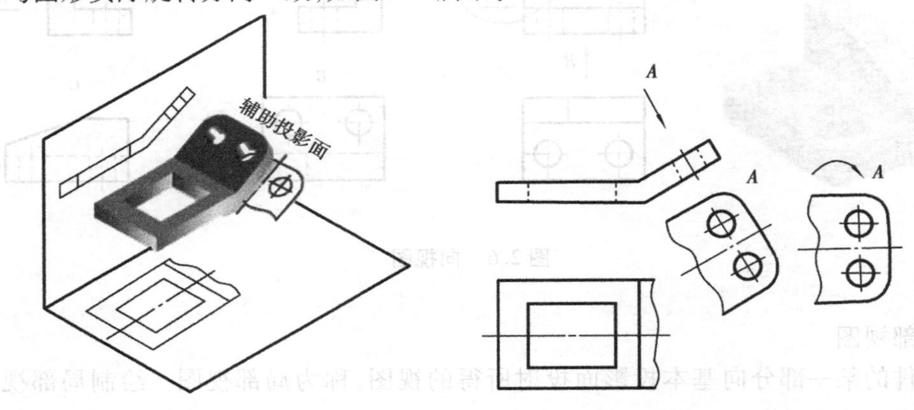

图 2.8　斜视图

二、剖视图

假想用剖切面剖开机件，将处在观察者和剖切平面之间的部分移走，而将剩余的部分向投影面投影所形成的图形称为剖视图，简称剖视，如图 2.9 所示。

1. 剖视图的画法

(1)找出要画成剖视图的视图。分析给出的视图,想象机件的形状和结构,找出虚线较多的视图,选择适当的剖视图的种类和剖切位置,改画成剖视图。

(2)剖切平面的选择。一是要清楚地反映机件的内部形状,二是要便于看图。因此,剖切平面一般应通过机件的对称平面或轴线。剖切平面应平行于投影面,以反映剖面的实形。

(3)剖切接触部分画上剖面符号。在机件与剖切平面相接触的剖面区域内,根据材料的不同,画出规定的剖面符号,材料的剖面符号见表2.1所示。

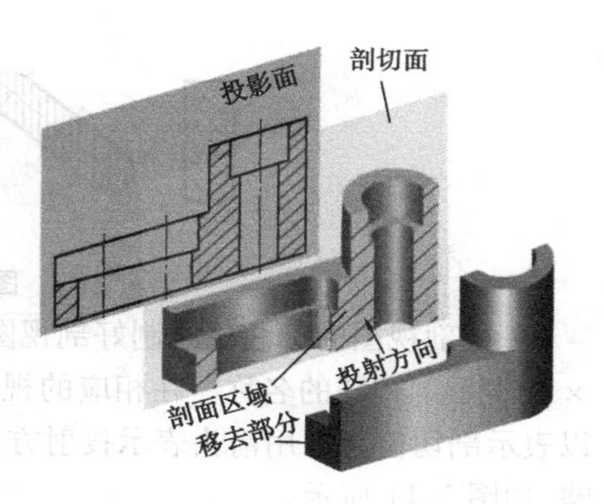

图2.9　剖视图的形成

表2.1　材料的剖面符号

材料类别	图　例	材料类别	图　例	材料类别	图　例
金属材料(已有规定剖面符号者除外)		型砂、填砂、粉末冶金、砂轮、陶瓷刀片、硬质合金刀片		木材纵断面	
非金属材料(已有规定剖面符号者除外)		钢筋混凝土		木材横断面	
转子、电枢、变压器和电抗器等的叠加钢片		玻璃及供观察用的其他透明材料		液体	
线圈绕组元件		砖		木质胶合板(不分层数)	
混凝土		基础周围的泥土		格网(筛网、过滤网等)	

金属材料的剖面线,应以适当角度的细实线绘制,最好与主要轮廓线或剖面区域的对称线成45°,如图2.10所示。同一物体的各个剖面区域,其剖面线画法应一致,相邻物体的剖面线必须以不同的斜向或以不同的间隔画出。

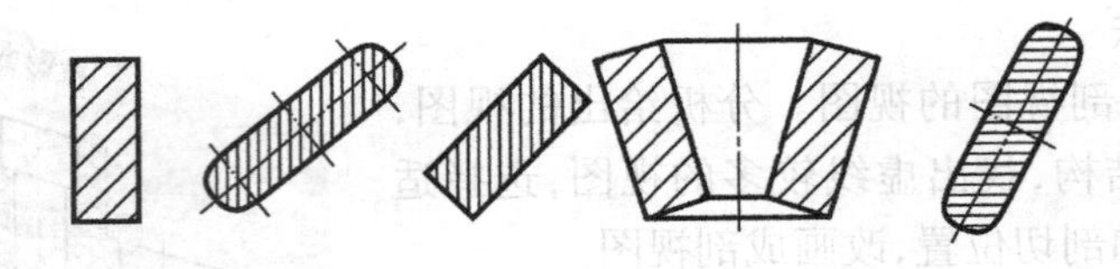

图 2.10　剖面线的角度

(4)剖视图的标注。绘制好剖视图后,一般应在剖视图的上方用大写拉丁字母标出“×—×”,表示剖视图的名称。在相应的视图上用长约 5 mm 的粗实线分别画在剖切位置的两端,以表示剖切位置。用箭头表示投射方向,并注上对应的字母。根据具体情况也可作相应的省略,如图 2.11 所示。

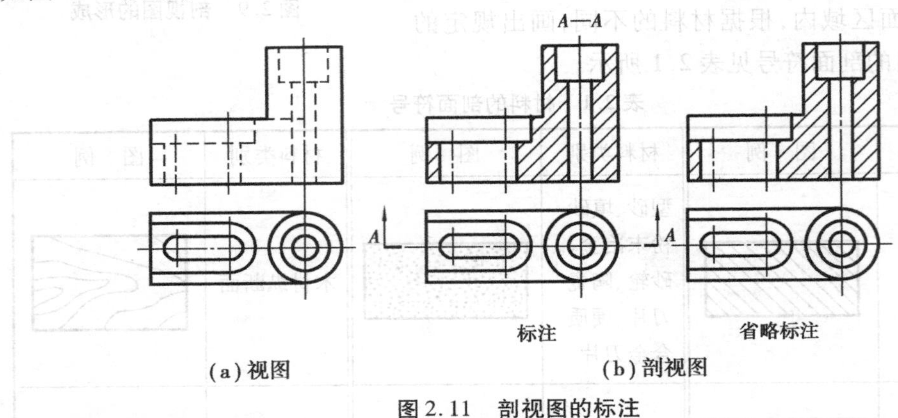

图 2.11　剖视图的标注

2. 剖视图的种类

(1)全剖视图。全剖视图是用剖切平面完全剖开机件所得的视图。

主要用于表达内部形状比较复杂、外部形状比较简单、或外形已在其他视图上表达清楚的零件,如图 2.11 所示,主视图是一个全剖视图。

(2)半剖视图。当零件具有对称平面时,向垂直于对称平面的投影面上投射所得到的图形,可以以对称中心线为界,一半画成剖视图,另一半画成视图,这种组合的图形称为半剖视图,如图 2.12 所示。

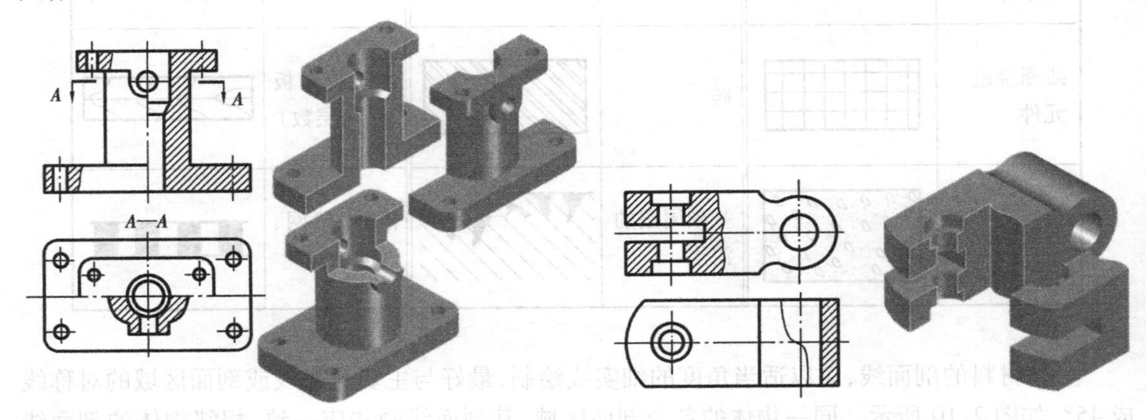

图 2.12　半剖视图

图 2.13　局部剖视图

当机件的内、外形状都比较复杂而又对称时，或机件的形状接近于对称，且不对称的部分已另有图形表达清楚时，也可以画成半剖视图。半剖视图的标注与全剖视图相同。

（3）局部剖视图。用剖切平面局部地剖开机件所得到的剖视图，称为局部剖视图，如图2.13所示。

当零件上只有局部结构需要表达，或者零件的内、外形状都比较复杂而又不对称时，常采用局部剖视图。局部剖视图一般不需标注。局部剖视图用波浪线分界，波浪线不应和图样上的其他图线重合，不能处于轮廓线的延长线位置，也不能超出被剖开部分的外形轮廓线，孔中不应有波浪线，如图 2.14 所示。

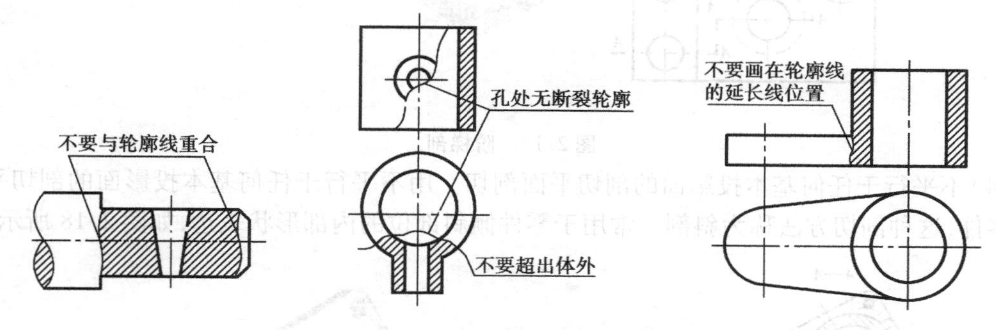

图 2.14　局部剖视图的若干错误画法

3. 视图的剖切方法

（1）单一剖切面剖切。单一剖切平面，即用一个剖切平面剖切零件，剖切平面必须平行于某一基本投影面。这是一种最常见的剖切方法，如图 2.15 所示。

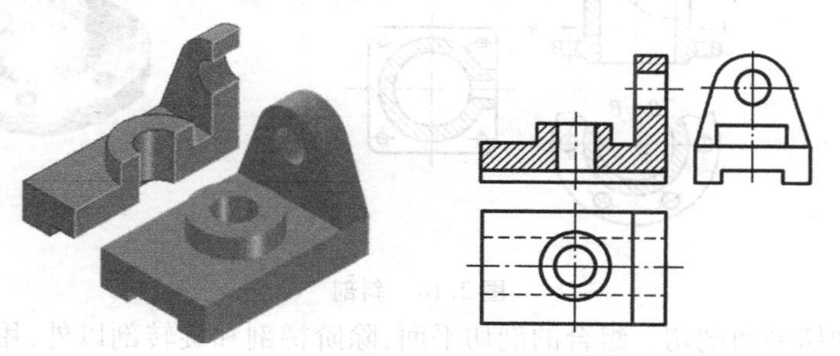

图 2.15　单一剖

（2）两相交的剖切平面剖切。用两个相交的剖切平面（交线垂直于某一基本投影面）剖切零件，这种剖切方法称为旋转剖。常用于有旋转中心的轮、盘类零件的内部形状表达，如图2.16所示。

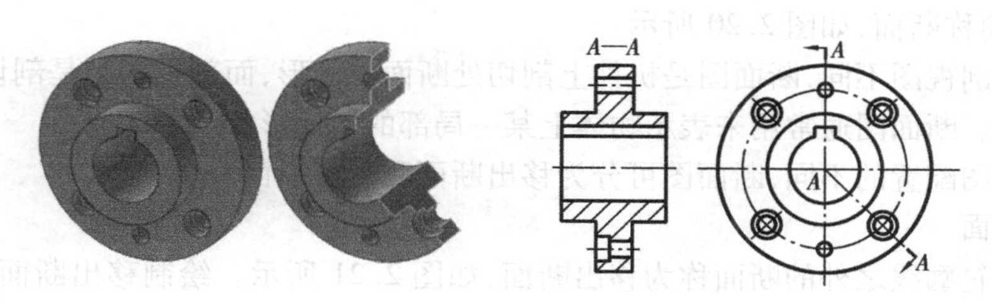

图 2.16　旋转剖

(3)几个平行的剖切平面剖切。用几个互相平行的剖切平面剖切零件,这种剖切方法称为阶梯剖。阶梯剖常用于零件内部结构呈阶梯状分布的情况,如图 2.17 所示。

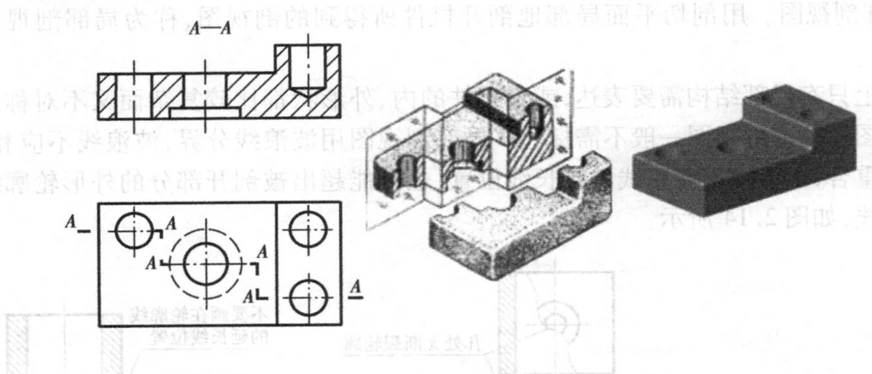

图 2.17 阶梯剖

(4)不平行于任何基本投影面的剖切平面剖切。用不平行于任何基本投影面的剖切平面剖切零件,这种剖切方法称为斜剖。常用于零件倾斜部位的内部形状表达,如图 2.18 所示。

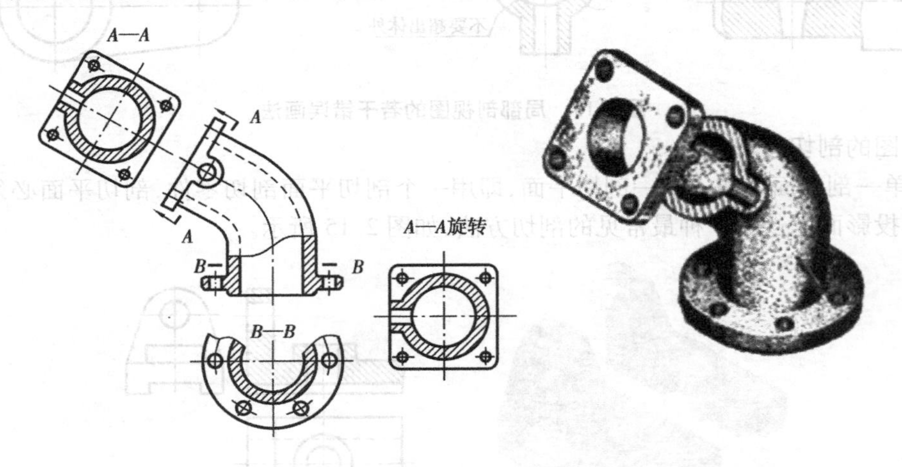

图 2.18 斜剖

(5)组合的剖切平面剖切。组合的剖切平面,除阶梯剖和旋转剖以外,用组合的剖切平面剖切零件的方法称为复合剖。复合剖常用于阶梯剖和旋转剖都不能完全反映内部形状的复杂零件,如图 2.19 所示。

三、断面图

假想用剖切面将机件的某处切断,仅画出断面的形状,并在断面上画出剖面符号的图形,称为断面图,简称断面,如图 2.20 所示。

断面图与剖视图不同,断面图是机件上剖切处断面的图形,而剖视图则是剖切平面之后机件的全部形状。断面图通常用来表示物体上某一局部的断面形状。

根据断面图配置的不同,断面图可分为移出断面和重合断面。

1. 移出断面

画在视图轮廓线之外的断面称为移出断面,如图 2.21 所示。绘制移出断面时,应注意以下几点:

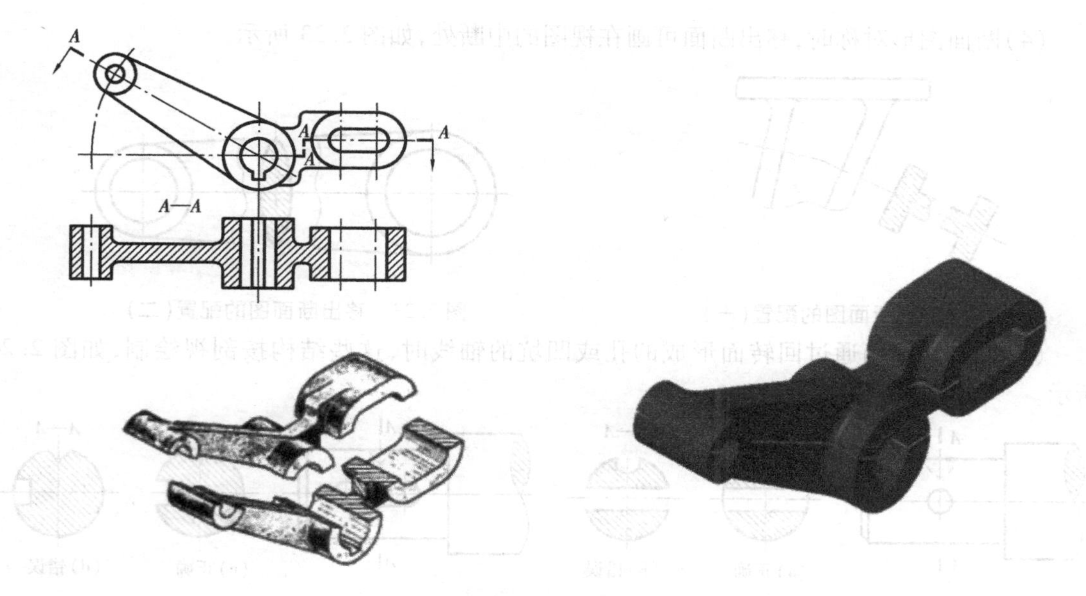

图 2.19　复合剖

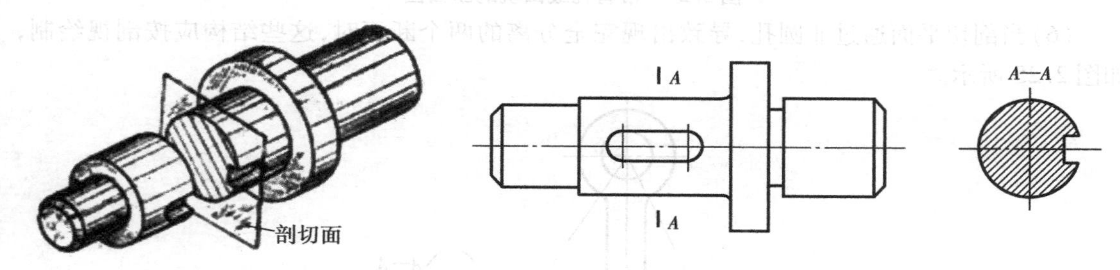

图 2.20　断面图的形成

(1)移出断面的轮廓线用粗实线绘制。

(2)移出断面应尽量配置在剖切平面迹线或剖切符号的延长线上,剖切平面迹线是剖切平面与投影面的交线,用细点画线表示。必要时也可配置在其他适当的位置,如图 2.21 中的“A—A”,“B—B”所示。

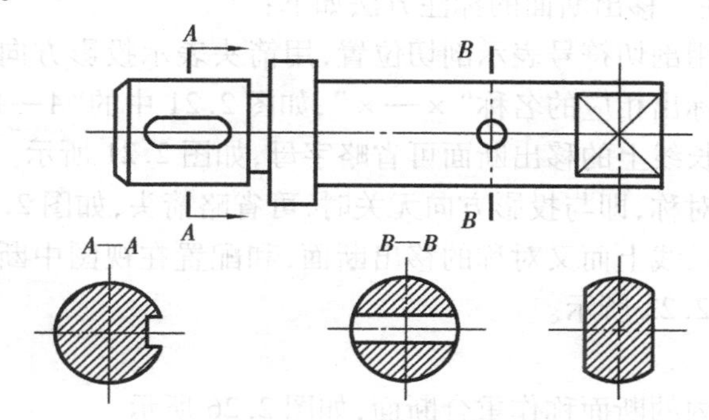

图 2.21　移出断面图

(3)由两个或多个相交的剖切平面剖切所得到的移出剖面图,中间一般应断开,如图 2.22 所示。

(4)断面图形对称时,移出断面可画在视图的中断处,如图2.23所示。

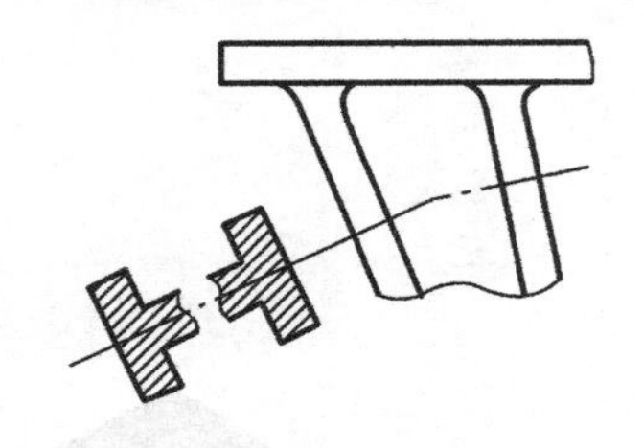

图2.22　移出断面图的配置(一)

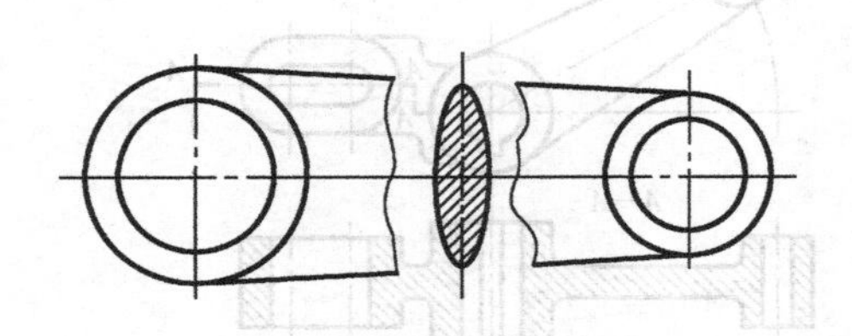

图2.23　移出断面图的配置(二)

(5)当剖切平面通过回转面形成的孔或凹坑的轴线时,这些结构按剖视绘制,如图2.24所示。

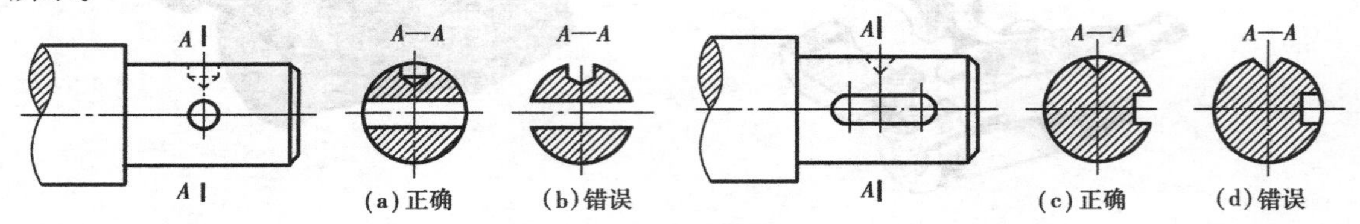

图2.24　带有孔或凹坑的断面图

(6)当剖切平面通过非圆孔,导致出现完全分离的两个断面时,这些结构应按剖视绘制,如图2.25所示。

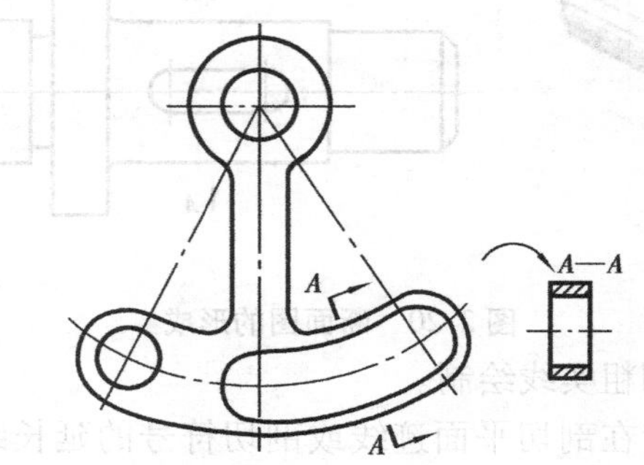

图2.25　按剖视图绘制的非圆孔的断面图

(7)移出断面的标注。移出断面的标注方法如下:

①移出断面一般应用剖切符号表示剖切位置,用箭头表示投影方向,并注上字母,在断面图的上方应用同样字母标出相应的名称"×—×",如图2.21中的"*A*—*A*"所示。

②配置在剖切线延长线上的移出断面可省略字母,如图2.21所示。

③当移出断面图形对称,即与投影方向无关时,可省略箭头,如图2.21"*B*—*B*"所示。

④配置在剖切线延长线上而又对称的移出断面,和配置在视图中断处的移出断面可以不标注,如图2.21和如图2.23所示。

2. 重合断面

画在视图轮廓线之内的断面称作重合断面,如图2.26所示。

重合断面图的轮廓线规定用细实线绘制。当视图中的轮廓线与重合断面重叠时,视图中的轮廓线仍应连续画出,不可间断,如图2.26所示。

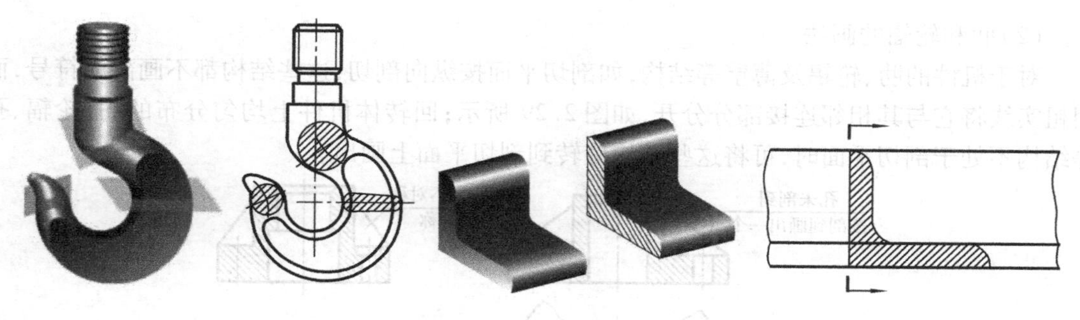

图 2.26　重合断面图示例

四、其他表达方法

1. 局部放大图

将机件的部分结构,用大于原图形所采用的比例画出的图形称为局部放大图。它用于机件上较小结构的表达和尺寸标注。可以画成视图、剖视、断面等形式,与被放大部位的表达形式无关。图形所用的放大比例应根据结构需要而定,与原图比例无关,如图 2.27 所示。

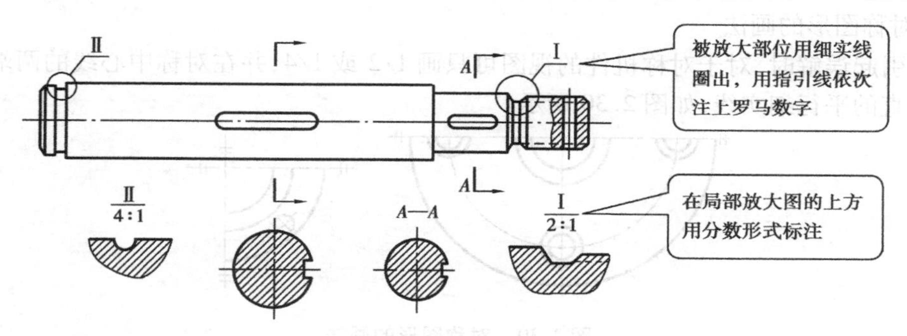

图 2.27　局部放大图

2. 常用简化表示法

(1)相同结构要素的省略画法

机件上有相同的结构要素(如齿、孔、槽等),并按一定规律分布时,可以只画出几个完整的要素,其余用细实线连接,或画出它们的中心位置,但图中必须注出该要素的总数,如图2.28所示。

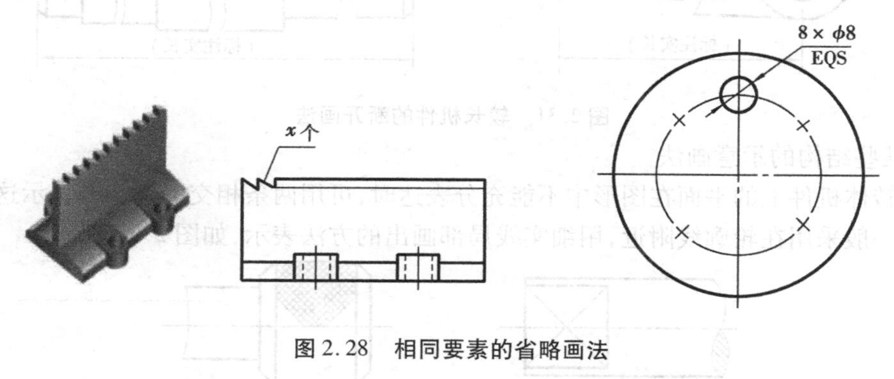

图 2.28　相同要素的省略画法

(2)肋和轮辐的画法

对于机件的肋、轮辐及薄壁等结构,如剖切平面按纵向剖切,这些结构都不画剖面符号,而用粗实线将它与其相邻连接部分分开,如图 2.29 所示;回转体机件上均匀分布的肋、轮辐、孔等结构不处于剖切平面时,可将这些结构旋转到剖切平面上画出。

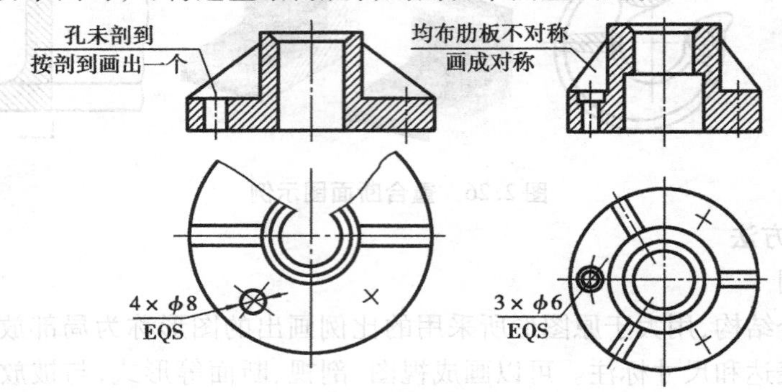

图 2.29　肋和轮辐结构的画法

(3)对称图形的画法

在不引起误解时,对于对称机件的视图可只画 1/2 或 1/4,并在对称中心线的两端画出两条与其垂直的平行细实线,如图 2.30 所示。

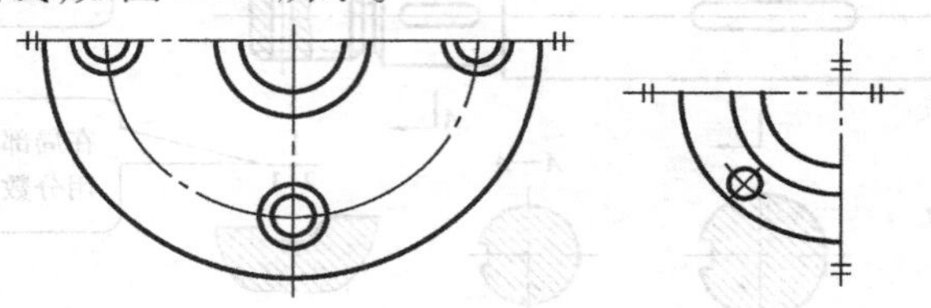

图 2.30　对称图形的画法

(4)较长机件的断开画法

对较长的机件沿长度方向的形状一致或按一定规律变化时,如轴、杆、型材、连杆等,可以断开后缩短表示,但要标注实际尺寸。画图时,可用图 2.31 中所示的方法表示。

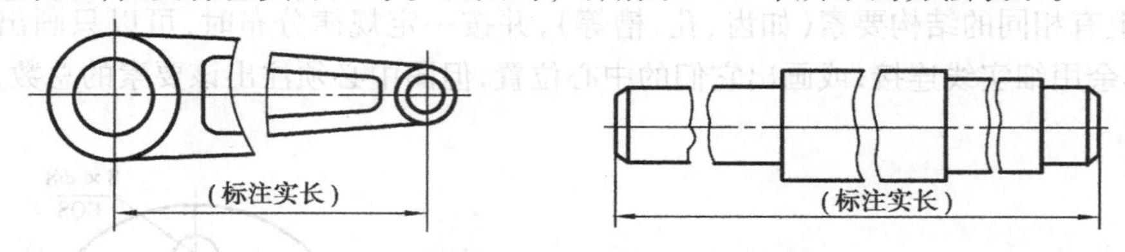

图 2.31　较长机件的断开画法

(5)某些结构的示意画法

当回转体机件上的平面在图形中不能充分表达时,可用两条相交的细实线表示这些平面。

滚花一般采用在轮廓线附近,用细实线局部画出的方法表示,如图 2.32 所示。

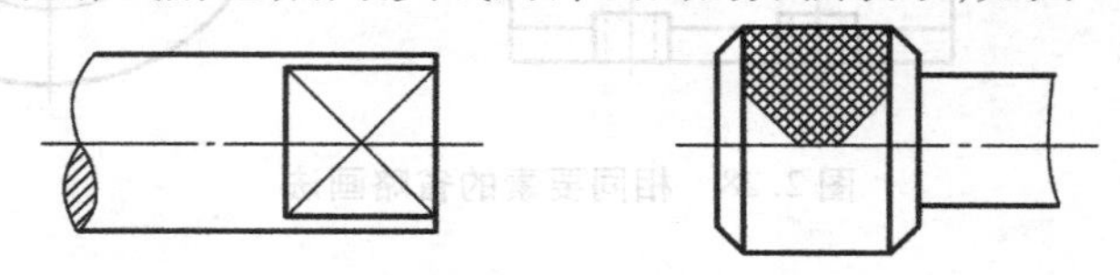

图 2.32　平面、滚花的表示方法

学习评估

现在已经完成了这一课题的学习,希望你能对所参与的活动提出意见。

请在相应的栏目内"√"	非常同意	同意	没有意见	不同意	非常不同意
1. 该课题的内容适合我的需求?					
2. 我能根据课题的目标自主学习?					
3. 上课投入,情绪饱满,能主动参与讨论、探索、思考和操作?					
4. 教师进行了有效指导?					
5. 我对自身的能力和价值有了新的认识,我似乎比以前更有自信心了?					
你对改善本项目后面课题的教学有什么建议?					

巩固与练习

通过机件的各种表达方法的学习,分析图2.1实例引入的管接头的表达方法?

提示:

(1)管接头的实体分析

该管接头中间是空心圆柱,其左上方和右下方又各有一个空心圆柱。几个空心圆柱的端部有四个连接用的凸缘,其形状各不相同。

(2)管接头的视图分析

主视图采用"*B*—*B*"旋转剖,既表达了机件外部各形体的相对位置,又表达了内腔各部分结构形状和相对位置。

俯视图采用"*A*—*A*"阶梯剖,表达左右两个通道与中间空心圆柱连接的形状和相对位置,也表达了下部凸缘的形状和孔的分布。"*C*—*C*"斜剖表达右通道凸缘的形状及凸缘上孔的分布。"*F*"向局部视图表达了机件上端凸缘的形状和孔的分布。"*E*"向局部视图,表达了左面通道凸缘的形状和孔的分布。

课题二　标准件与常用件的画法

知识目标

1. 掌握螺纹及螺纹紧固件规定画法及标注。
2. 知道键和销的结构、规定画法及标注。
3. 知道齿轮、滚动轴承的结构、规定画法及标注。

4. 了解弹簧的规定画法及标注。

技能目标

1. 能够识读标准件与常用件。
2. 熟悉各种常用零件的规定画法。

实例引入

机油泵总成分解图，如图2.33所示。从图中可知机油泵用了螺栓、齿轮、键、销、弹簧等零件，此类零件使用量大，需要批量生产。为了生产、使用和绘图方便，如螺栓、键、销、弹簧等零件的结构和尺寸都已标准化，因此称这些零件为标准件。如齿轮的轮齿部分也已标准化，这类部分结构标准化的零件称为常用件。本课题将学习这些常用到的零件的结构、规定画法及标注。

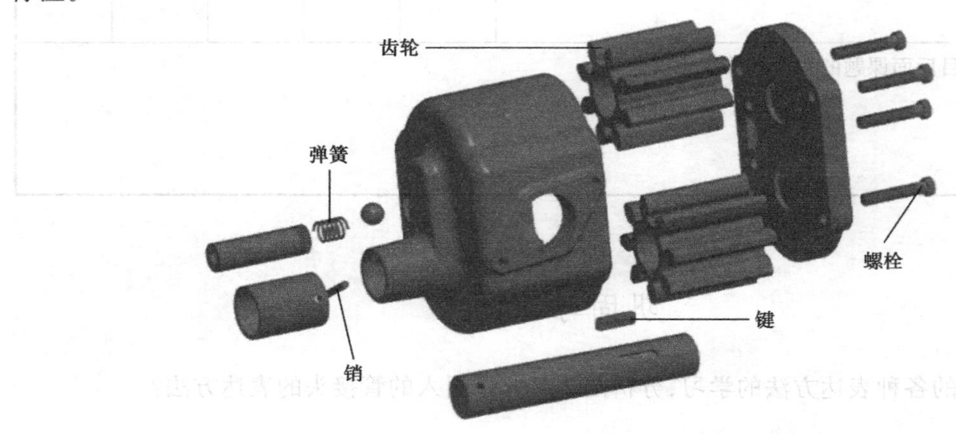

图2.33　机油泵总成分解图

课题完成过程

一、螺纹及螺纹紧固件

螺纹分内螺纹和外螺纹两种。内外螺纹一般成对使用，形成螺纹副，可用于连接、传递运动、调整间距等。常用螺纹紧固件如图2.34所示。

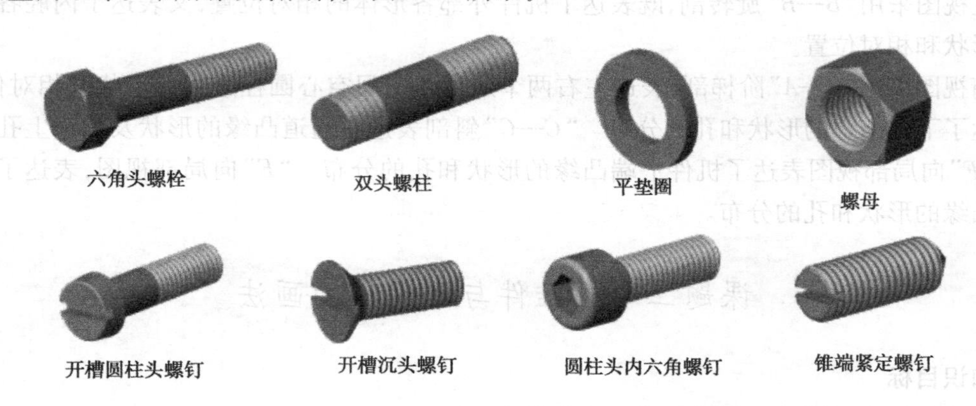

图2.34　常用螺纹紧固件

1. 螺纹的形成

螺纹是指在圆柱或圆锥表面上，沿着螺旋线的运动轨迹形成的，如图2.35所示，具有相同断面轮廓形状的连续凸起和凹槽。

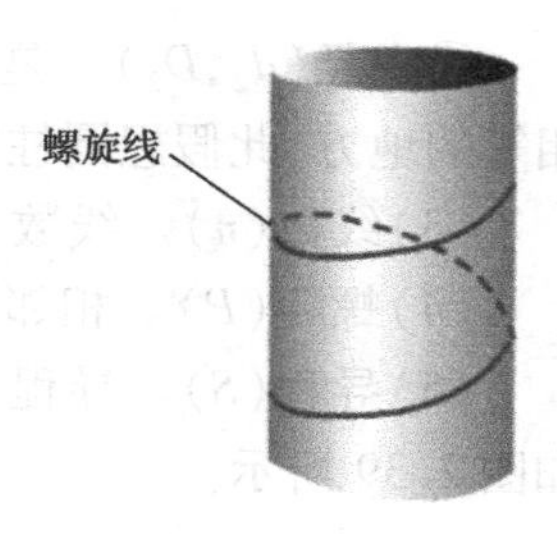

图2.35　螺纹的形成

加工螺纹的方法很多，如图2.36所示为用车床加工内外螺纹的方法。

2. 螺纹的结构要素

(1)螺纹牙型。在通过螺纹轴线的断面上螺纹的轮廓形状称为牙型。螺纹牙型，如图2.37所示。

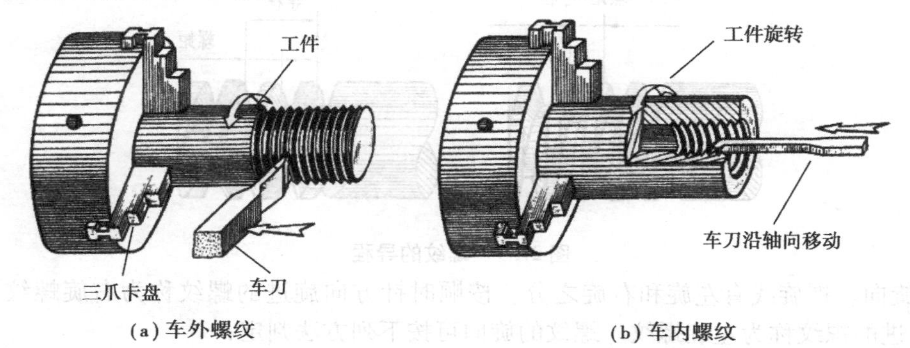

(a)车外螺纹　(b)车内螺纹

图2.36　车床加工螺纹

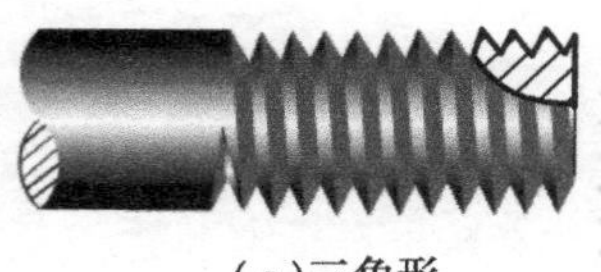

(a)三角形

(b)梯形

(c)锯齿形

图2.37　螺纹的牙形

(2)螺纹直径。螺纹直径有大径(d,D)、中径(d_2,D_2)和小径(d_1,D_1)之分，如图2.38所示。

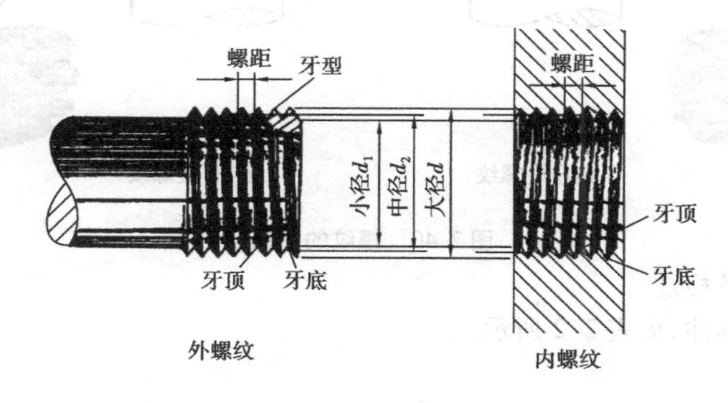

图2.38　螺纹的直径

①大径(d,D)。是与外螺纹牙顶或内螺纹牙底相重合的假想圆柱面的直径。

②小径(d_1,D_1)。是与外螺纹牙底或内螺纹牙顶相重合的假想圆柱面的直径。

③中径(d_2,D_2)。是一个假想圆柱面的直径,该圆柱的母线通过牙型上沟槽和凸起宽度相等的地方,此假想圆柱面的直径称为中径。

(3)线数(n)。线数是指形成螺纹的螺旋线的条数,螺纹有单线和多线之分。

(4)螺距(P)。相邻两牙在中径线上对应两点间的轴向距离,如图2.38所示。

(5)导程(S)。导程是指同一条螺旋线上的相邻两牙在中径线上对应两点间的轴向距离,如图2.39所示。

$$导程(S) = 螺距(P) \times 线数(n)$$

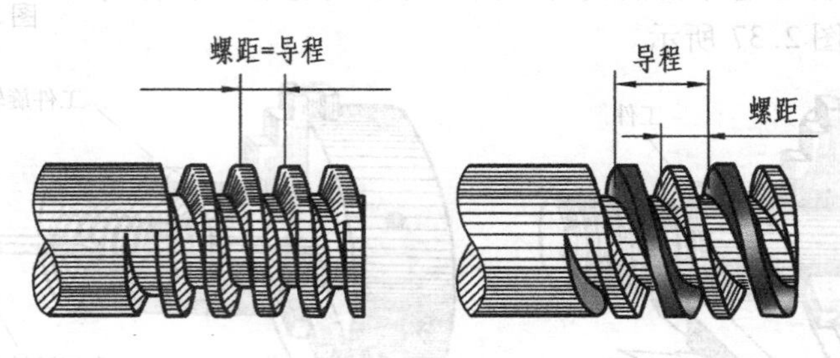

图2.39 螺纹的导程

(6)旋向。螺旋线有左旋和右旋之分。按顺时针方向旋进的螺纹称为右旋螺纹,按逆时针方向旋进的螺纹称为左旋螺纹。螺纹的旋向可按下列方法判定:

将螺纹轴线垂直放置,螺纹的可见部分是左高右低者是左旋螺纹,右高左低者是右旋螺纹,如图2.40所示。

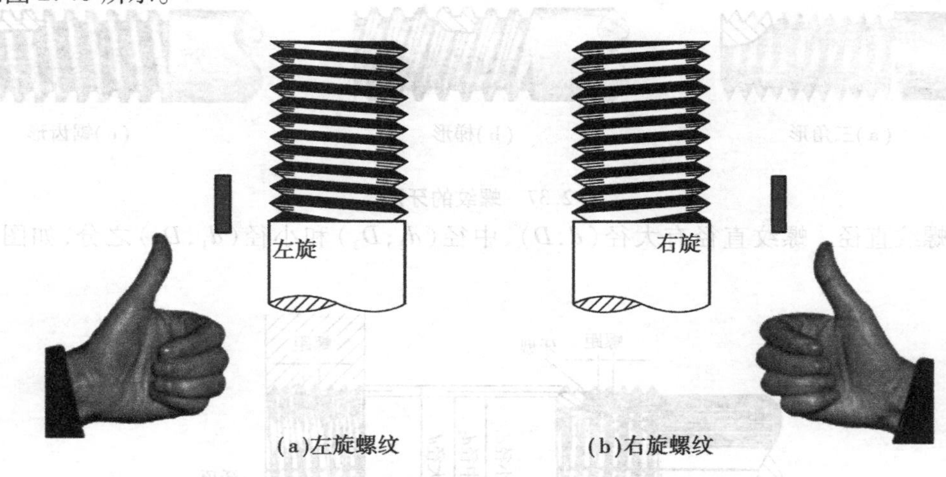

(a)左旋螺纹　(b)右旋螺纹

图2.40 螺纹的旋向

3. 螺纹的种类及标注

螺纹的种类及标注,见表2.2所示。

表 2.2 螺纹的种类及标注

螺纹种类			螺纹特征代号		标注示例	标注的含义
连接螺纹	普通螺纹		粗牙	M	M20—5g6g—40	粗牙普通螺纹,公称直径 20 mm,螺距 2.5 mm,右旋,中径公差带代号 5 g,顶径公差带代号 6 g,旋合长度 40 mm 左旋螺纹以"LH"表示,右旋螺纹不标注
			细牙	M	M24×1LH—6H—S	细牙普通螺纹,公称直径 24 mm,螺距 1 mm,左旋,中径和顶径的公差带代号同为 6H,短旋合长度 旋合长度分为短(S)、中等(N)、长(L)
	管螺纹	非螺纹密封的管螺纹		G	G3/4A	非螺纹密封的管螺纹,尺寸代号 3/4,公差等级为 A 级
		用螺纹密封的管螺纹	圆锥外螺纹	R	R_c3/4　R3/4	用螺纹密封的管螺纹,尺寸代号 3/4,内、外均为圆锥螺纹
			圆锥内螺纹	R_C		
			圆柱内螺纹	R_P		
			60°圆锥管螺纹	NPT	NPT 1/8—LH	60°圆锥管螺纹,尺寸代号 1/8,左旋
传动螺纹	梯形螺纹			Tr	Tr40×14(P7)—7H	梯形螺纹,公称直径 40 mm,导程 14 mm,螺距 7 mm,双线,右旋,中径公差带代号 7H
	锯齿形螺纹			B	B32×6LH—7e	锯齿形螺纹,公称直径 32 mm,单线,螺距 6 mm,左旋,中径公差带代号 7e

4. 螺纹的规定画法

(1)外螺纹的规定画法

外螺纹的规定画法,如图 2.41 所示。

①大径用粗实线表示。

②小径用细实线表示。

③螺纹终止线用粗实线表示。

④小径在投影为圆的视图中用细实线只画约 3/4 圈。

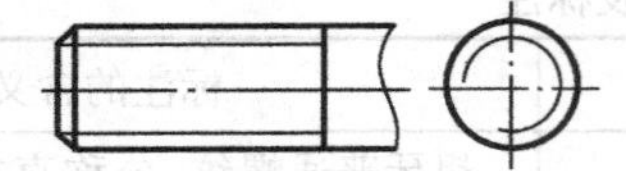
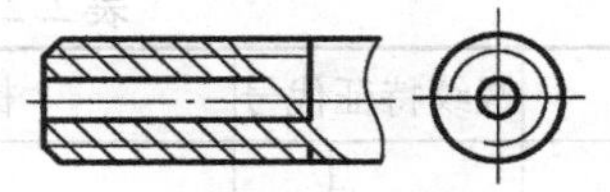

图 2.41　外螺纹的规定画法

(2)内螺纹的规定画法

内螺纹的规定画法,如图 2.42 所示。

①大径用细实线表示。

②小径用粗实线表示。

③螺纹终止线用粗实线表示。

④大径在投影为圆的视图用细实线只画约 3/4 圈,剖面线必须画到粗实线。

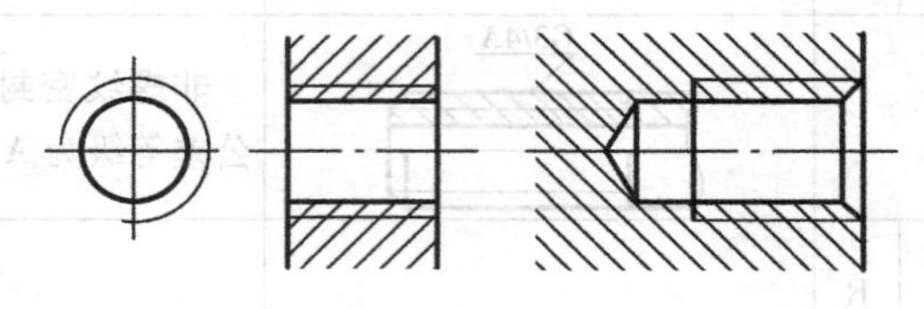

图 2.42　内螺纹的规定画法

(3)螺纹连接的规定画法

螺纹连接的规定画法,如图 2.43 所示。

以剖视图表示内外螺纹的连接时,其旋合部分按外螺纹的画法绘制,其余部分仍按各自的画法表示。

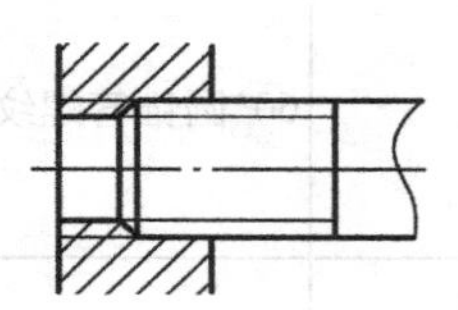
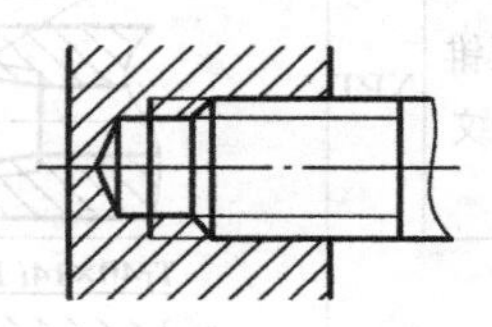

图 2.43　螺纹联接的规定画法

5. 常见的螺纹联接形式

常见的螺纹连接形式有螺栓连接、双头螺柱连接和螺钉连接,如图 2.44 所示。

二、键连接和销连接

如图 2.45 所示,认识常用的键和销。

1. 键联接

键主要用于轴和轴上零件的连接,使之不产生相对运动,以传递转矩。如图 2.46 所示。

(1)键的形式及标记

键的形式及标记如表 2.3 所示。

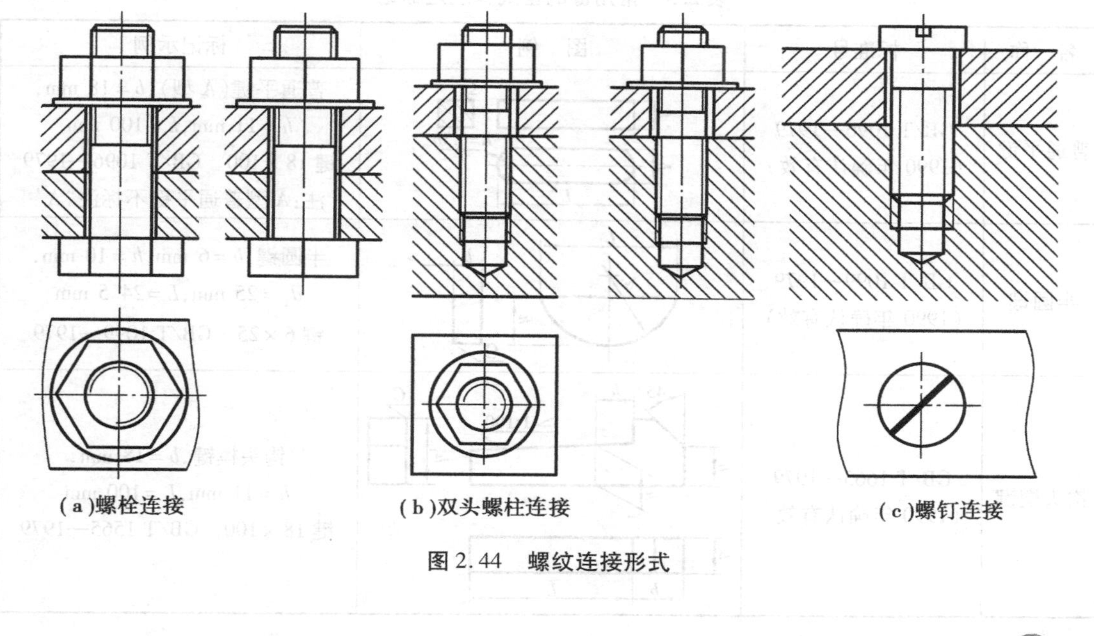

(a)螺栓连接　(b)双头螺柱连接　(c)螺钉连接

图 2.44　螺纹连接形式

图 2.45　常用的键和销

图 2.46　键的应用

表 2.3　常用键的型式和规定标记

名　称	标准号	图　例	标记示例
普通平键	GB/T 1096—1979（1990 年确认有效）	C, h, b, $R=0.5b$, L	普通平键（A 型），$b=18$ mm，$h=11$ mm，$L=100$ mm 键 18 × 100　GB/T 1096—1979 注：A 型普通平键不标注“A”
半圆键	GB/T 1099—1979（1990 年确认有效）	L, d_1, h, b, C	半圆键，$b=6$ mm，$h=10$ mm，$d_1=25$ mm，$L=24.5$ mm 键 6 × 25　GB/T 1099—1979
钩头楔键	GB/T 1665—1979（1990 年确认有效）	45°, h, 1:100, C, h_1, h, b, L	钩头楔键，$b=18$ mm，$h=11$ mm，$L=100$ mm 键 18 × 100　GB/T 1565—1979

(2)键连接的画法

键连接的画法，见表 2.4 所示。

表 2.4　键连接的画法

名　称	连接的画法	说　明
普通平键	顶部间隙、键、轴	1. 键侧面接触 2. 顶面有一定间隙 3. 键的倒角或圆角可省略不画
半圆键	顶部间隙、键、轴	1. 键侧面接触 2. 顶面有间隙
钩头楔键		键与键槽在顶面、底面同时接触

2. 花键连接

花键是将键直接做在轴上和轮孔内，与它们成为一体。花键的连接是将花键轴装在花键孔内。它可以传递较大的扭矩，且连接可靠。

(1)矩形花键的画法

①花键轴的画法(外花键)，如图2.47所示。

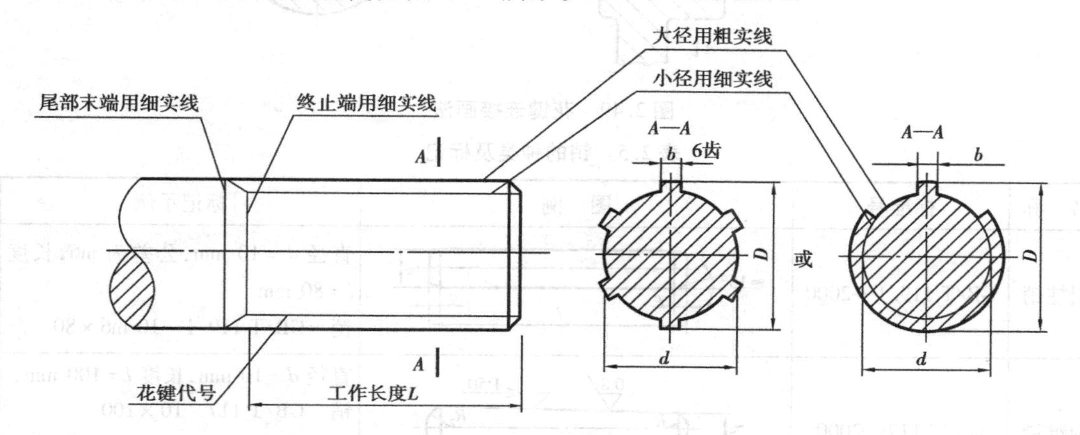

图2.47　外花键的画法

②花键孔的画法(内花键)，如图2.48所示。

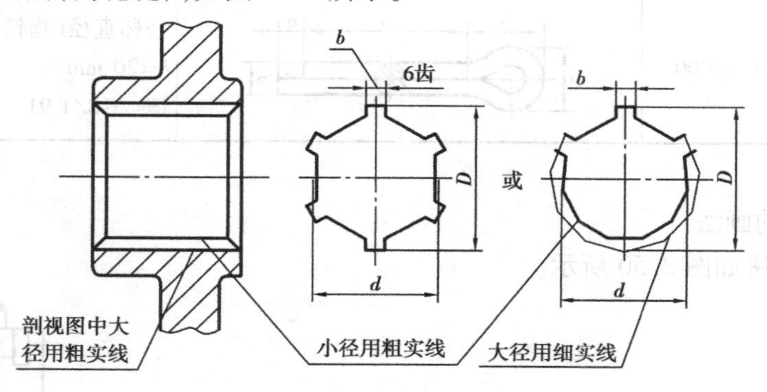

图2.48　内花键的画法

③花键连接画法，如图2.49所示。

(2)矩形花键标注

Z——$D \times d \times b$　表示含义：Z——齿数；D——大径；d——小径；b——键宽

3. 销联接

(1)销的种类及标记

销主要用于零件间的连接或定位，销的种类及标记，见表2.5所示。

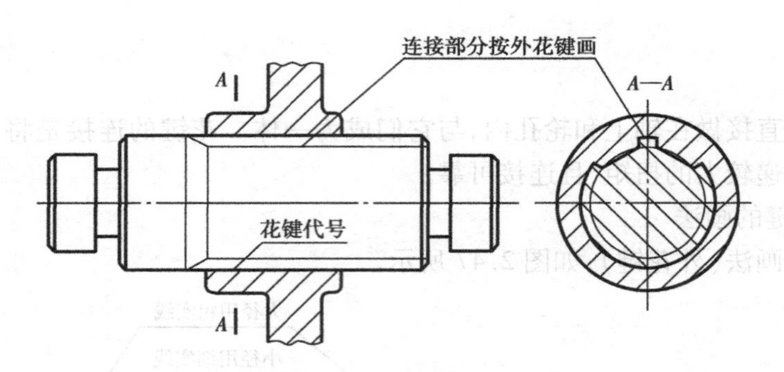

图 2.49　花键连接画法

表 2.5　销的种类及标记

名　称	标准号	图　例	标记示例
圆柱销	GB/T 119.1—2000	≈15° c c l d	直径 $d=10$ mm，公差为 m6，长度 $l=80$ mm 销　GB/T 119.1　10 m6 × 80
圆锥销	GB/T 117—2000	0.8 1:50 d R_1 R_2 a a l	直径 $d=10$ mm，长度 $l=100$ mm， 销　GB/T 117　10 × 100 （注：圆锥销的公称尺寸是指小端直径）
开口销	GB/T 91—2000	b l a c d	公称直径（指销孔直径）$d=4$ mm，$l=20$ mm 销　GB/T 91　4 × 20

（2）销连接的画法

销连接的画法如图 2.50 所示。

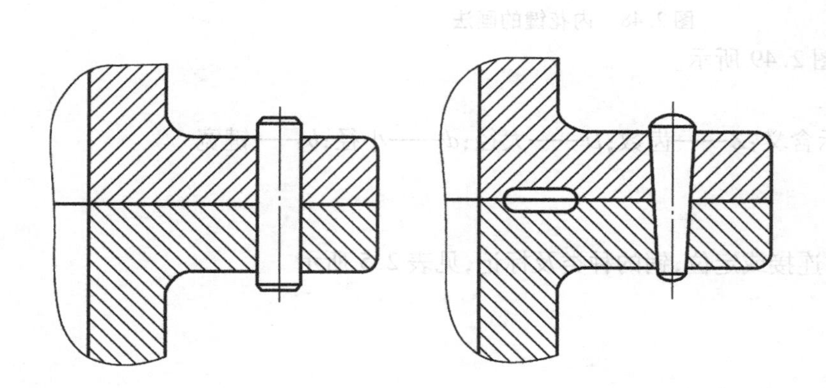

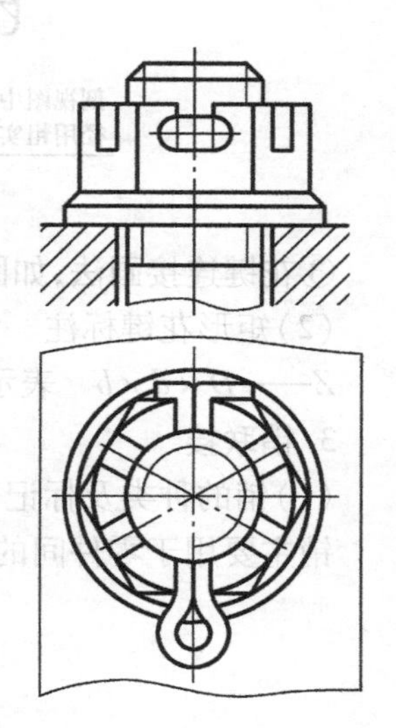

图 2.50　销连接的画法

三、齿轮

如图 2.51 所示，认识常用的齿轮。

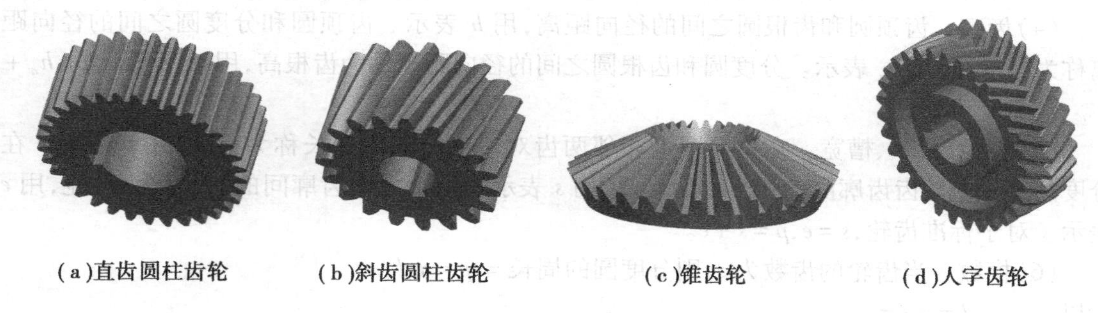

(a)直齿圆柱齿轮　(b)斜齿圆柱齿轮　(c)锥齿轮　(d)人字齿轮

图 2.51　常见齿轮

齿轮是机械设备中常见的传动零件，它可用于传递动力、改变运动速度或旋转方向。常见的齿轮传动类型有圆柱齿轮传动、锥齿轮传动和蜗杆蜗轮传动，如图 2.52 所示。

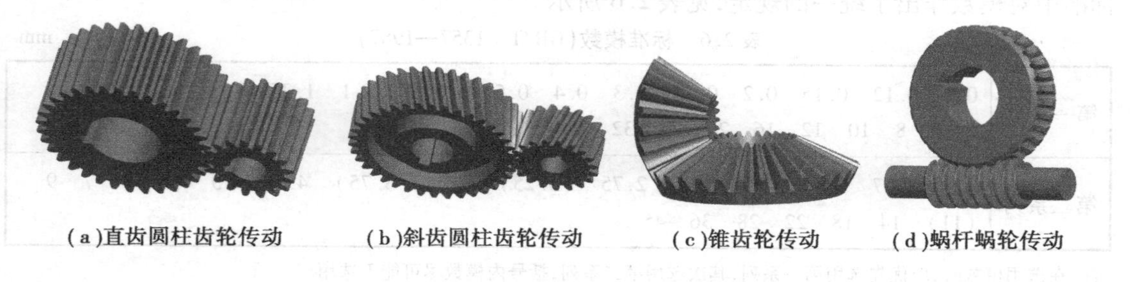

(a)直齿圆柱齿轮传动　(b)斜齿圆柱齿轮传动　(c)锥齿轮传动　(d)蜗杆蜗轮传动

图 2.52　齿轮传动类型

1. 直齿圆柱齿轮轮齿的各部分名称及代号

直齿圆柱齿轮轮齿的各部分名称及代号，如图 2.53 所示。

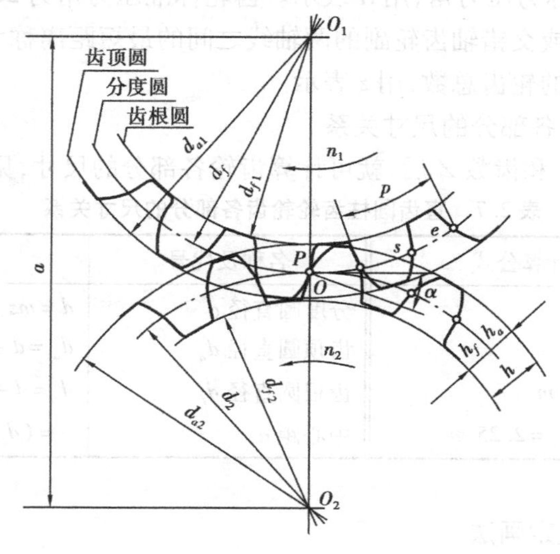

图 2.53　齿轮的各部分名称及代号

(1)齿顶圆。通过轮齿顶部的圆，其直径用 d_a 表示。

(2)齿根圆。通过轮齿根部的圆,其直径用 d_f 表示。

(3)分度圆。对于标准齿轮,在此圆上的齿厚 s 与槽宽 e 相等,其直径用 d 表示。

(4)齿高。齿顶圆和齿根圆之间的径向距离,用 h 表示。齿顶圆和分度圆之间的径向距离称为齿顶高,用 h_a 表示。分度圆和齿根圆之间的径向距离称为齿根高,用 h_f 表示。$h = h_a + h_f$。

(5)齿距、齿厚、槽宽。在分度圆上相邻两齿对应点之间的弧长称为齿距,用 p 表示。在分度圆上一个轮齿齿廓间的弧长称为齿厚,用 s 表示。一个齿槽齿廓间的弧长称为槽宽,用 e 表示。对于标准齿轮,$s = e, p = s + e$。

(6)模数。当齿轮的齿数为 z,则分度圆的周长 $= zp = \pi d$

所以　　$d = zp/\pi$

令　　$m = p/\pi$

m 称为模数,单位是毫米。它是齿距与 π 的比值。为了便于齿轮的设计和加工,在国家标准中对模数作出了统一的规定,见表 2.6 所示。

表 2.6　标准模数(GB/T　1357—1987)　　mm

第一系列	0.1　0.12　0.15　0.2　0.25　0.3　0.4　0.5　0.6　0.8　1　1.25　1.5　2　2.5　3　4　5　6　8　10　12　16　20　25　32　40　50
第二系列	0.35　0.7　0.9　1.75　2.25　2.75　(3.25)　3.5　(3.75)　4.5　5.5　(6.5)　7　9　(11)　14　18　22　28　36　45

注:在选用模数时,应优先选用第一系列,其次选用第二系列,括号内模数尽可能不选用。

(7)压力角。在一般情况下,两相啮合轮齿的端面齿廓在接触点处的公法线,与两分度圆的内公切线所夹的锐角,称为压力角,用 α 表示。齿轮标准压力角为 20°。

(8)中心距。平行轴或交错轴齿轮副的两轴线之间的最短距离称为中心距,用 a 表示。

(9)齿数。一个齿轮的轮齿总数,用 z 表示。

2. 直齿圆柱齿轮轮齿各部分的尺寸关系

确定了齿轮的模数 m 和齿数 Z 后,就可计算齿轮各部分的尺寸,见表 2.7 所示。

表 2.7　直齿圆柱齿轮轮齿各部分的尺寸关系

名称及代号	计算公式	名称及代号	计算公式
模数 m	$m = d/z$	分度圆直径 d	$d = mz$
齿顶高 h_a	$h_a = m$	齿顶圆直径 d_a	$d_a = d + 2h_a = m(z+2)$
齿根高 h_f	$h_f = 1.25\ m$	齿根圆直径 d_f	$d_f = d - 2h_f = m(z-2.5)$
齿高 h	$h = h_a + h_f = 2.25\ m$	中心距 a	$a = (d_1 + d_2)/2 = m(z_1 + z_2)/2$

3. 直齿圆柱齿轮的规定画法

(1)单个圆柱齿轮的规定画法

在表示齿轮端面的视图中,齿顶圆用粗实线画出,齿根圆用细实线画出或省略不画,分度圆用点画线画出,如图 2.54(a)所示。

另一视图一般画成全剖视图，而轮齿按不剖处理。用粗实线表示齿顶线和齿根线，用点划线表示分度线，如图 2.54(b) 所示。

若为斜齿轮或人字齿轮，则用三条与齿线方向一致的细实线表示轮齿的方向，如图 2.54(c)，2.54(d) 所示。

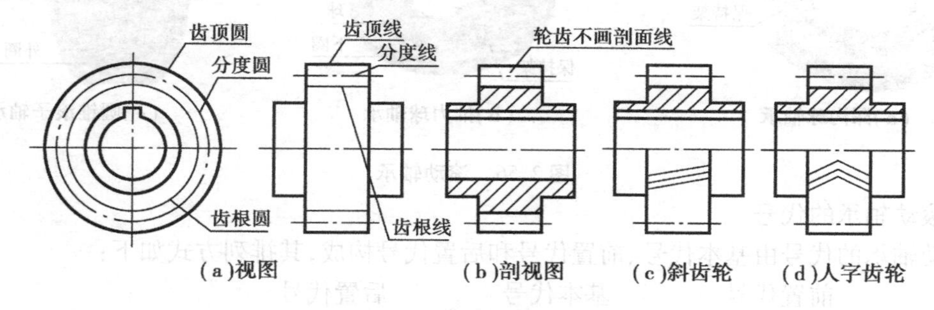

图 2.54　单个圆柱齿轮的规定画法

(2)齿轮的啮合画法

在表示齿轮端面的视图中，啮合区内的齿顶圆均用粗实线绘制，如图 2.55(a) 所示。也可省略不画，但相切的两分度圆须用点画线画出，两齿根圆省略不画，如图 2.55(b) 所示。

若不作剖视，则啮合区内的齿顶线不必画出，此时分度线用粗实线绘制，如图 2.55(c) 所示。

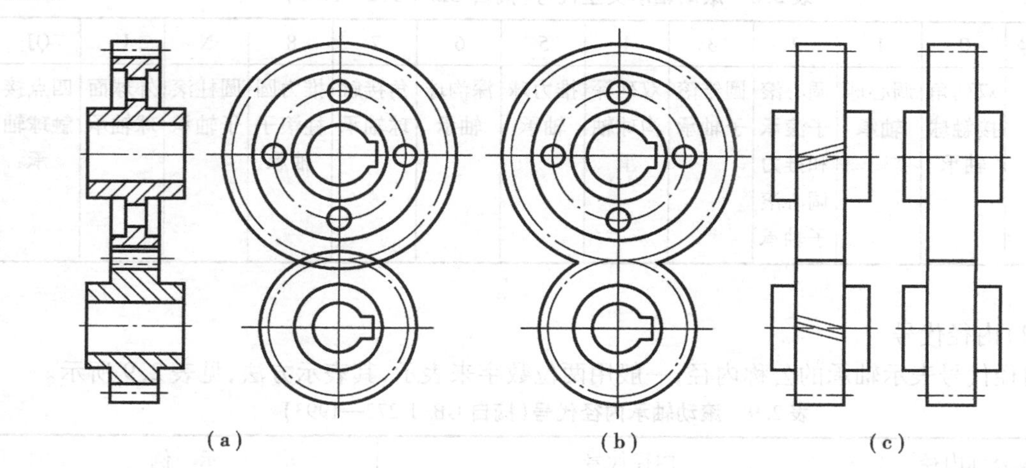

图 2.55　齿轮的啮合画法

四、滚动轴承

如图 2.56 所示，认识常用的滚动轴承。

1. 滚动轴承的结构和种类

滚动轴承一般由内圈、外圈、滚动体、保持架四部分组成，如图 2.56 所示。

滚动轴承按其所能承受载荷方向的不同，可分为：

(1)向心轴承。主要用于承受径向载荷，如：深沟球轴承。

(2)推力轴承。主要用于承受轴向载荷，如：推力球轴承。

(3)向心推力轴承。既可承受径向载荷，又可承受轴向载荷，如：圆锥滚子轴承。

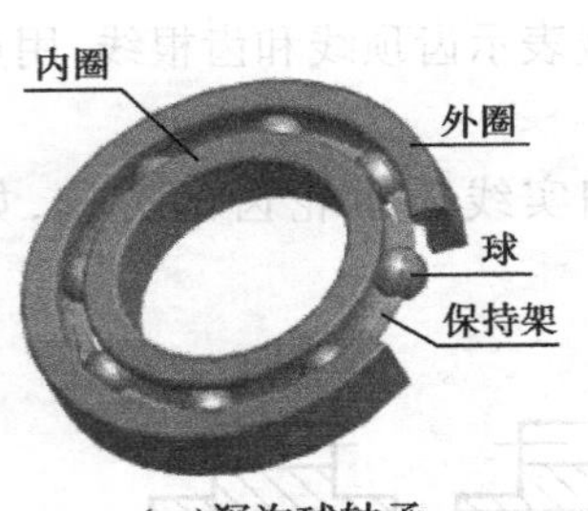

(a)深沟球轴承

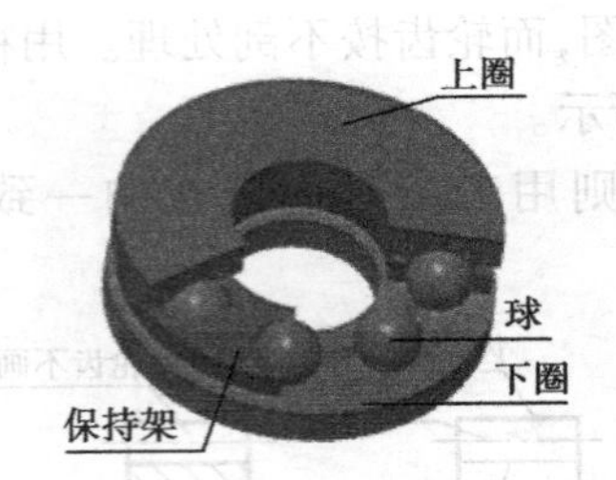

(b)推力球轴承

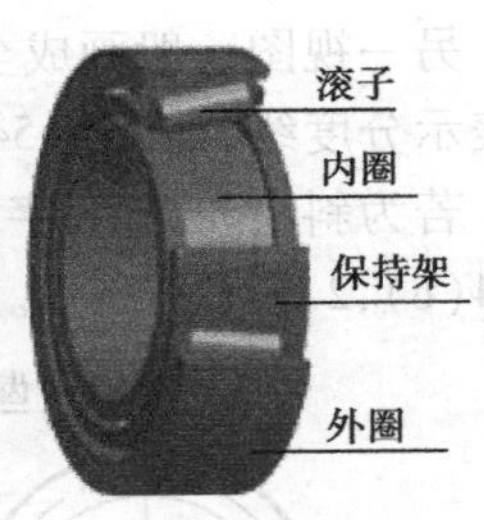

(c)圆锥滚子轴承

图 2.56　滚动轴承

2. 滚动轴承的代号

滚动轴承的代号由基本代号、前置代号和后置代号构成，其排列方式如下：

前置代号　　　　基本代号　　　　后置代号

(1)基本代号

基本代号又由类型代号、尺寸系列代号、内径代号构成，是轴承代号的基础，其排列方式如下：

类型代号　　　　尺寸系列代号　　　　内径代号

轴承类型代号，见表 2.8 所示。

表 2.8　滚动轴承类型代号(摘自 GB/T 272—1993)

代　号	0	1	2	3	4	5	6	7	8	N	U	QJ
轴承类型	双列角接触球轴承	调心球轴承	调心滚子滚承和推力调心滚子轴承	圆锥滚子轴承	双列深沟球轴承	推力球轴承	深沟球轴承	角接触球轴承	推力圆柱滚子轴承	圆柱滚子轴承	外球面球轴承	四点接触球轴承

(2)内径代号

内径代号表示轴承的公称内径，一般用两位数字来表示，其表示方法，见表 2.9 所示。

表 2.9　滚动轴承内径代号(摘自 GB/T 272—1993)

轴承公称内径	内径代号	示　例
0.6 ~ 10(非整数)	用公称内径毫米数表示，在其与尺寸系列代号之间用“/”分开	深沟球轴承 618/2.5　$d = 2.5$ mm
1 ~ 9(整数)	用公称内径毫米数直接表示，对深沟及角接触轴承 7,8,9 直径系列，内径与尺寸系列代号之间用“/”分开	深沟球轴承 625　$d = 5$ mm 深沟球轴承 618/5　$d = 5$ mm

续表

<table>
<tr><th colspan="2">轴承公称内径</th><th>内径代号</th><th>示 例</th></tr>
<tr><td rowspan="4">10 ~ 17</td><td>10</td><td>00</td><td rowspan="4">深沟球轴承 6200 $d = 10$ mm
深沟球轴承 6201 $d = 12$ mm
深沟球轴承 6202 $d = 15$ mm
深沟球轴承 6203 $d = 17$ mm</td></tr>
<tr><td>12</td><td>01</td></tr>
<tr><td>15</td><td>02</td></tr>
<tr><td>17</td><td>03</td></tr>
<tr><td colspan="2">20 ~ 480
(22,28,32 除外)</td><td>公称内径除以 5 的商数,商数为个位数,需在商数左边加“0”,如 08</td><td>圆锥滚子轴承 30308 $d = 40$ mm
深沟球轴承 6215 $d = 75$ mm</td></tr>
<tr><td colspan="2">≥ 500 以及 22,28,32</td><td>用公称内径毫米数直接表示,但在与尺寸系列代号之间用“/”分开</td><td>调心滚子轴承 230/500 $d = 500$ mm
深沟球轴承 62/22 $d = 22$ mm</td></tr>
</table>

(3)滚动轴承标记示例

例 1 深沟球轴承 61800

6——轴承类型代号

1——宽度系列代号

8——直径系列代号

00——内径代号,表示内径 $d = 10$ mm

例 2 圆锥滚子轴承 32206

3——轴承类型代号

2——宽度系列代号

2——直径系列代号

06——内径代号,表示内径 $d = 6 \times 5 = 30$ mm

例 3 推力球轴承 51201

5——轴承类型代号

1——高度系列代号

2——直径系列代号

01——内径代号,表示内径 $d = 12$ mm

3. 滚动轴承的画法

滚动轴承的画法,见表 2.10 所示。

表 2.10　滚动轴承的画法(摘自 GB/T 4459.7—1998)

轴承类型	结构形式	通用画法	装配示意图	图示符号
深沟球轴承 60000				
圆锥滚子轴承 30000		B A d D $\frac{2}{3}A$ $\frac{2}{3}B$		
推力球轴承 50000				

五、弹簧

如图 2.57 所示,认识常用的弹簧。

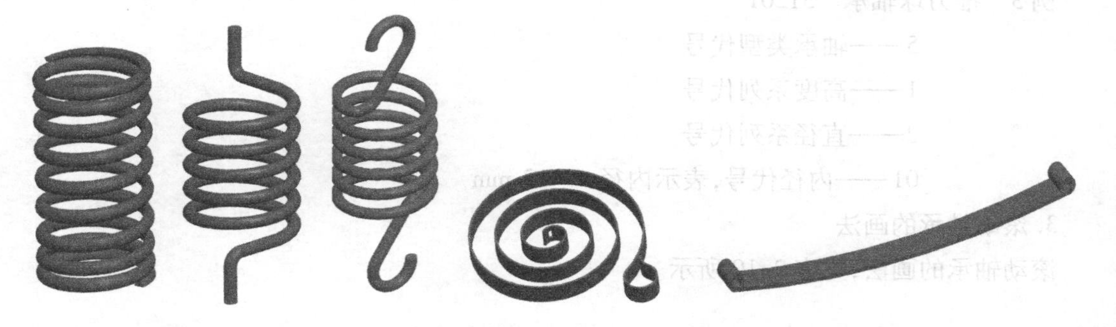

(a)压缩弹簧　(b)扭转弹簧　(c)拉伸弹簧　(d)涡卷弹簧　(e)板弹簧

图 2.57　弹簧

1. 圆柱螺旋压缩弹簧的画法

弹簧是一种用来减振、夹紧、测力和储存能量的零件，用途最广的是圆柱螺旋弹簧，圆柱螺旋压缩弹簧的画法，如图 2.58 所示。

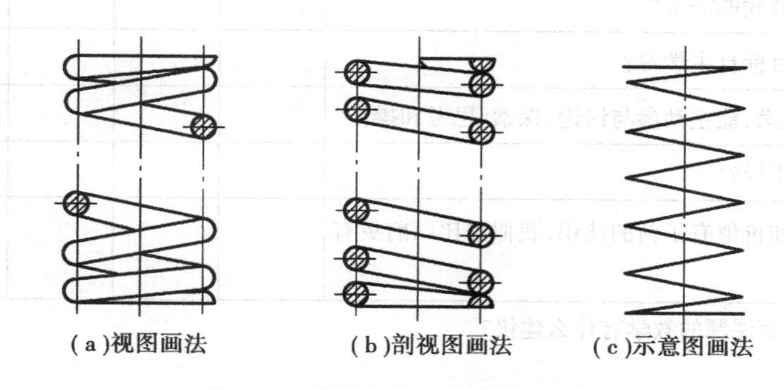

图 2.58　圆柱螺旋压缩弹簧的画法

2. 弹簧在装配图中的规定画法

(1)弹簧中间各圈采用省略画法后，弹簧后面被挡住的零件轮廓不必画出，如图 2.59(a)所示。

(2)当簧丝直径在图上小于或等于 2 mm 时，可采用示意画法，如图 2.59(b)所示。

(3)当簧丝直径在图上小于或等于 2 mm 时，如是断面图，可以涂黑表示，如图 2.59(c)所示。

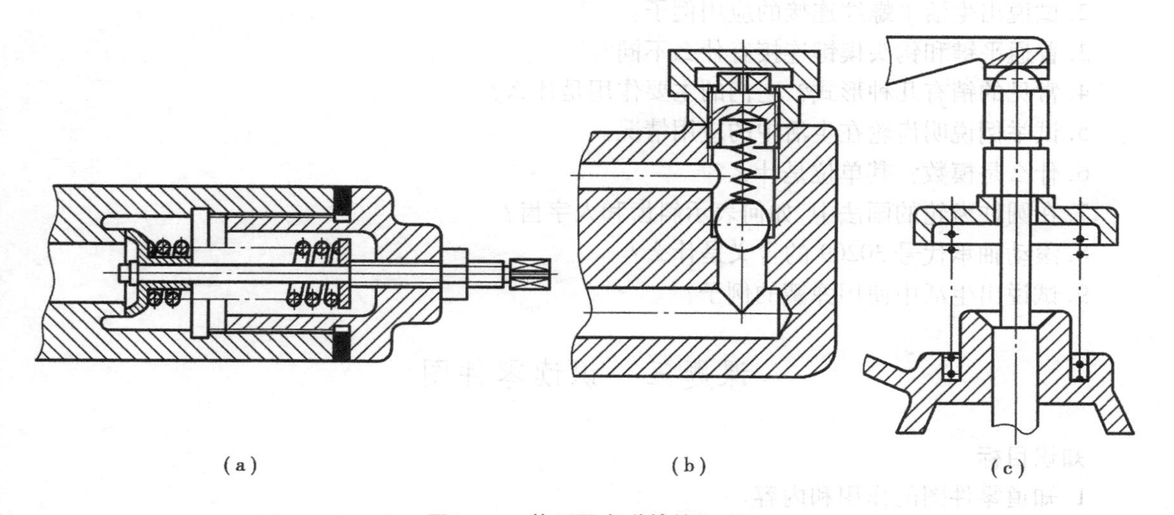

图 2.59　装配图中弹簧的画法

学习评估

现在已经完成了这一课题的学习，希望你能对所参与的活动提出意见。

请在相应的栏目内"√"	非常同意	同意	没有意见	不同意	非常不同意
1. 该课题的内容适合我的需求?					
2. 我能根据课题的目标自主学习?					
3. 上课投入,情绪饱满,能主动参与讨论、探索、思考和操作?					
4. 教师进行了有效指导?					
5. 我对自身的能力和价值有了新的认识,我似乎比以前更有自信心了?					
你对改善本项目后面课题的教学有什么建议?					

巩固与练习

1. 螺纹导程、螺距和线数之间的关系如何?
2. 试说出生活中螺纹连接的应用例子。
3. 普通平键和钩头楔键连接有什么不同?
4. 常见的销有几种形式? 它们的主要作用是什么?
5. 试举例说明齿轮在生活中的应用情况。
6. 什么是模数? 其单位是什么?
7. 在圆柱齿轮的画法中,如何表示斜齿和人字齿?
8. 滚动轴承代号 30209 的含义是什么?
9. 试说出生活中使用弹簧的例子?

课题三　识读零件图

知识目标

1. 知道零件图的作用和内容。
2. 知道零件的技术要求和工艺要求。
3. 知道识读零件图的方法和步骤。

技能目标

1. 能够识读简单轴类零件图。
2. 能够识读简单盘盖类零件图。

实例引入

零件是组成机器或部件的基本单位。如图 2.60 所示是一般机器零件,同学们根据零件的形状结构、加工方法、视图表达和尺寸标注等方面的特点，归纳零件可以分为哪几种类型？

零件图是用来表示零件的结构形状、大小及技术要求的图样，是直接指导制造和检验零件的重要技术文件。本课题将学习零件图的识读。

(a) 轴套类零件　(b) 轮盘类零件

(c) 叉架类零件　(d) 箱体类零件

图 2.60　零件的分类

课题完成过程

一、零件图的内容

如图 2.61 所示，一张完整的零件图一般应包括以下几项内容：

（1）一组图形。用于正确、完整、清晰和简便地表达出零件内外形状的图形，其中包括机件的各种表达方法，如视图、剖视图、断面图、局部放大图和简化画法等。

（2）完整的尺寸。零件图中应正确、完整、清晰、合理地注出制造零件所需的全部尺寸。

（3）技术要求。零件图中必须用规定的代号、数字、字母和文字注解说明制造和检验零件时，在技术指标上应达到的要求。技术要求通常包括以下内容：

①尺寸公差。

②形状与位置公差。

③表面粗糙度。

④材料热处理及表面镀涂等内容。

技术要求在图样中的表示方法有两种：一是用代号或符号标注在视图中。二是用文字简明地写在标题栏的上方或左边空白处。

（4）标题栏。标题栏应配置在图框的右下角。填写的内容主要有零件的名称、材料、数量、比例、图样代号以及设计、审核、批准者的姓名、日期等。标题栏的尺寸和格式已经标准化，可参见有关标准。

二、零件上常见的工艺结构

机器上的零件，绝大部分零件都要经过铸造、锻造和机械加工等过程制造出来。因此，零件的结构形状不仅要满足设计要求，还要符合制造工艺、装配等方面的要求，以保证零件质量好、成本低、效益高。因而，需要注意零件的合理结构，以免给生产带来困难。

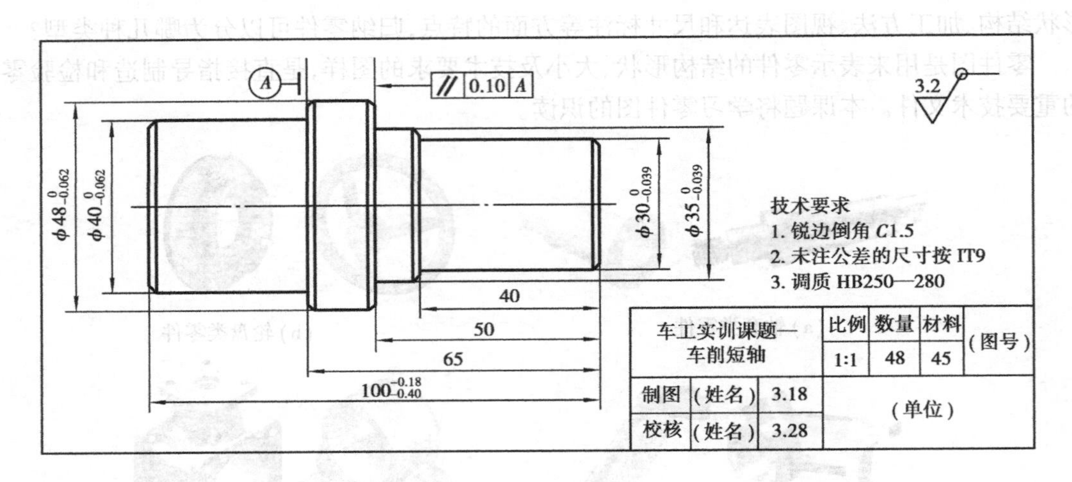

图 2.61　轴零件图

1. 铸件上的合理结构

(1)拔模斜度。用铸造方法制造的零件称为铸件，制造铸件毛坯时，为了便于在型砂中取出模型，一般沿模型起模方向，做成约 1:20 的斜度，叫作拔模斜度，如图 2.62 所示。

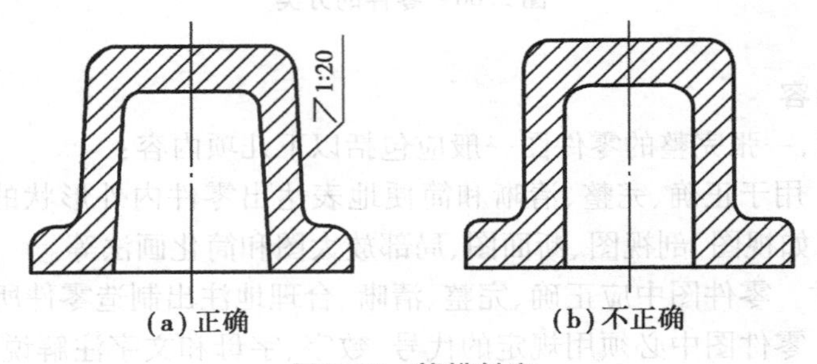

图 2.62　拔模斜度

(2)铸造圆角。铸件毛坯在表面的相交处，都有铸造圆角，如图 2.63 所示，这样既能方便起模，又能防止浇铸铁水时将砂型转角处冲坏，还可以避免铸件在冷却时产生裂缝或缩孔。

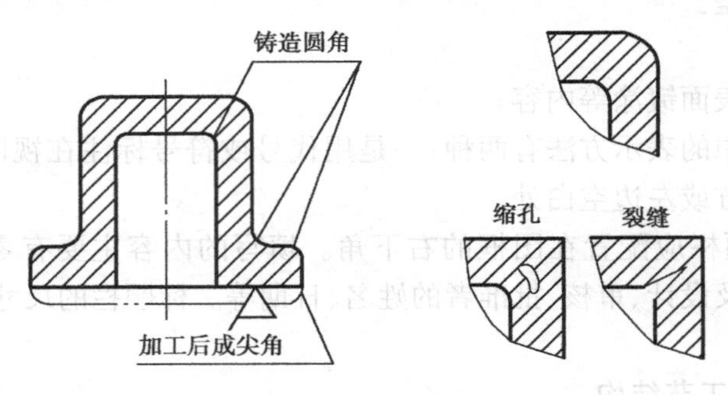

图 2.63　铸造圆角

(3)铸件壁厚要均匀。在浇铸零件时，为避免铸件各部分冷却时，因冷却速度的不同产生内应力而造成裂纹或缩孔，铸件壁厚应尽量均匀一致，不同壁厚间应均匀过渡，如图 2.64 所示。

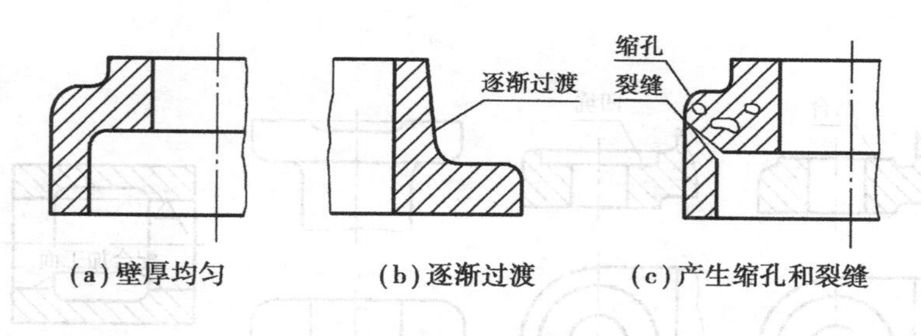

图 2.64　铸件壁厚

2. 机械加工件上常见的合理结构

(1)倒角和倒圆。为了去除零件的毛刺、锐边和便于装配,在轴、孔的端部,一般都加工成倒角;为了避免因应力集中而产生裂纹,在轴肩处往往加工成圆角,称为倒圆,如图 2.65 所示。

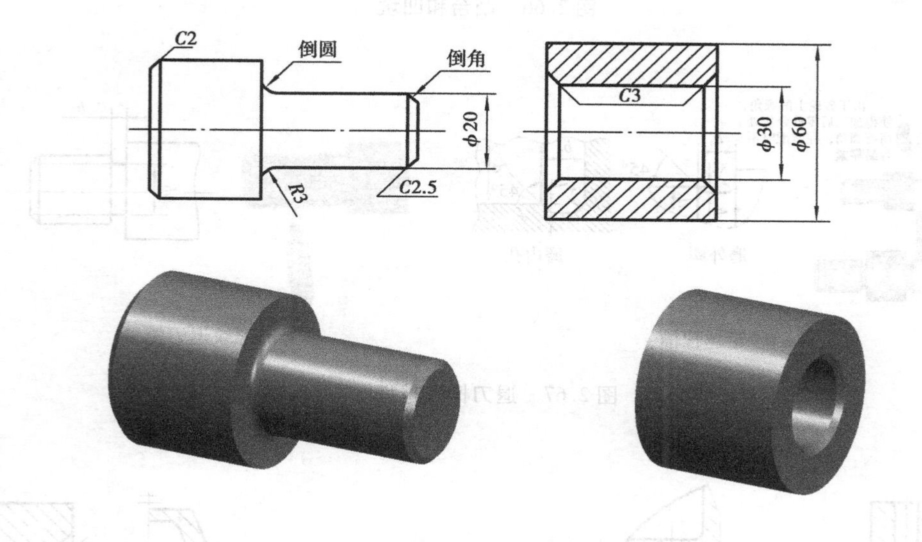

图 2.65　倒圆和倒角

(2)凸台和凹坑。为了减少加工面积,并保证零件表面之间接触,通常在铸件上,设计成凸台或加工成凹坑,如图 2.66 所示。

(3)退刀槽和越程槽。在切削加工中,特别是在车螺纹和磨削时,为了便于退出刀具或使砂轮可以稍稍越过加工面,通常在零件待加工面的末端,先车出螺纹退刀槽或砂轮越程槽,如图 2.67 所示。

(4)钻孔结构。用钻头钻孔时,应使钻孔轴线垂直于零件表面,以保证钻孔准确和避免钻头折断,如图 2.68 所示。

3. 零件上常见结构的尺寸注法

(1)倒角、退刀槽的尺寸注法,见表 2.11 所示。

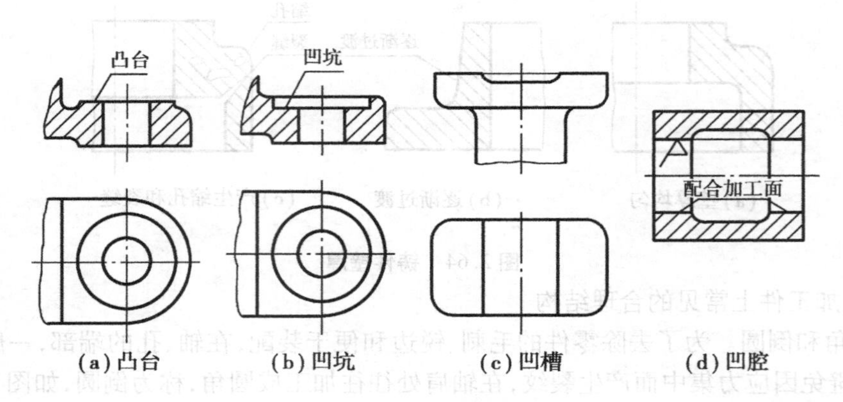

图 2.66　凸台和凹坑

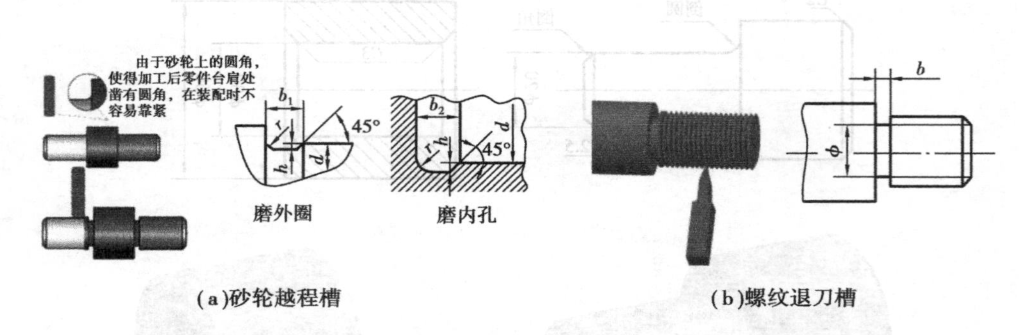

图 2.67　退刀槽和越程槽

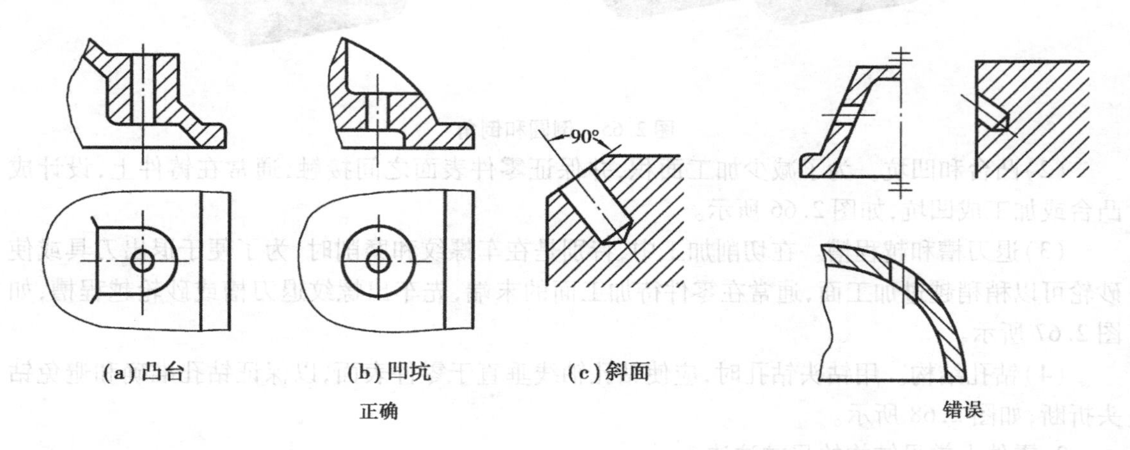

图 2.68　钻孔结构

表 2.11　倒角和退刀槽的尺寸注法

结构名称	尺寸标注方法	说　明
倒角	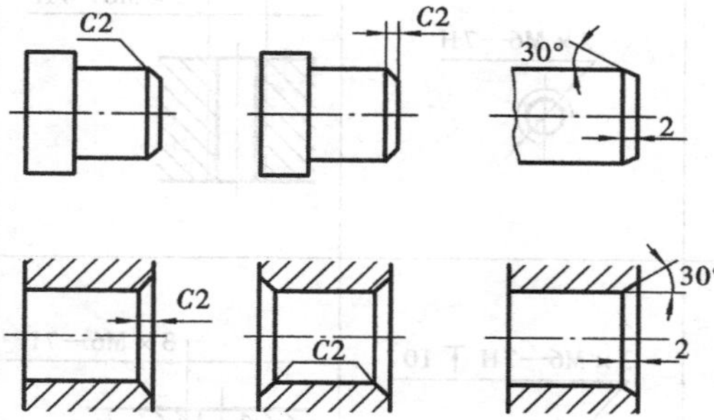 C2　C2　30°　2 C2　C2　30°　2	一般 45°倒角按“C 宽度”注出。30°或 60°倒角,应分别注出宽度和角度
退刀槽	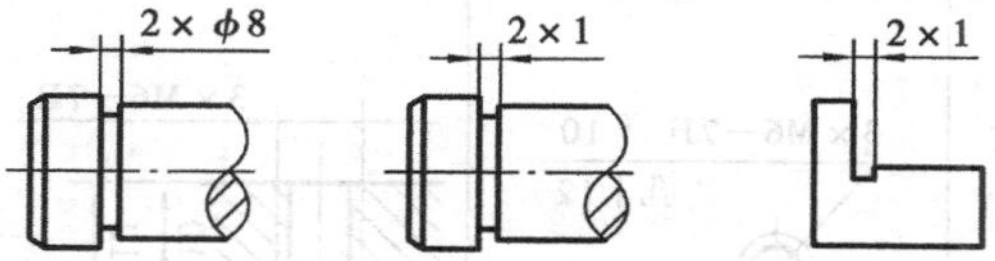 2×ϕ8　2×1　2×1	一般按“槽宽×槽深”或“槽宽×直径”注出

(2)光孔、螺纹孔、沉孔的尺寸注法,见表 2.12 所示。

表 2.12　各种孔的尺寸注法

序号	类型	旁注法		普通注法	说　明
1	光孔	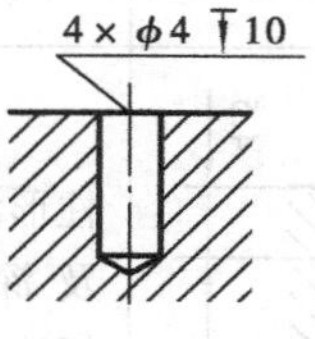 4×ϕ4 ↧10	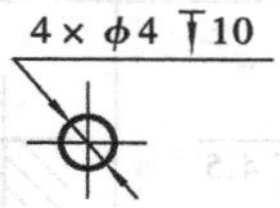 4×ϕ4 ↧10	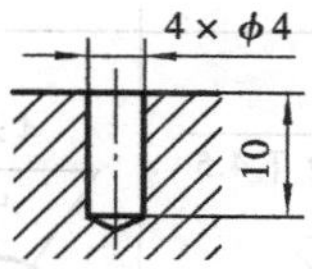 4×ϕ4　10	四个直径为 4,深为 10,均匀分布的孔
2	光孔	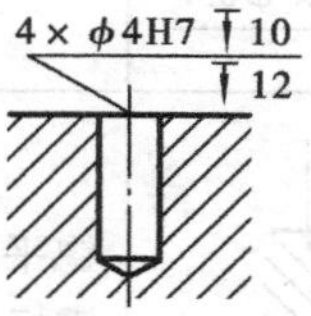 4×ϕ4H7 ↧10 ↧12	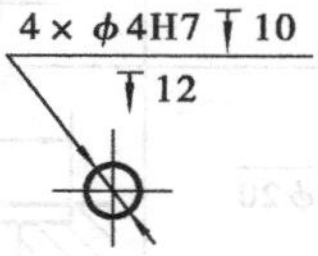 4×ϕ4H7 ↧10 ↧12	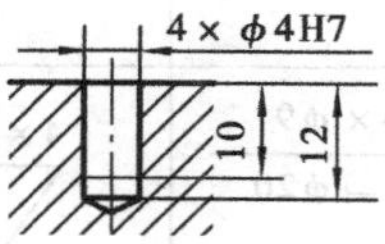 4×ϕ4H7　10　12	四个孔直径为 4,公差为 H7,其深为 10,孔全深为 12,均匀分布

续表

序号	类型	旁注法		普通注法	说　明
3	螺纹孔	3 × M6—7H	3 × M6—7H	3 × M6—7H	三个螺纹孔，大径为M6，螺纹公差等级为7H，均匀分布
4		3 × M6—7H ↧ 10	3 × M6—7H ↧ 10	3 × M6—7H 10	三个螺纹孔，大径为M6，螺纹公差等级为7H，螺孔深为10，均匀分布
5		3 × M6—7H ↧ 10 孔 ↧ 12	3 × M6—7H ↧ 10 孔 ↧ 12	3 × M6—7H 10 12	三个螺纹孔，大径为M6，螺纹公差等级为7H，螺孔深为10，光孔深为12，均匀分布
6	沉孔	6 × φ7 ⌵ φ13 × 90°	6 × φ7 ⌵ φ13 × 90°	90° φ13 6 × φ7	锥形沉孔的直径φ13及锥角90°，均需标注
7		4 × φ6.4 ⌴ φ12 ↧ 4.5	4 × φ6.4 ⌴ φ12 ↧ 4.5	φ12 4.5 4 × φ6.4	柱形沉孔的直径φ12及深度4.5，均需标注
8		4 × φ9 ⌴ φ20	4 × φ9 ⌴ φ20	φ20 4 × φ9	锪平φ20的深度不需标注，一般锪平到光面为止

三、识读零件图的方法和步骤

1. 识读零件图的基本要求

(1)了解零件的名称、材料和用途。

(2)了解各零件组成部分的几何形状、相对位置和结构特点,想象出零件的整体形状。

(3)分析零件的尺寸和技术要求。

2. 读零件图的方法和步骤

(1)读标题栏

了解零件的名称、材料、画图的比例、重量。

(2)分析视图,想象结构形状

找出主视图,分析各视图之间的投影关系及所采用的表达方法。

看图时:先看主要部分,后看次要部分;先看整体,后看细节;先看容易看懂的部分,后看难懂的部分。按投影对应关系分析形体时,要兼顾零件的尺寸及功用,以便帮助想象零件的形状。

(3)分析尺寸

了解零件各部分的定形尺寸、定位尺寸和零件的总体尺寸,以及注写尺寸所用的基准。

(4)看技术要求

零件图的技术要求是制造零件的质量指标。分析技术要求,结合零件表面粗糙度、公差与配合等内容。以便弄清加工表面的尺寸和精度要求。

(5)综合考虑

把读懂的结构形状、尺寸标注和技术要求等到内容综合起来,就能比较全面地读懂这张零件图。

必须指出,在看零件图的过程中,上述步骤不能把它们机械地分开,往往是参差进行的。另外,对于较复杂的零件图,往往要参考有关技术资料,如装配图,相关零件的零件图及说明书等,才能完全看懂。对于有些表达不够理想的零件图,需要反复仔细地分析,才能看懂。

四、轴套类零件的识读

轴类零件主要用于支承传动零件和传递动力,套类零件一般是装在轴上,起轴向定位、传递、连接等作用。这类零件的各组成部分多是同轴线的回转体,且轴向尺寸大于径向尺寸。如图 2.69 所示是齿轮轴的零件图。

(1)读标题栏

从标题栏可知,该零件叫齿轮轴。齿轮轴是用来传递动力和运动的,其材料为 45 号钢,属于轴类零件。最大直径 60 mm,总长 228 mm,属于较小的零件。

(2)分析视图,想象结构形状

表达方案由主视图和移出断面图组成,轮齿部分作了局部剖。主视图(结合尺寸)已将齿轮轴的主要结构表达清楚了,由几段不同直径的回转体组成,最大圆柱上有轮齿,最右端圆柱上有一键槽,零件两端及轮齿两端有倒角,C,D 两端面处有砂轮越程槽。移出断面图用于表达键槽深度和进行有关标注。

(3)分析尺寸

齿轮轴中两 $\phi35k6$ 轴段及 $\phi20r6$ 轴段用来安装滚动轴承及联轴器,径向尺寸的基准为齿轮轴的轴线。端面 C 用于安装挡油环及轴向定位,所以端面 C 为长度方向的主要尺寸基准,

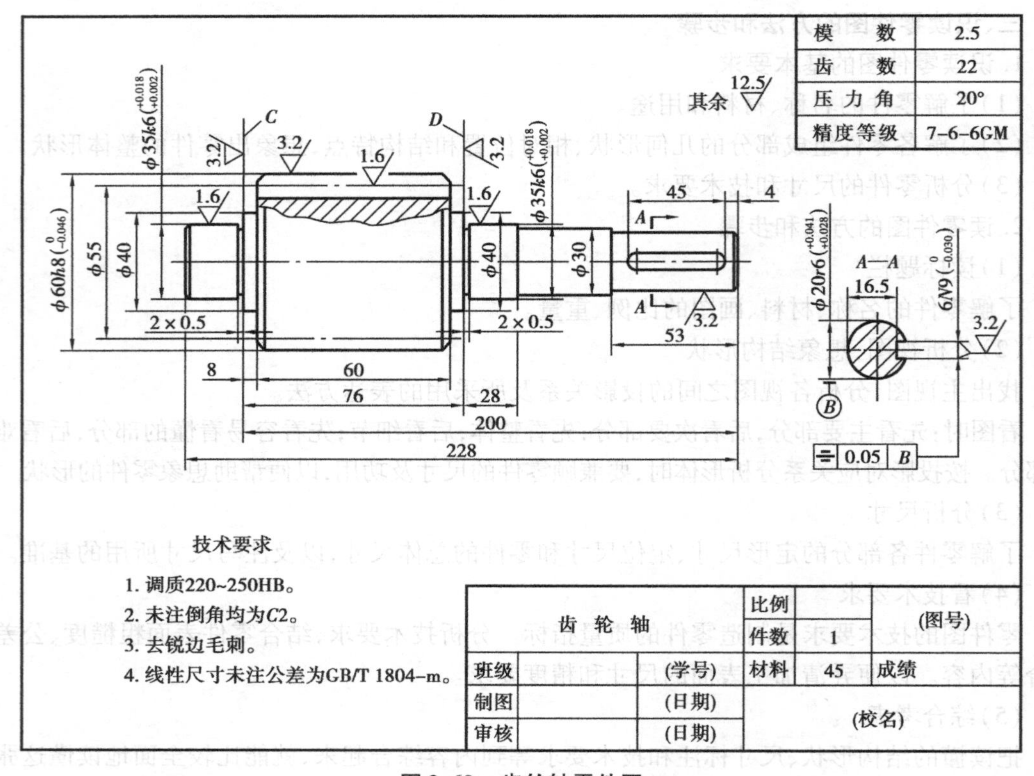

图 2.69　齿轮轴零件图

注出了尺寸 2,8,76 等。端面 *D* 为长度方向的第一辅助尺寸基准,注出了尺寸 2,28。齿轮轴的右端面为长度方向尺寸的另一辅助基准,注出了尺寸 4,53 等。键槽长度 45,齿轮宽度 60 等为轴向的重要尺寸,已直接注出。

图 2.70　齿轮轴实体

(4)分析技术要求

两个 ϕ35 及 ϕ20 的轴颈处有配合要求,尺寸精度较高,均为 6 级公差,相应的表面粗糙度要求也较高,分别为 Ra1.6 和 3.2。对键槽提出了对称度要求。对热处理、倒角、未注尺寸公差等提出了 4 项文字说明要求。

(5)综合考虑

通过上述看图分析,对齿轮轴的作用、结构形状、尺寸大小、主要加工方法及加工中的主要技术指标要求,就有了较清楚的认识。综合起来,即可得出如图 2.70 所示齿轮轴的总体印象。

五、轮盘类零件的识读

1. 用途与结构

(1)轮类零件,如:手轮、齿轮、皮带轮。盖类零件,如:端盖、轴承盖等,如图 2.71 所示。它们可起传动、定位、密封等作用。

(2)这类零件的主体部分多由回转体组成,且轴向尺寸小于径向尺寸,其中往往有一个端面是与其他零件连接时的重要接触面。

(3)为了与其他零件连接,零件上设计了光孔、键槽、螺孔、止口、凸台等结构。

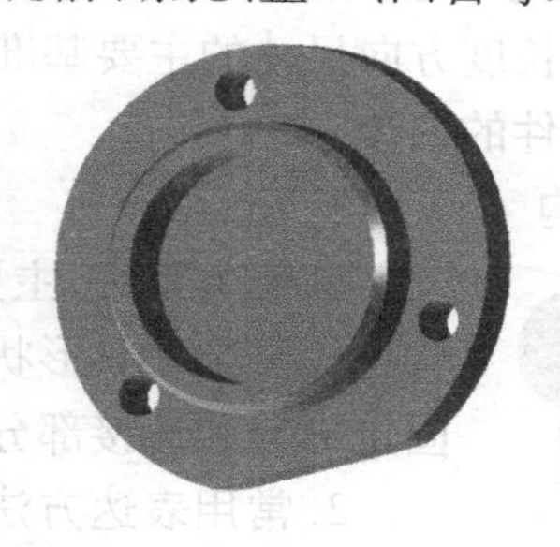

图 2.71 轴承盖

2. 常用的表达方法

(1)该类零件主要在车床上加工,选择主视图时,一般轴线应水平放置。

(2)多采用 2 个基本视图:主视图常用剖视图表达内部结构;另一视图表达零件的外形轮廓及其各部分:如凸缘、孔、肋、轮辐等的分布情况,如图 2.72 所示。如果两端面都较复杂,还需增加另一端面的视图。

3. 实例分析

如图 2.72 所示的轴承盖,主视图选择轴线水平放置,与工作位置一致,又与加工位置相适应。主视图采用全剖视图,将其内部结构全部表示出来。选用右视图,表达其端面轮廓形状及各孔的相对位置。

4. 尺寸标注

(1)径向尺寸。轮盘类零件在标注尺寸时,通常选用通过轴孔的轴线作为径向尺寸基准。如图 2.72 中轴承盖就是这样选择的,径向尺寸基准也是标注方形凸缘的高、宽方向的尺寸基准。

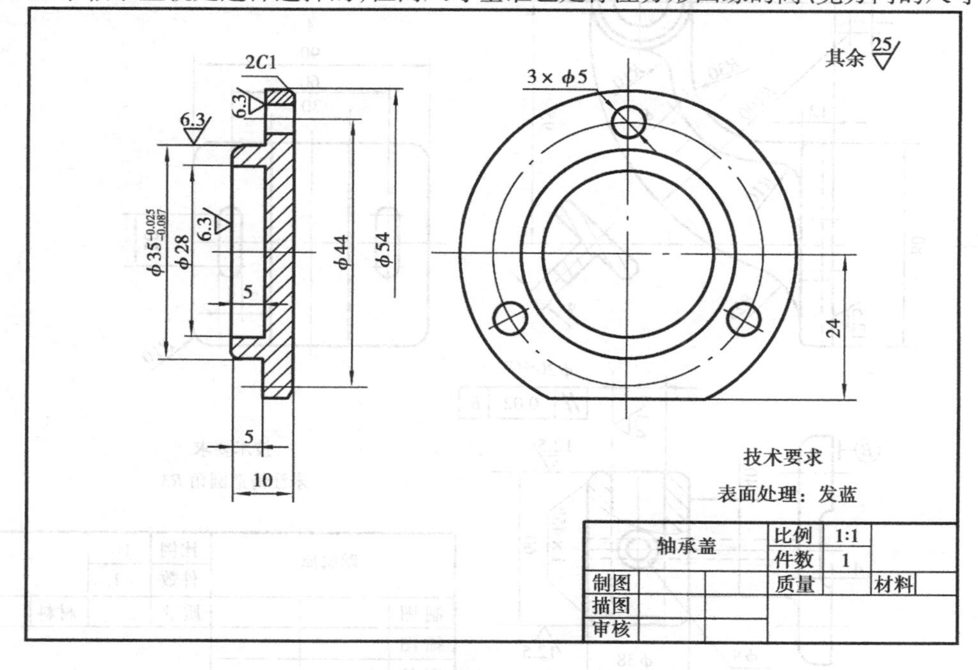

图 2.72 轴承盖零件图

(2)长度方向的尺寸。长度方向的尺寸基准,常选用重要的端面。如图 2.72 所示的轴承盖,以其左端面为长度方向尺寸的主要基准。

六、叉架类零件的识读

1. 用途与结构

图 2.73　踏脚座

叉架类零件,主要起操纵、支承和连接作用。其形式多种多样,结构比较复杂。其形状结构按功能的不同常分为 3 部分:工作部分、安装固定部分和连接部分,如图 2.73 所示。

2. 常用表达方法

(1)叉架类零件结构形状比较复杂,加工位置多变,主视图一般按工作位置原则和形状特征原则确定。

(2)一般需要用两个或两个以上的基本视图,并取适当的剖视图来表达。

(3)对局部结构常采用斜视图、局部视图、剖面图等方法表达。

3. 实例分析

如图 2.74 所示踏脚座的零件图,主视图以工作位置放置并考虑形状特征,俯视图采用局部剖视图,表达安装孔的形状及定位孔的位置,踏脚座连接部分的形状采用了移出断面图表达。A 向局部视图表达了踏脚板的形状结构。

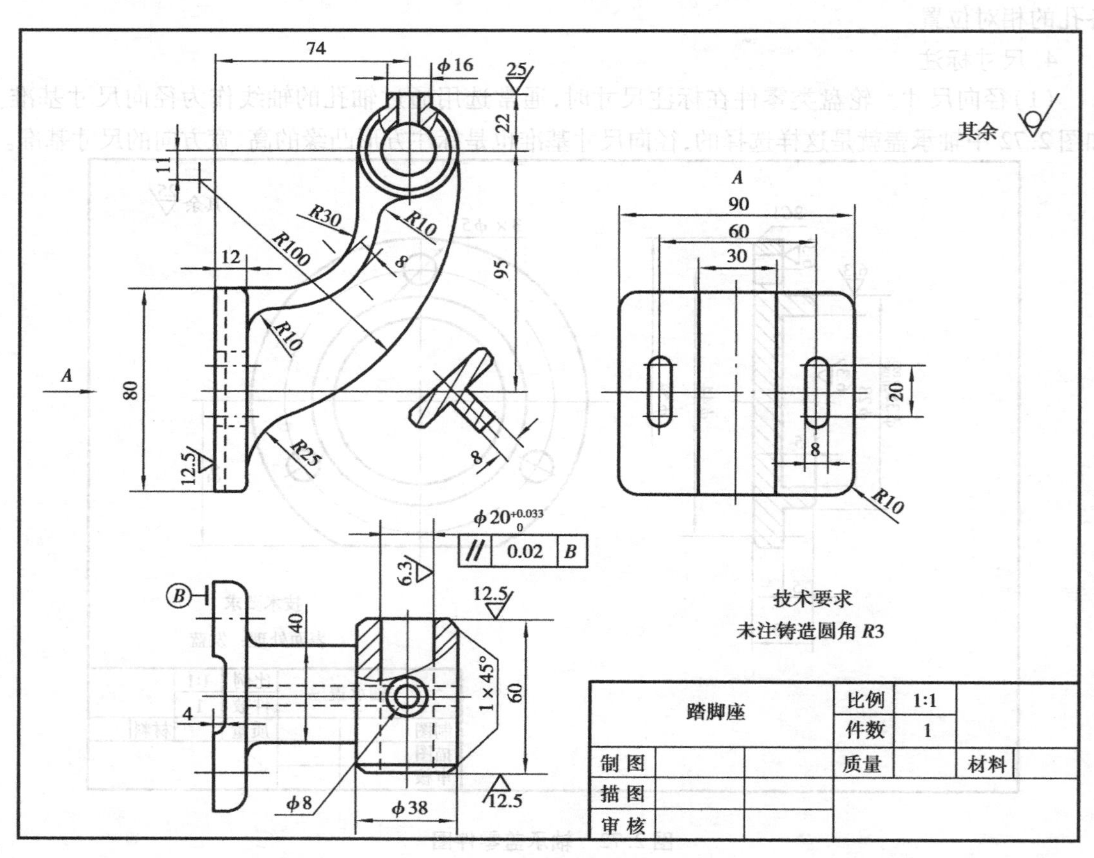

图 2.74　踏脚座零件图

4. 尺寸标注

叉架类零件标注尺寸时，通常选用安装基面或零件的对称面，作为尺寸基准。如图 2.74 所示的踏脚座：

(1)长度方向的尺寸。选用踏脚板左端面，作为长度方向的尺寸基准。

(2)高度方向的尺寸。选用安装板的水平对称面，作为高度方向的尺寸基准。宽度方向的尺寸基准是前后方向的对称平面，由此在俯视图和 A 向局部视图中，注出 40,60,30,90，在移出剖面中，注出 8 等尺寸。

七、箱体类零件的识读

1. 用途与结构

箱体类零件，如阀体、泵体、箱体等，如图 2.75 所示。主要起容腔、支承、密封等作用，内部需安装各种零件，因此结构较复杂。一般是由一定厚度的四壁及类似外形的内腔，构成的箱形体。箱壁部分常设计有安装轴、密封盖、轴承盖、油杯、油塞等零件的凸台、凹坑、沟槽、螺孔等结构。箱体类零件多为铸件。

图 2.75　阀体

2. 常用表达方法

箱体类零件主视图常根据箱体的安装工作位置、主要结构特征，进行选择。在基本视图上，常采用局部剖视图或通过对称平面作剖视图，以表达其内部形状及外形。同时还采用局部视图、局部剖视图、斜视图、断面图等，表达局部结构形状。

3. 实例分析

如图 2.76 所示的阀体，零件图的主视图按工作位置选取，采用局部剖视图清楚地表达内腔的结构。左端法兰上有通孔，从 B 向局部视图中，可知四个孔的分布情况。

4. 尺寸标注

常选用设计轴线、对称面、重要端面和重要安装面作为尺寸基准。对于箱体上需要加工的部分，应尽可能按便于加工和检验的要求标注尺寸，符合基准统一原则。

学习评估

现在已经完成了这一课题的学习，希望你能对所参与的活动提出意见。

请在相应的栏目内“√”	非常同意	同意	没有意见	不同意	非常不同意
1. 该课题的内容适合我的需求？					
2. 我能根据课题的目标自主学习？					
3. 上课投入，情绪饱满，能主动参与讨论、探索、思考和操作？					
4. 教师进行了有效指导？					
5. 我对自身的能力和价值有了新的认识，我似乎比以前更有自信心了？					
你对改善本项目后面课题的教学有什么建议？					

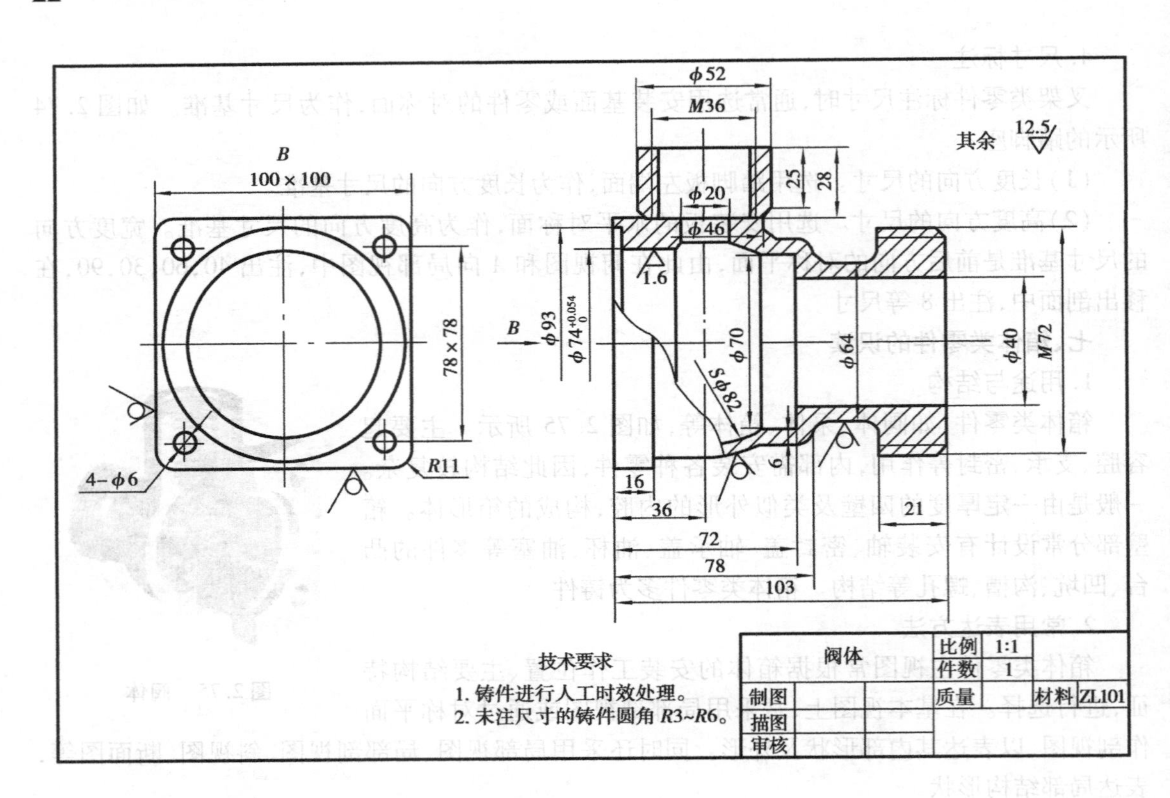

图 2.76　阀体零件图

巩固与练习

识读图 2.77 所示的主轴零件图。

课题四　识读装配图

知识目标

1. 了解装配图的作用和内容。
2. 熟悉装配图的表达方法。
3. 掌握装配图的识读方法和步骤。

技能目标

能够看懂简单的装配图。

实例引入

如图 2.78 所示为球阀轴测图,图 2.79 所示为球阀装配图,即表示产品及其组成部分的连接、装配关系的图样称为装配图。装配图是了解机器结构、分析机器工作原理和功能的技术文件,也是制定装配工艺规程,进行机器装配、检查、安装和维修的技术依据。

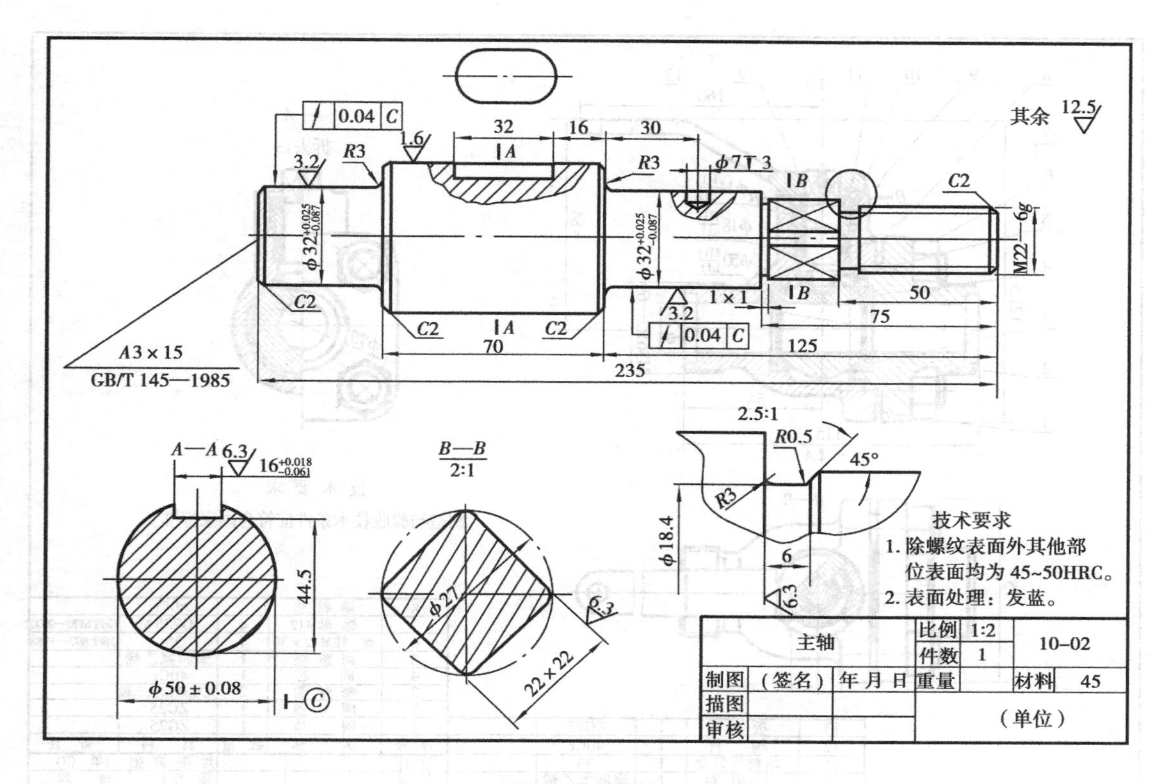

图 2.77　主轴

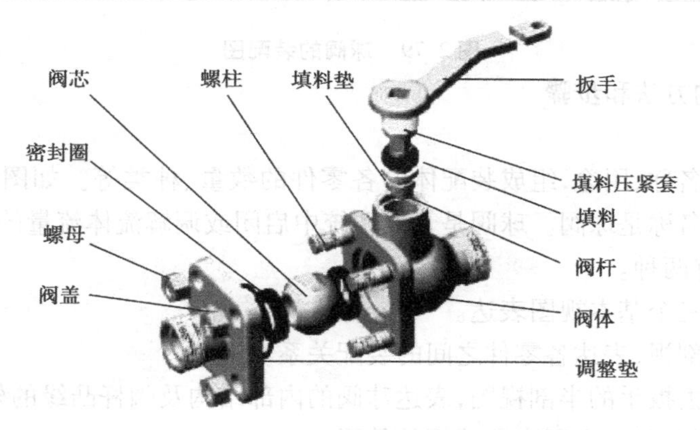

图 2.78　球阀轴测图

课题完成过程

读装配图的要求：

(1)了解装配体的名称、用途、性能、结构和工作原理。

(2)读懂各主要零件的结构形状及其在装配体中的功用。

(3)了解各零件之间的装配关系、连接方式，了解装、拆顺序。

读装配图要达到上述要求，不仅要掌握制图知识，还需要具备一定的生产和相关专业知识。

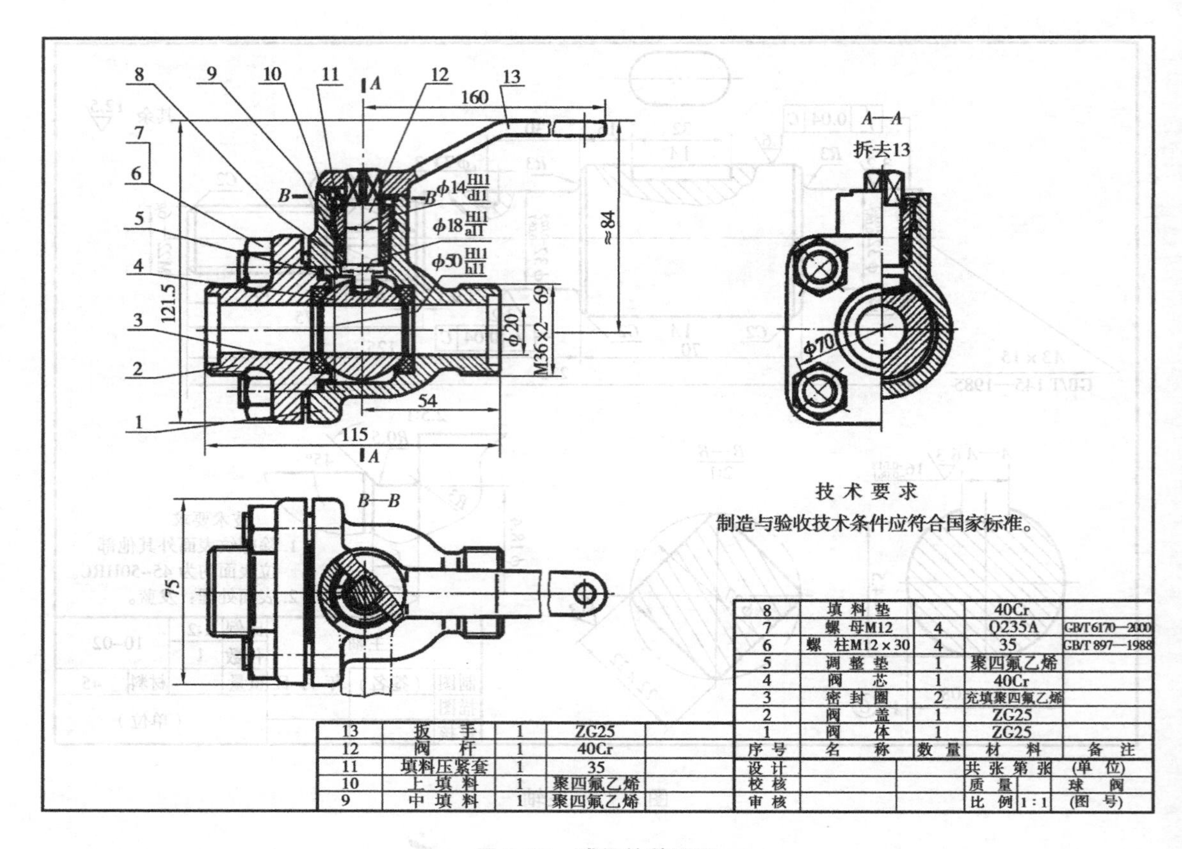

图 2.79　球阀的装配图

一、读装配图的方法和步骤

1. 概括了解

了解装配体的名称、用途，组成装配体的各零件的数量、种类等。如图 2.79 所示，从标题栏中了解装配体的名称是球阀。球阀是管道系统中启闭或调解流体流量的部件，由 13 种零件组成，其中标准件有两种。

球阀装配图由三个基本视图表达。

主视图采用全剖视，表达各零件之间的装配关系。

左视图采用拆去扳手的半剖视图，表达球阀的内部结构及阀杆凸缘的外形。

俯视图采用局部剖视，主要表达球阀的外形。

2. 了解装配关系和工作原理

球阀主要由阀盖、阀体和阀芯组成。

工作原理：球阀的阀芯处于图中位置时，阀门全部开启，管道畅通。扳手按顺时针方向旋转 90°，阀门全部关闭，管道断流。

各零件之间的装配关系和连接方式：阀体 1 和阀盖 2 的凸缘部分相贴，并用四个双头螺柱和螺母连接。阀芯定位于阀体内腔，阀芯上的凹槽与阀杆下部的凸榫配合，阀杆上部的四棱柱与扳手的方孔结合。通过转动扳手带动阀芯旋转，以控制球阀的开启和关闭。

密封关系：阀芯 4 通过两个密封圈 3 和调整换 5 密封，阀体与阀杆之间通过填料垫 8 和填料 9、10 密封，并用压紧套 11 压紧。

3. 分析零件，读懂零件形状

利用装配图的表达方法和投影关系，将零件的投影从重叠的视图中分离出来，读懂零件的基本结构形状和作用。

如球阀的阀芯，从装配图的主、左视图中，根据剖面线的方向和间隔，将阀芯的投影轮廓分离出来，如图 2.80 所示。根据球阀的工作原理及阀杆与阀芯的装配关系，完整的想象出阀芯的形状。

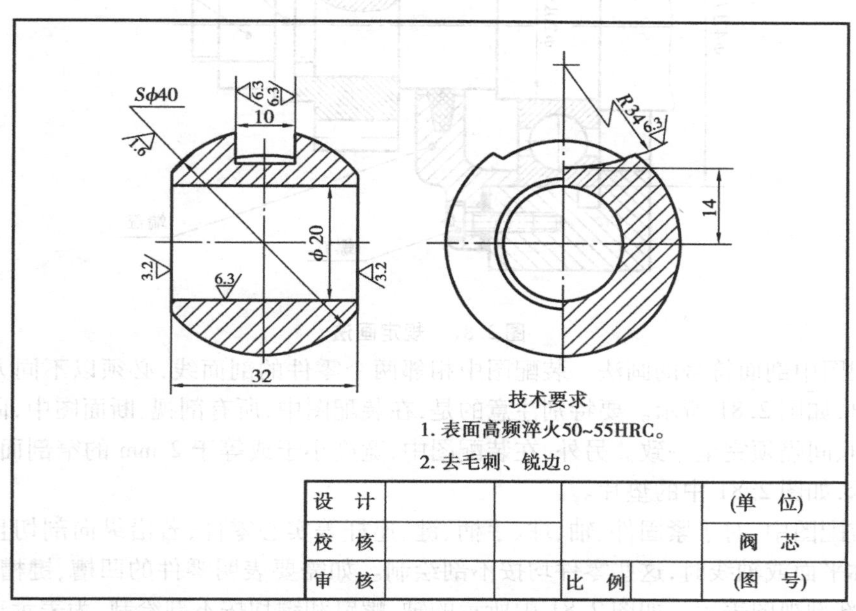

图 2.80　阀芯

4. 分析尺寸，了解技术要求

读懂装配图中的必要尺寸，分析装配过程中或装配后达到的技术要求，以及对装配体的工作性能、调试与检验等的要求。

装配图中的必要尺寸：φ20 为阀的管径是规格性能尺寸；φ14H11/d11，φ18H11/a11，φ50H11/h11 为装配尺寸；115，75，121.5 为总体尺寸等。

用文字说明制造与验收时的技术要求。

二、装配图中的基本规定

1. 装配图的表达方法规定

装配图的重点是将装配体的结构、工作原理和零件间的装配关系，要正确、清晰地表示清楚。前面所介绍的机件表示法中的画法及相关规定，对装配图同样适用。但由于表达的重点不同，国家标准对装配图的画法，又作了一些规定。

(1) 规定画法

①零件间接触面、配合面的画法。相邻两个零件的接触面和基本尺寸相同的配合面，只画一条轮廓线。如图 2.81 所示。但若相邻两个零件的基本尺寸不相同，则无论间隙大小，均要画成两条轮廓线，如图 2.81 所示。

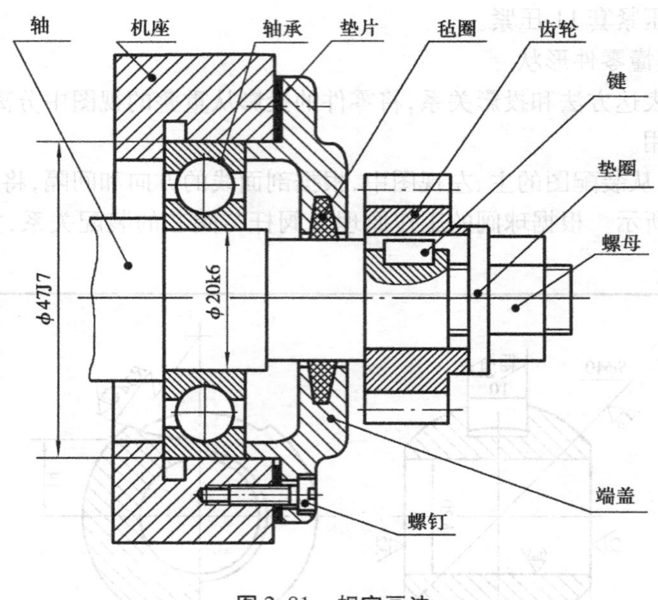

图 2.81　规定画法

②装配图中剖面符号的画法。装配图中相邻两个零件的剖面线，必须以不同方向或不同的间隔画出，如图 2.81 所示。要特别注意的是，在装配图中，所有剖视、断面图中，同一零件的剖面线方向、间隔须完全一致。另外，在装配图中，宽度小于或等于 2 mm 的窄剖面区域，可全部涂黑表示，如图 2.81 中的垫片。

③在装配图中，对于紧固件、轴、球、手柄、键、连杆等实心零件，若沿纵向剖切且剖切平面通过其对称平面或轴线时，这些零件均按不剖绘制。如需要表明零件的凹槽、键槽、销孔等结构，可用局部剖视图表示。如图 2.81 中所示的轴、螺钉和键均按不剖绘制，为表示轴和齿轮间的键连接关系，采用局部剖视。

(2)特殊画法

为了使装配图能简便、清晰地表达出部件中某些组成部分的形状特征，国家标准还规定了以下特殊画法和简化画法。

①拆卸画法(或沿零件结合面的剖切画法)。在装配图的某一视图中，为表达一些重要零件的内、外部形状，可假想拆去一个或几个零件后绘制该视图。如图 2.82 所示的滑动轴承装配图，俯视图的右半部即是拆去轴承盖、螺栓等零件后画出的。

图 2.82 所示转子油泵的右视图采用的是沿零件结合面剖切画法。

②假想画法。在装配图中，为了表达与本部件有装配关系但又不属于本部件的相邻零部件时，可用双点画线画出相邻零部件的部分轮廓。如图 2.83 中的主视图，与转子油泵相邻的零件即是用双点画线画出的。

在装配图中，当需要表达运动零件的运动范围或极限位置时，也可用双点画线画出该零件在极限位置处的轮廓。

③单独表达某个零件的画法。在装配图中，当某个零件的主要结构在其他视图中未能表示清楚，而该零件的形状对部件的工作原理和装配关系的理解，起着十分重要的作用时，可单独画出该零件的某一视图。如图 2.83 所示转子油泵的 B 向视图。这种表达方法要在所画视

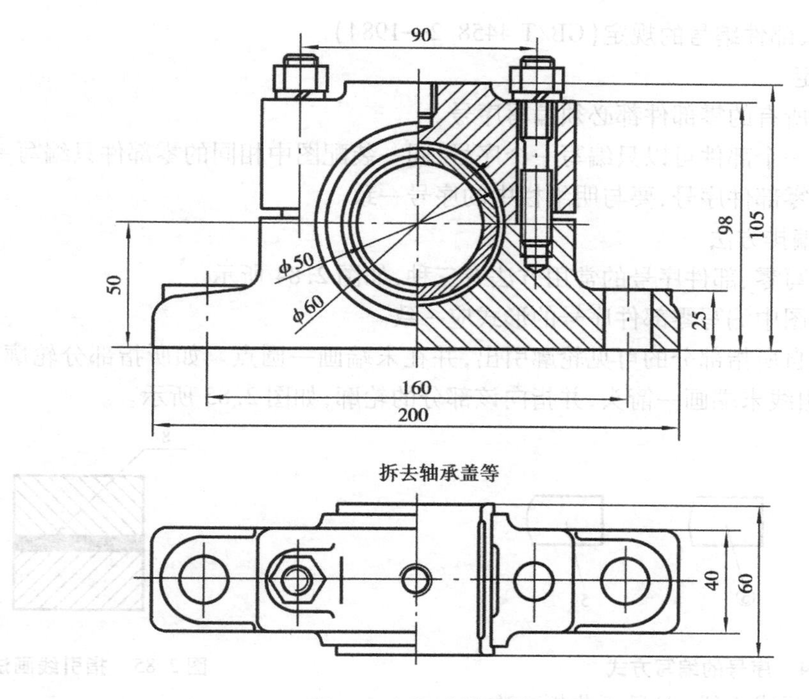

图 2.82　滑动轴承装配图

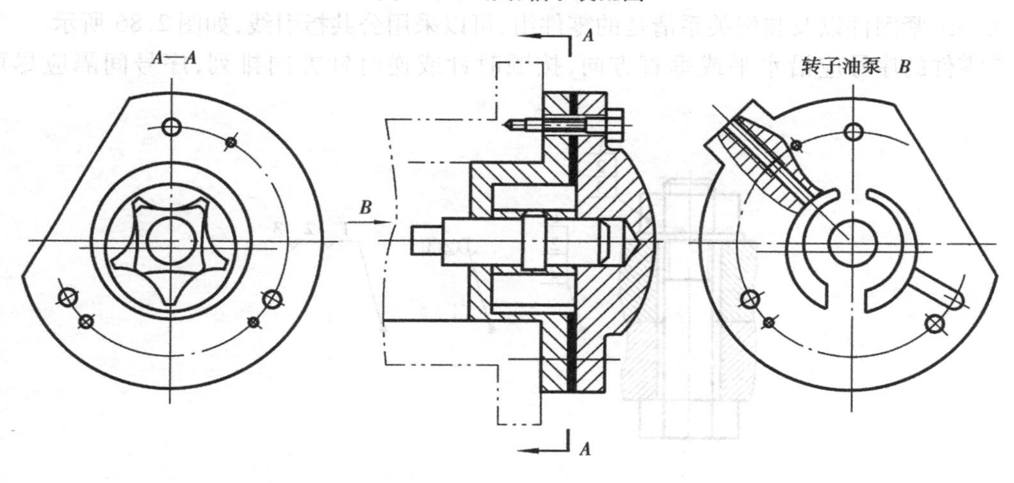

图 2.83　转子油泵

图上方注出该零件及其视图的名称。

(3)简化画法

①在装配图中,若干相同的零部件组,可详细地画出一组,其余只需用点画线表示其位置即可。如图 2.81 中的螺钉连接。

②在装配图中,零件的工艺结构,如倒角、圆角、退刀槽、拔模斜度、滚花等均可不画,如图 2.81中的轴。

2. 装配图零、部件编号的规定(GB/T 4458.2—1984)

(1)一般规定

①装配图中所有的零部件都必须编写序号。

②装配图中一个部件可以只编写一个序号;同一装配图中相同的零部件只编写一次。

③装配图中零部件序号,要与明细栏中的序号一致。

(2)序号的编排方法

装配图中编写零、部件序号的常用方法有三种,如图2.84所示。

①同一装配图中编写零部件序号的形式应一致。

②指引线应自所指部分的可见轮廓引出,并在末端画一圆点。如所指部分轮廓内不便画圆点时,可在指引线末端画一箭头,并指向该部分的轮廓,如图2.85所示。

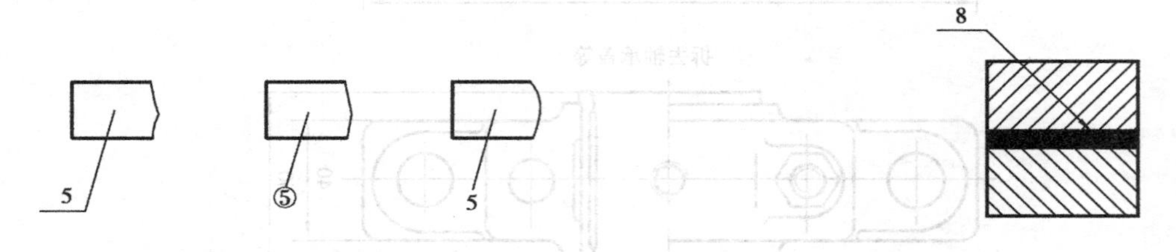

图2.84　序号的编写方式　　图2.85　指引线画法

③指引线可画成折线,但只可曲折一次。

④一组紧固件以及装配关系清楚的零件组,可以采用公共指引线,如图2.86所示。

⑤零件的序号应沿水平或垂直方向,按顺时针或逆时针方向排列,序号间隔应尽可能相等。

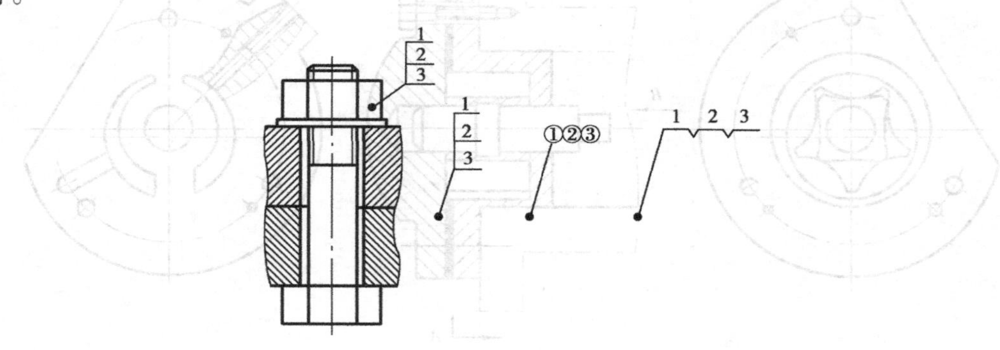

图2.86　公共指引线

3. 装配图明细栏的规定

(1)标题栏(GB/T 10609.1—1989)。装配图中标题栏格式与零件图中相同。

(2)明细栏(GB/T 10609.2—1989)。明细栏按图2.87所示绘制。填写明细栏时要注意以下问题:

①序号按自下而上的顺序填写,如向上延伸位置不够,可在标题栏紧靠左边自下而上延续。

②备注栏可填写该项的附加说明或其他有关的内容。

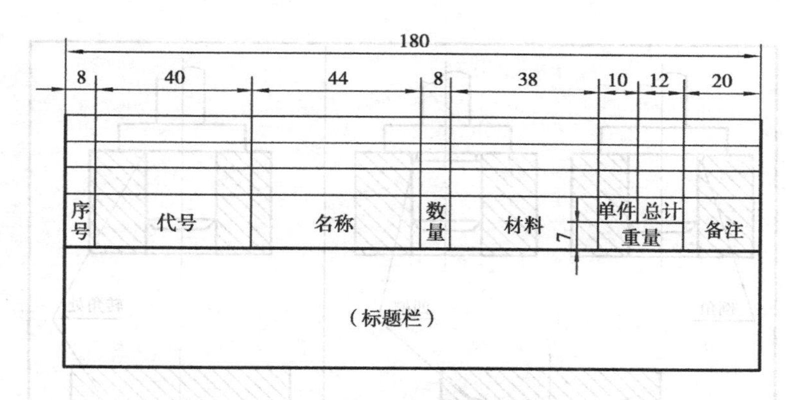

图 2.87 标题栏与明细栏

三、装配工艺结构

在设计和绘制装配图时，应考虑装配结构的合理性，以保证机器或部件的使用及零件的加工、装拆方便。

1. 接触面与配合面的结构

（1）两个零件接触时，在同一方向只能有一对接触面，这种设计既可满足装配要求，同时制造也很方便，如图 2.88 所示。

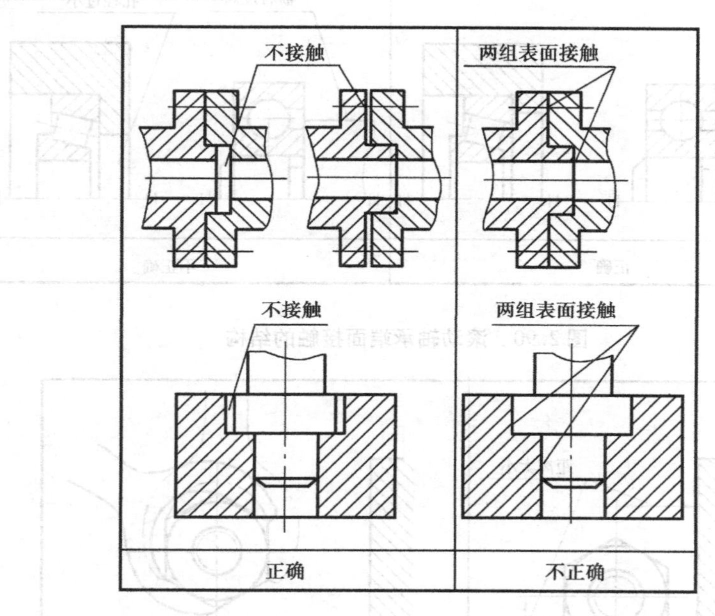

图 2.88 两零件间的接触面

（2）轴颈和孔配合时，应在孔的接触端面制作倒角或在轴肩根部切槽，以保证零件间接触良好，如图 2.89 所示。

2. 便于装拆的合理结构

（1）滚动轴承的内、外圈，在进行轴向定位设计时，必须要考虑到拆卸的方便，如图 2.90 所示。

（2）用螺纹紧固件连接时，要考虑到安装和拆卸紧固件是否方便，如图 2.91 所示。

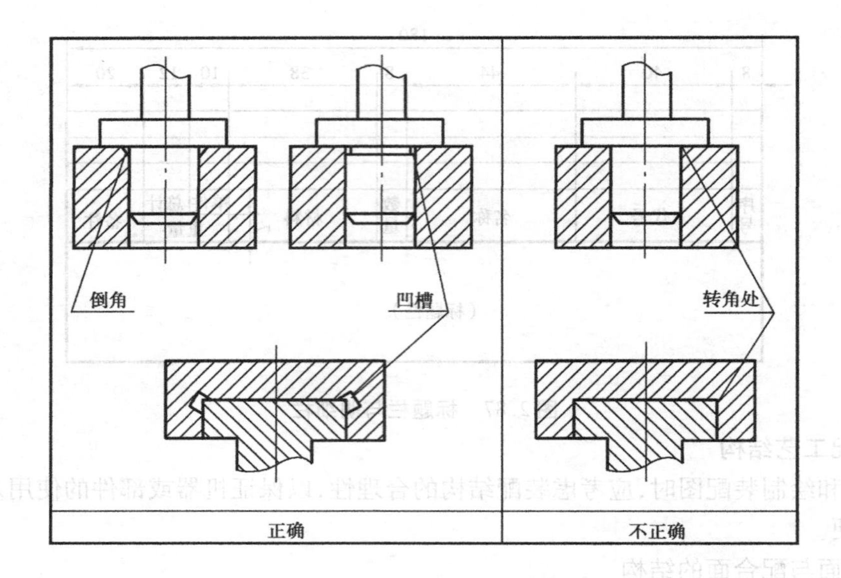

图 2.89　接触面转角处的结构

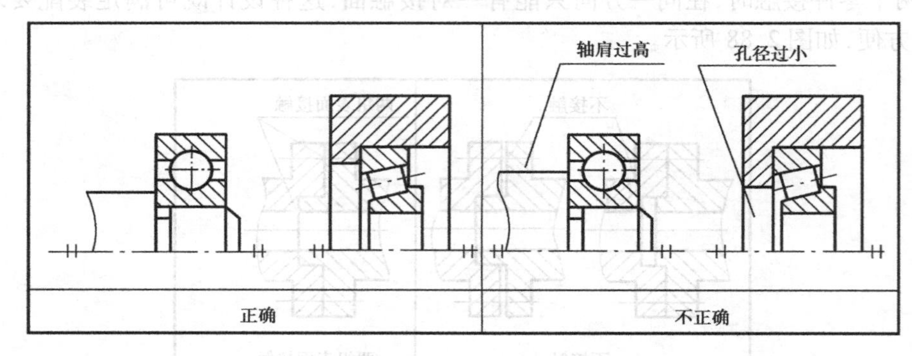

图 2.90　滚动轴承端面接触的结构

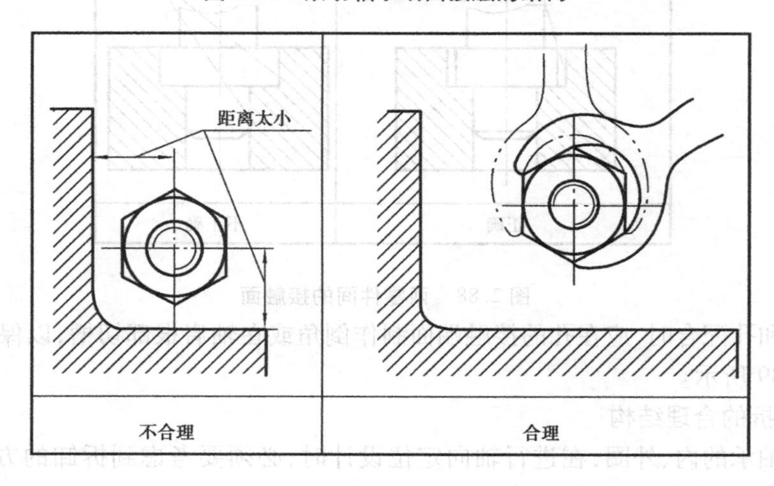

图 2.91　留出扳手活动空间

3. 密封装置和防松装置

密封装置是为了防止机器中油的外溢或阀门、管路中气体、液体的泄漏，通常采用的密封装置，如图 2.92 所示。其中在油泵、阀门等部件中常采用填料密封装置。如图 2.92(a)所示，为常见的一种用填料密封的装置。如图 2.92(b)所示，是管道中的管子接口处用垫片密封的密封装置。如图 2.92(c)、2.92(d)所示，是滚动轴承的常用密封装置。

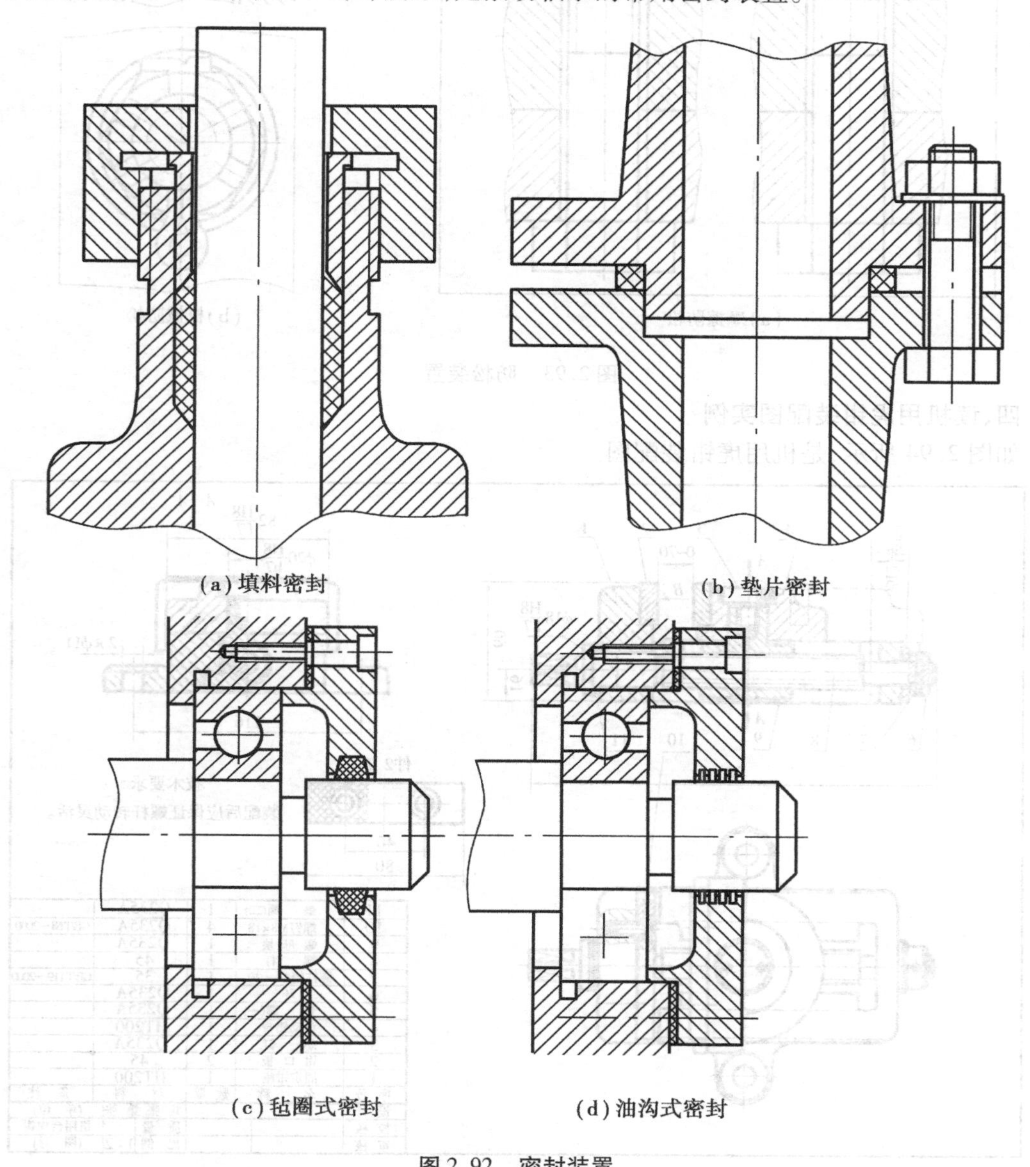

图 2.92　密封装置

为防止机器因工作震动而使螺纹紧固件松开，常采用双螺母、弹簧垫圈、止动垫圈、开口销等防松装置，如图 2.93 所示。

螺纹连接的防松，按防松的原理不同，可分为摩擦防松与机械防松。如采用双螺母、弹簧垫圈的防松装置，属于摩擦防松装置；采用开口销、止动垫圈的防松装置，属于机械防松装置。

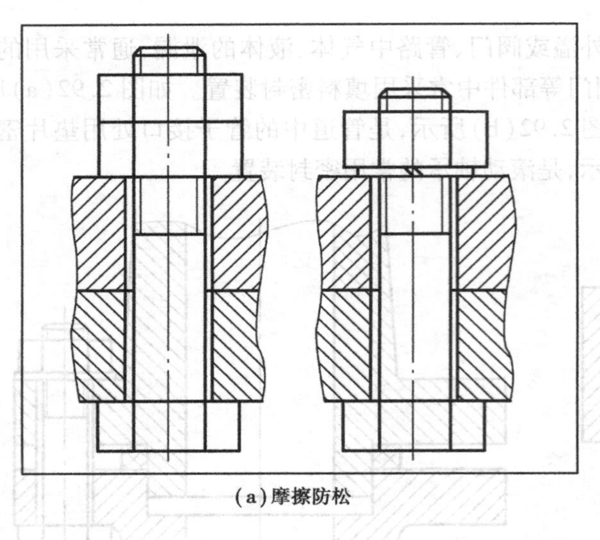

(a)摩擦防松

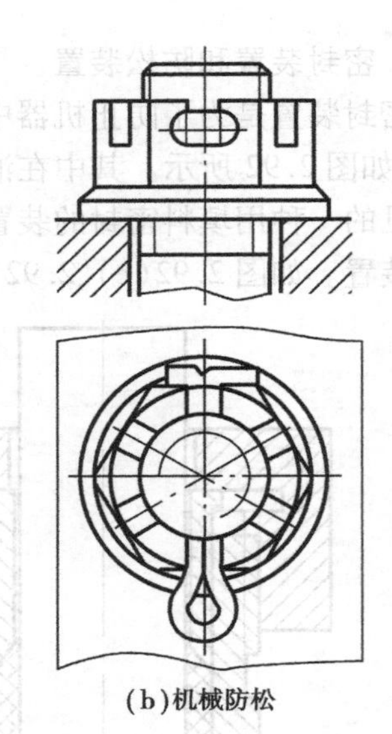

(b)机械防松

图 2.93　防松装置

四、读机用虎钳装配图实例

如图 2.94 所示,是机用虎钳装配图。

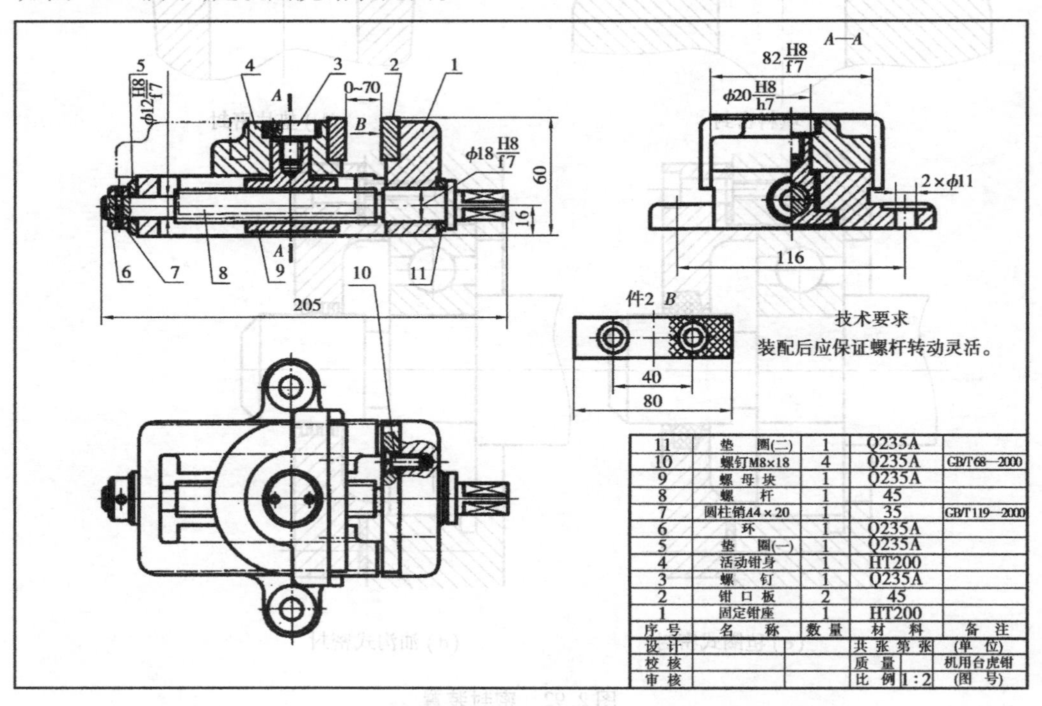

11	垫　圈(二)	1	Q235A	
10	螺钉M8×18	4	Q235A	GB/T68—2000
9	螺母块	1	Q235A	
8	螺　杆	1	45	
7	圆柱销A4×20	1	35	GB/T119—2000
6	环	1	Q235A	
5	垫　圈(一)	1	Q235A	
4	活动钳身	1	HT200	
3	螺　钉	1	Q235A	
2	钳口板	2	45	
1	固定钳座	1	HT200	
序号	名　称	数量	材　料	备　注

设计			共张第张		(单　位)
校核			质量		机用台虎钳
审核			比例	1:2	(图　号)

图 2.94　机用虎钳装配图

1. 概括了解

机用虎钳是机床工作台上用于加紧工件、进行切削加工的一种通用工具。台虎钳由 11 种零件组成,其中螺钉、圆柱销为标准件。

视图表达:三个基本视图,一个局部视图。

主视图:采用全剖视图,反映台虎钳的工作原理和零件间的装配关系。

俯视图:反映固定钳身的结构形状,并用局部剖视图表达钳口板与钳座的局部结构。

左视图:采用半剖视图,剖切位置标注在主视图上。

2. 了解装配关系和工作原理

工作原理:旋转螺杆 8 使螺母块 9 带动活动钳身 4 作水平方向左右移动,加紧或松开零件。最大夹持厚度为 70 mm,图中的双点画线表示活动钳身的极限位置。

装配关系:螺母块从固定钳身的下方装入工字形槽内,再装入螺杆,并由垫圈 11,5 及环 6 和销 7 轴向固定。螺钉将活动钳身与螺母块连接,用螺钉 10 将两块钳口板与活动钳身和固定钳座相连。

3. 分析零件,读懂零件形状

台虎钳的主要零件有:固定钳座、螺杆、螺母块、活动钳身等。

固定钳座:固定钳身的下方为工字形槽,装入螺母块,螺母块带动活动钳身沿固定钳座的导轨移动。因此,导轨表面有较高的表面粗糙度要求。

螺母块与螺杆旋合,随螺杆转动,带动活动钳身左右移动。其上的螺纹有较高的粗糙度要求,螺母块的结构是上圆下方,上部圆柱与活动钳身配合,有尺寸公差要求,如图 2.95 所示。

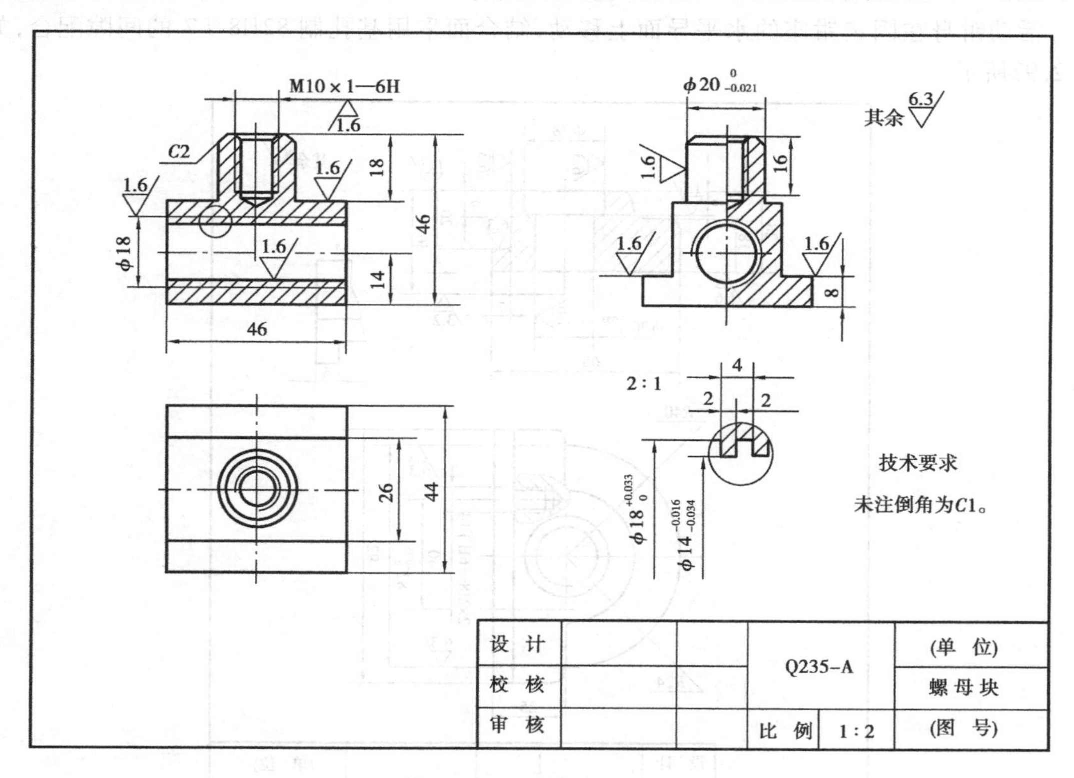

图 2.95　螺母块

螺杆在钳座两端的圆柱孔内转动,两端与圆孔采用基孔制 ϕ18H8/f 7、ϕ12H8/f 6 的配合,如图 2.96 所示。

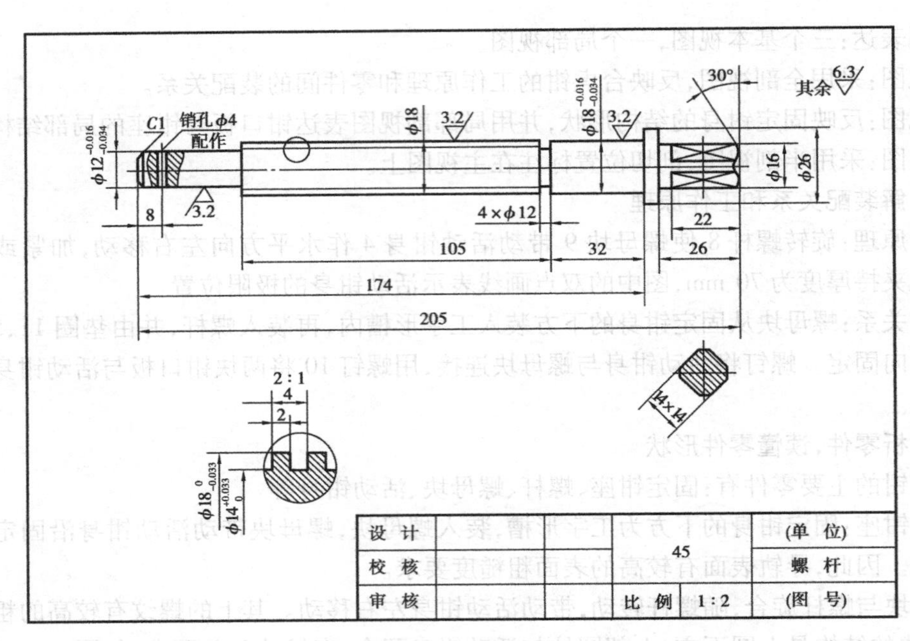

图 2.96 螺杆

活动钳身在固定钳座的水平导面上移动,结合面采用基孔制 82H8/f 7 的间隙配合,如图 2.97所示。

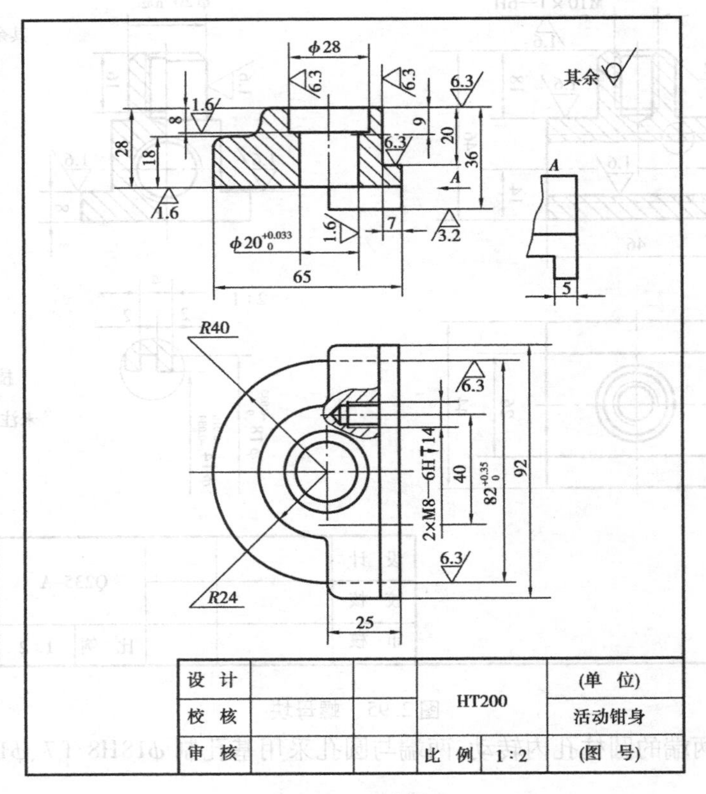

图 2.97 活动钳身

4. 综合分析

结合零件的作用和零件间的装配关系，装配图上和零件图上的尺寸及技术要求等进行全面的归纳总结，形成一个完整的认识，全面读懂装配图，如图 2.98 所示。

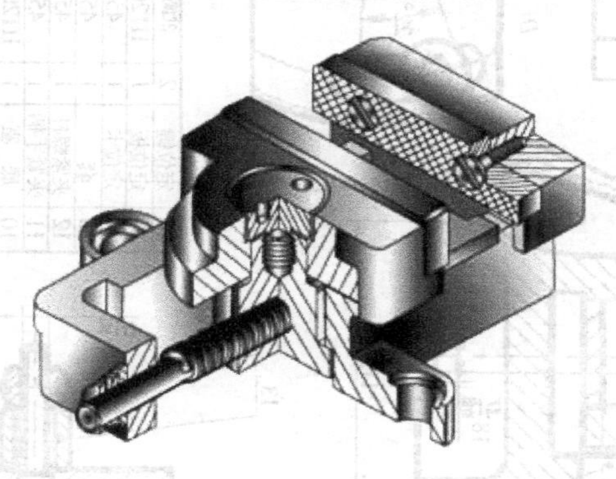

图 2.98　机用虎钳轴测图

学习评估

现在已经完成了这一课题的学习，希望你能对所参与的活动提出意见。

请在相应的栏目内"√"	非常同意	同意	没有意见	不同意	非常不同意
1. 该课题的内容适合我的需求？					
2. 我能根据课题的目标自主学习？					
3. 上课投入，情绪饱满，能主动参与讨论、探索、思考和操作？					
4. 教师进行了有效指导？					
5. 我对自身的能力和价值有了新的认识，我似乎比以前更有自信心了？					
你对改善本项目后面课题的教学有什么建议？					

巩固与练习

识读如图 2.99 所示顶尖座装配图（可根据顶尖座实体进行识读）。

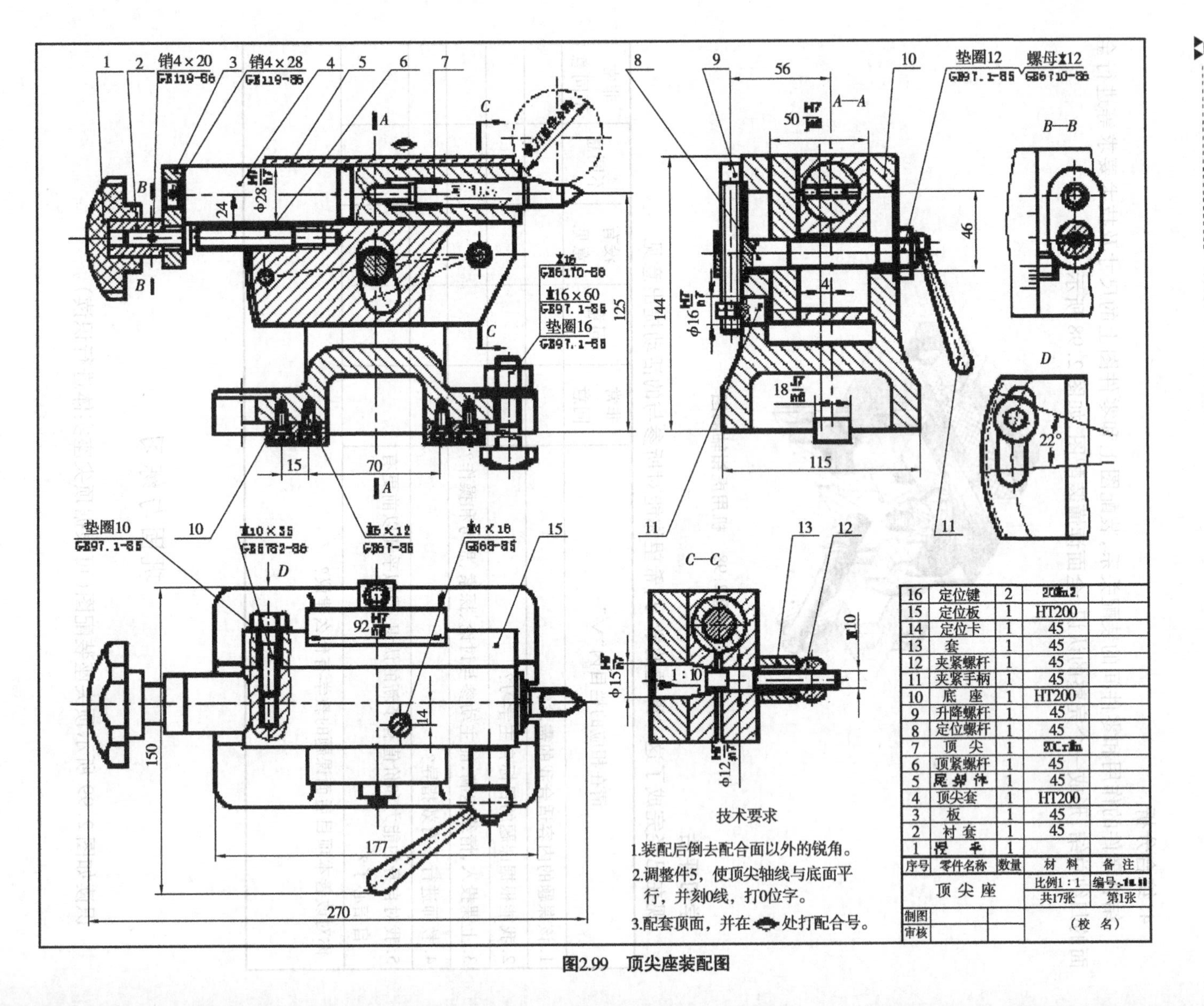

技术要求
1.装配后倒去配合面以外的锐角。
2.调整件5，使顶尖轴线与底面平行，并刻0线，打0位字。
3.配套顶面，并在处打配合号。
16 定位键 2
15 定位板 1 HT200
14 定位卡 1 45
13 套 1 45
12 夹紧螺杆 1 45
11 夹紧手柄 1 45
10 底座 1 HT200
9 升降螺杆 1 45
8 定位螺杆 1 45
7 顶尖 1
6 顶紧螺杆 1 45
5 1 45
4 顶尖套 1 HT200
3 板 1 45
2 衬套 1 45
1 1
序号 零件名称 数量 材料 备注
顶尖座 比例1:1 共17张 第1张
制图
审核
(校名)
A—A
B—B
C—C
D
垫圈10
垫圈12
垫圈16
销4×20
销4×28

图2.99 顶尖座装配图

项目三　机床电气制图

项目内容

1. 常用机床电气图形符号。
2. 机床电气图绘制原则。
3. 识读机床电气控制线路图。

项目目标

1. 认识控制机床中电动机运转的电气元件图形符号。
2. 知道电气图的作用及分类。
3. 知道电气图绘制原则及要求。
4. 能够识读机床电气控制线路图。

项目实施过程

课题一　常用机床电气图形符号

知识目标

1. 掌握低压开关的图形符号及文字符号；
2. 掌握熔断器的图形符号及文字符号；
3. 掌握按钮及行程开关的图形符号；
4. 掌握接触器及继电器的图形符号。

技能目标

能够认识和绘制常用机床电气图形符号。

实例引入

机床的电气控制系统种类很多，但其中的电器类型一般分为两大基本类型：一是机床拖动的动力源，即各种电动机；二是控制机床中电动机运转的各种控制电气元件，如图 3.1 所示。本课题以国际电工委员会（IEC）制定的标准及我国新颁布的电气技术国家标准为依据，介绍常用的机床电器的图形符号。

课题完成过程

一、低压开关

在低压电器中，电源开关起隔离电源，且作为不频繁接通和分断电路的器件。目前市场上所用的电源开关常见的有刀开关、组合开关、闸刀开关、铁壳开关、自动空气开关等，这些开关都是采用手动控制的。

1. 刀开关

刀开关由静插座、手柄、触刀、铰链支座和绝缘底板等组成，其外形如图 3.2 所示。HD 型

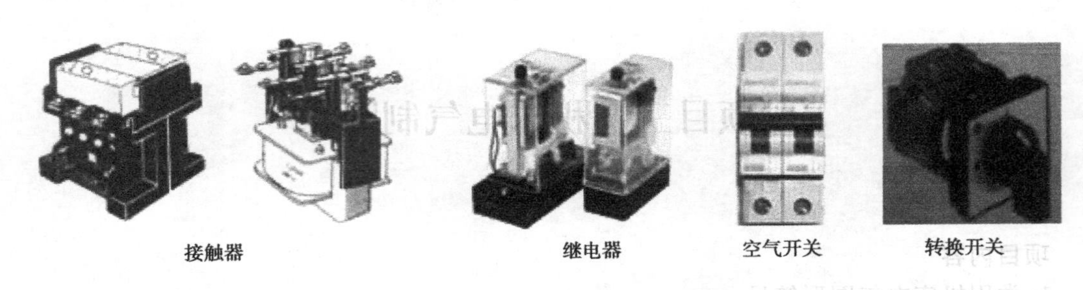

图 3.1　部分控制电气元件

单投刀开关按极数分为单级(单刀)、双极(双刀)和三极(三刀)3 种,他们对应的电气符号如图 3.3 所示。图 3.4 为三极单投刀图形新符号,当刀开关用作隔离开关时,其图形符号上加有一横杠。

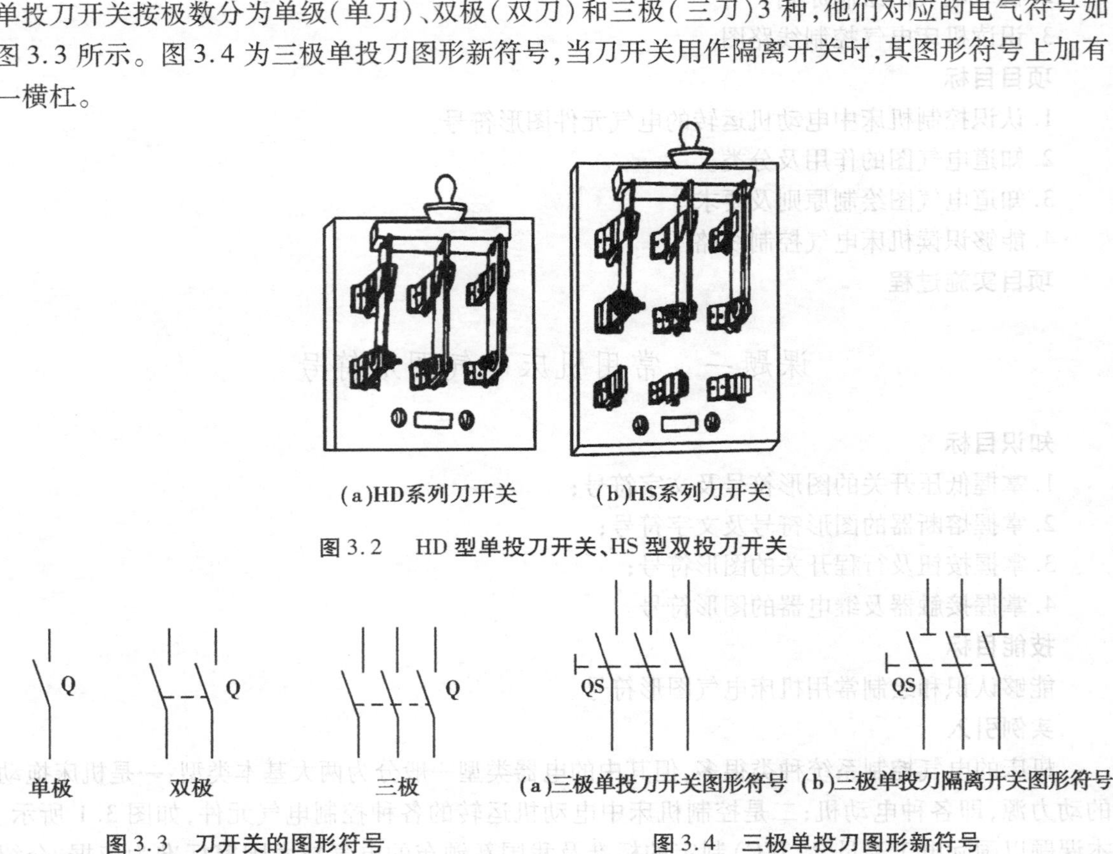

图 3.2　HD 型单投刀开关、HS 型双投刀开关

图 3.3　刀开关的图形符号　　图 3.4　三极单投刀图形新符号

单投刀开关的型号命名意义如下:

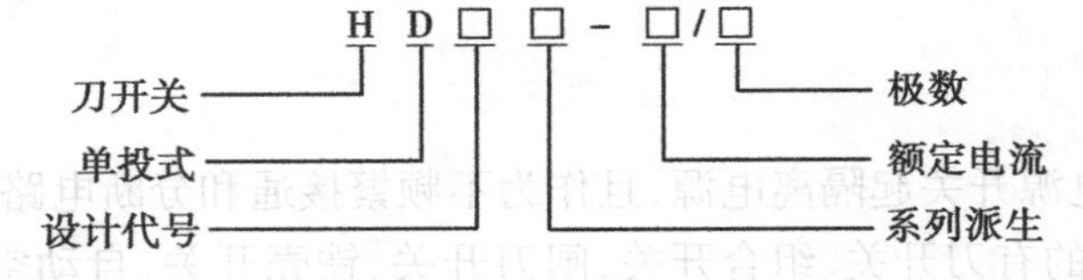

2. 负荷开关

负荷开关常用于电气设备中作隔离电源用,有时也用于直接启动小容量的鼠笼型异步电动机,可分为开启式负荷开关和封闭式负荷开关两种,其图形符号如图 3.5 所示。

(1)HK 型

HK 型开启式负荷开关俗称闸刀或胶壳,其外形如图 3.6 所示。

图 3.5 负荷开关图形符号

图 3.6 闸刀开关外观图

开启式负荷开关的型号命名意义如下:

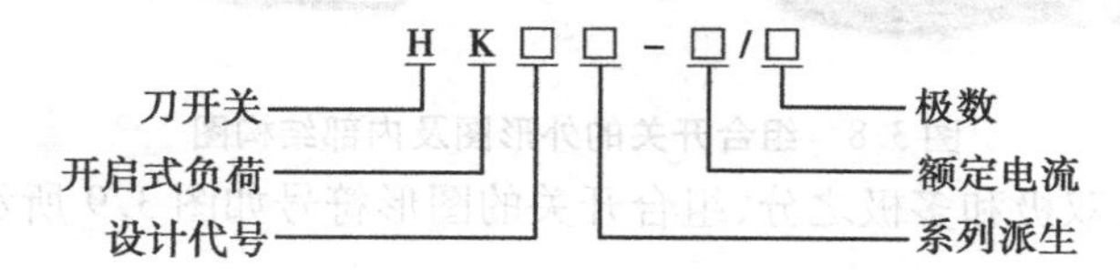

(2)HH 型

HH 型封闭式负荷开关俗称铁壳开关,如图 3.7 所示。它是由刀开关、熔断器、速断弹簧等组成,并装在金属壳内。开关采用侧面手柄操作,并设有机械连锁装置,使箱盖打开时不能合闸,刀开关合闸时,箱盖不能打开,保证了用电安全。手柄与底座间的速断弹簧使开关通断动作迅速,灭弧性能好。

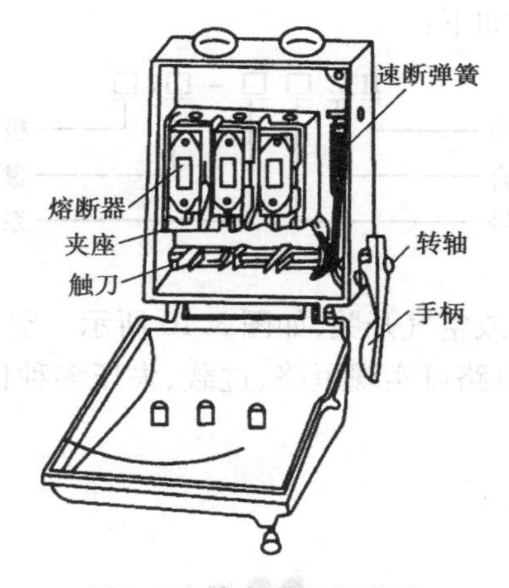

图 3.7 铁壳开关结构图

封闭式负荷开关的型号命名意义如下:

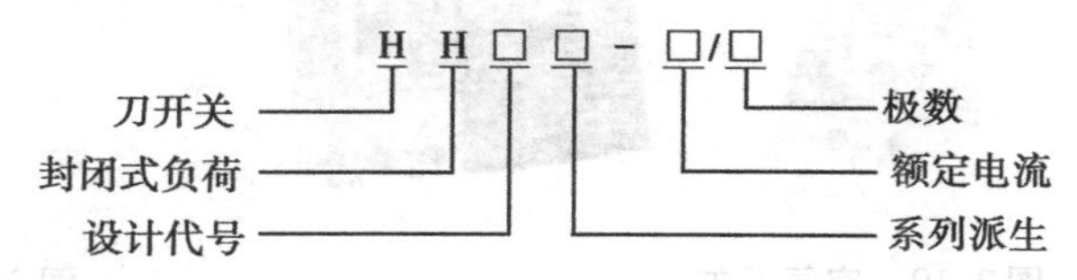

3. 组合开关

组合开关又称转换开关,它实质上是一种特殊的刀开关,组合开关的外形及内部结构如

图3.8所示。多用在机床电气控制线路中作为电源的引入开关,也可用作不频繁的接通和断开电路、换接电源和负载以及控制5 kW及以下的小容量异步电动机的正反转和星三角启动。

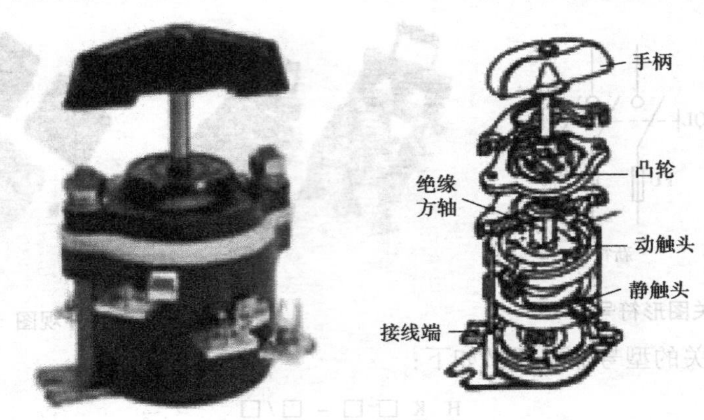

图3.8　组合开关的外形图及内部结构图

组合开关有单极、双极和多极之分,组合开关的图形符号如图3.9所示。

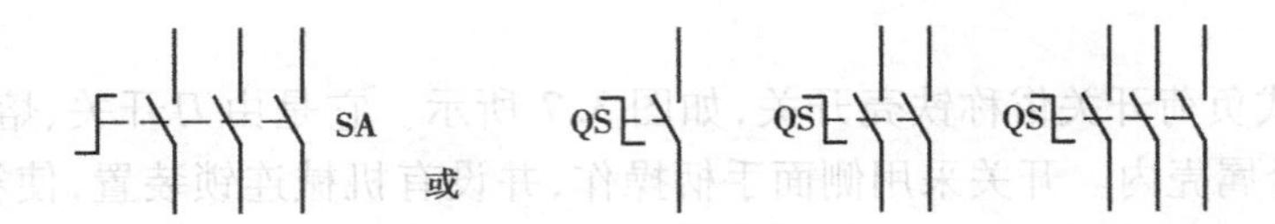

图3.9　组合开关的图形符号

组合开关的型号命名意义如下:

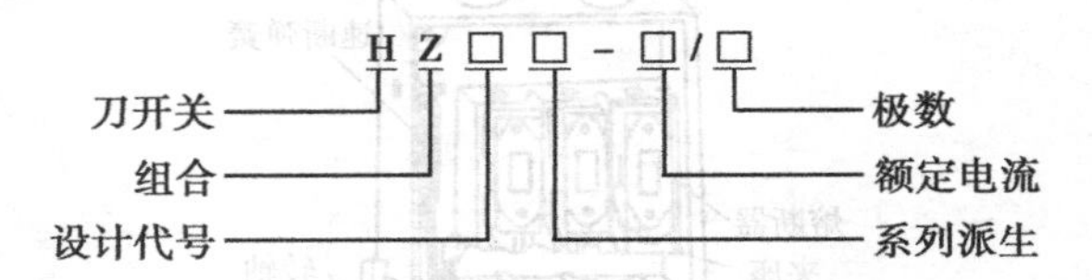

4. 断路器

低压断路器俗称自动开关或空气开关,如图3.10所示。空气开关用于低压配电电路中不频繁的通断控制,在机床电气电路可实现短路、过载、失压多种保护功能。断路器在电路中的图形符号如图3.11所示。

图3.10　空气开关

图3.11　断路器的图形符号

断路器的种类繁多,按其用途和结构特点可分为DW型框架式断路器、DZ型塑料外壳式断路器、DS 型直流快速断路器和 DWX 型、DWZ 型限流式断路器等。DZ 型断路器的型号命名意义如下：

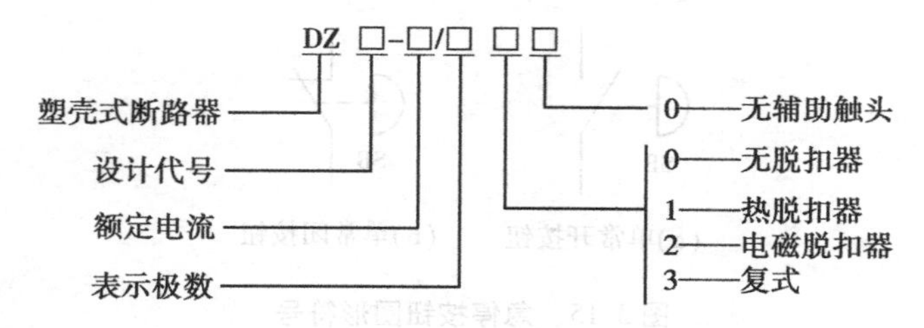

二、熔断器

熔断器 FU(fuse)串联在被保护的电路中，在机床控制电路中起短路保护作用。它是最简便而且是最有效的短路保护电器。熔断器的图形符号如图 3.12 所示。

常用的熔断器有填料熔断器(RT 型)、无填料熔断器(RM10 型)、瓷插式熔断器(RC1A 系列)、螺旋式熔断器(RL 系列)、快速熔断器(RS 系列)等。熔断器的外形如图 3.13 所示。

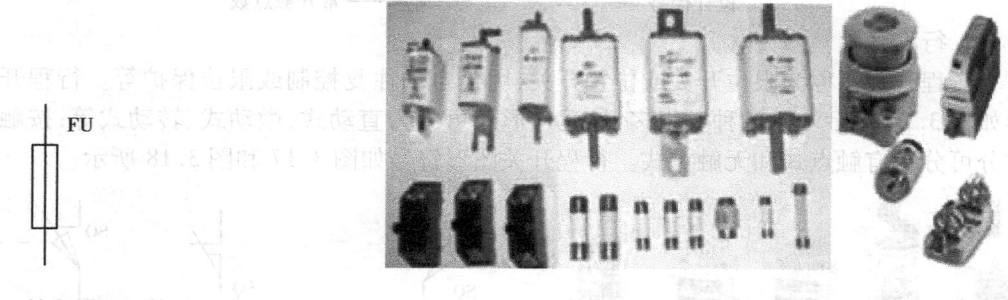

图 3.12　熔断器图形符号

图 3.13　熔断器外形图

三、主令电器

主令电器是专门控制其他电器执行电路的元件，通过开关接点的通断形式来发布控制命令，使控制电路执行对应的控制任务。主令电器的应用广泛，种类繁多，常见的有按钮、行程开关等。

1. 按钮

按钮又称为手动切换电器，常用于接通和断开控制电路。按钮在电路中的图形符号如图 3.14所示。

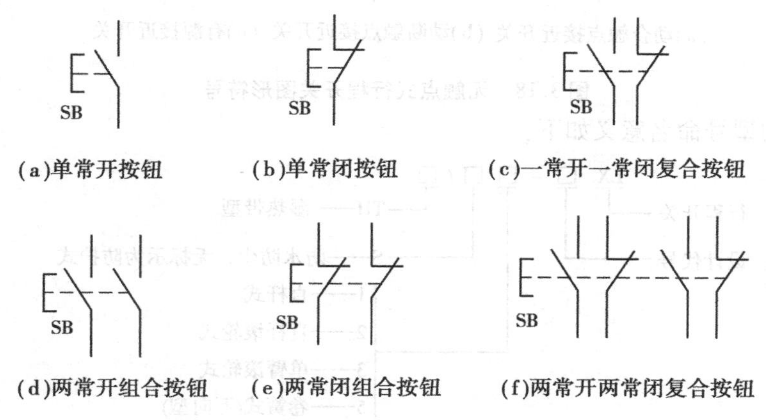

(a)单常开按钮　(b)单常闭按钮　(c)一常开一常闭复合按钮

(d)两常开组合按钮　(e)两常闭组合按钮　(f)两常开两常闭复合按钮

图 3.14　一般按钮的图形符号

紧急式按钮带有蘑菇头,并突出于外,在紧急时能方便地触动按钮,切断电源。其图形符号如图 3.15 所示,一般作为机床总停止按钮。

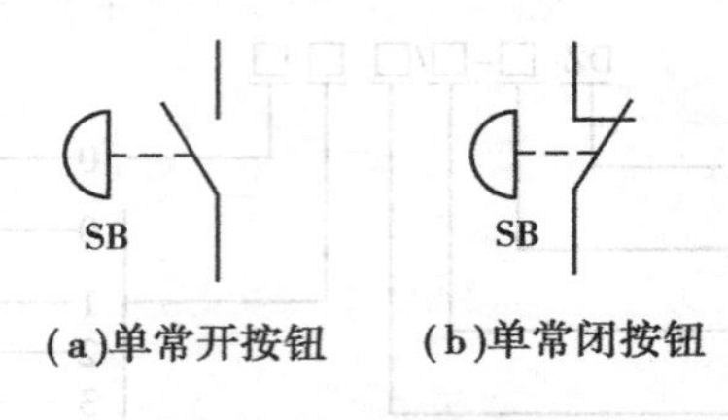

图 3.15　急停按钮图形符号

按钮的型号命名意义如下:

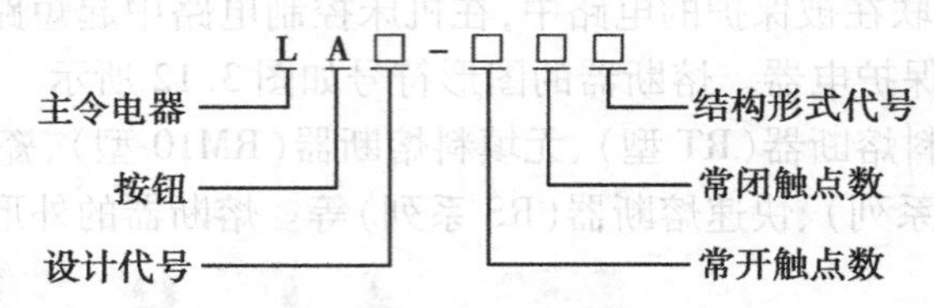

2. 行程开关

行程开关又称为限位开关或位置开关,用于自动往复控制或限位保护等。行程开关的外形如图 3.16 所示。它的种类很多,按运动形式可分为直动式、微动式、转动式等;按触点的性质分可分为有触点式和无触点式。行程开关图形符号如图 3.17 和图 3.18 所示。

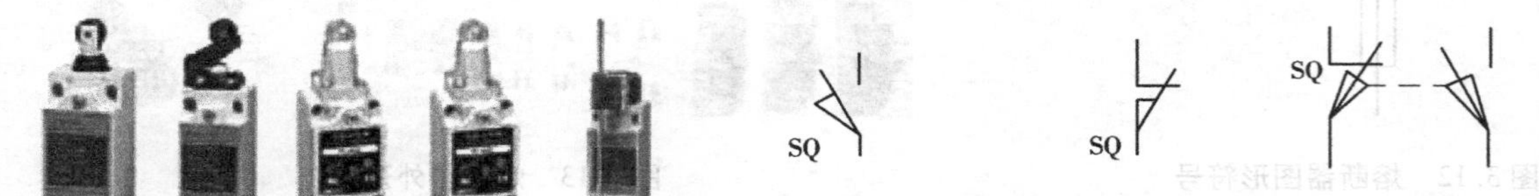

图 3.16　行程开关的外形

图 3.17　有触点式行程开关图形符号

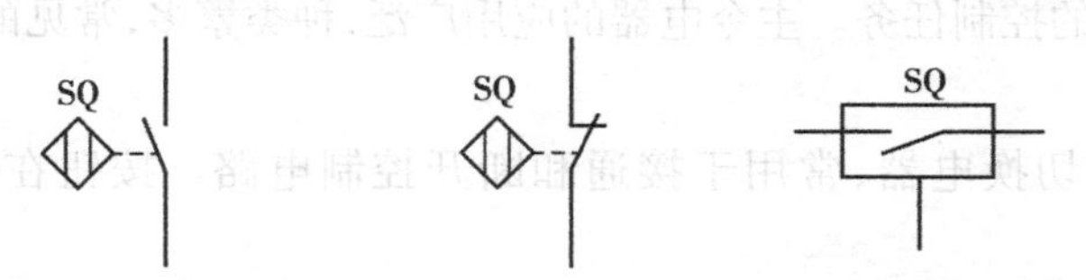

图 3.18　无触点式行程开关图形符号

行程开关的型号命名意义如下:

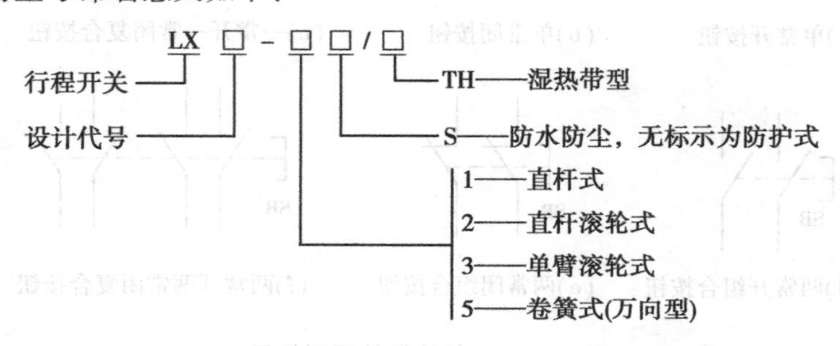

3. 万能转换开关

万能转换开关是具有多个操作位置和触点，能转换多个电路的一种手控电器。主要用于控制电路的转接，也可用于小容量异步电动机的启动、调速、换向和制动控制。万能转换开关种类很多，结构如图 3.19 所示，常用的有 LW2，LW5，LW6，LW8 等系列。如图 3.20 所示为 LW6 的图形符号。

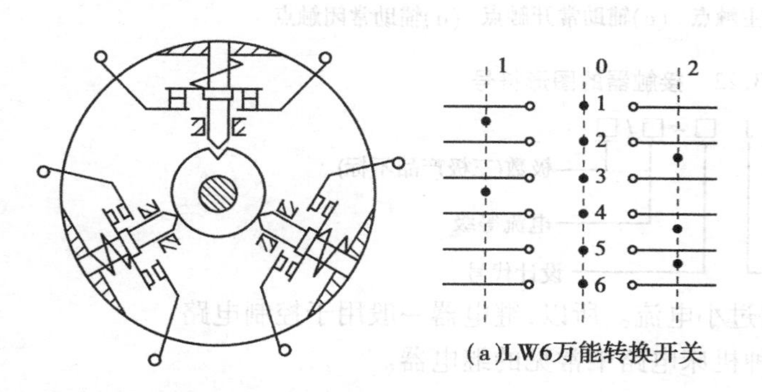

(a)LW6万能转换开关

触头号	1	0	2
1	×	×	
2		×	×
3	×	×	
4		×	×
5		×	×
6		×	×

(b)LW6万能转换开关的触头分合表

图 3.19 万能转换开关单层结构图

图 3.20 LW6 万能开关图形符号及触头分合表

万能转换开关在电路中的图形符号中，中间的竖线表示手柄的位置，当手柄处于某一位置时，处在接通状态的触头下方虚线上标有小黑点。触头的通断状态也可以用触头分合表来表示，“×”号表示触头闭合，空白表示触头断开。

LW6 系列万能转换开关的型号命名意义如下：

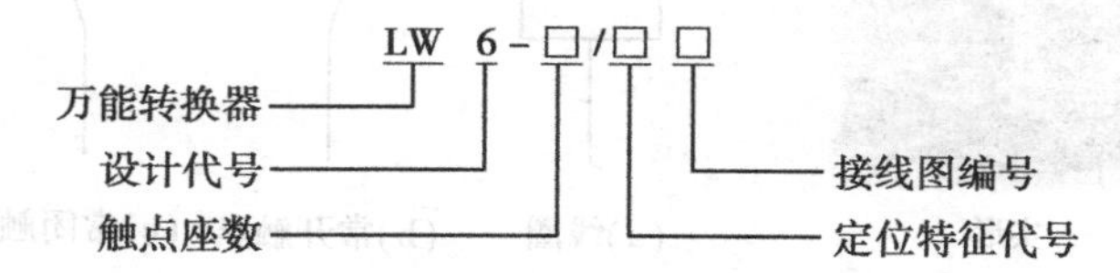

四、接触器

接触器是利用电磁吸力及弹簧反力的配合作用，使触头闭合与断开的一种电磁式自动切换电器。它能在外来信号的控制下，自动接通或断开正常工作的主电路或大容量的控制电路，它属于一种自动控制电器。接触器的结构外形如图 2.21 所示。接触器在电路中的图形符号如图 2.22 所示。

图 3.21 接触器的结构外形

常用的接触器有交流接触器（CJ 系列）和直流接触器（CZ 系列）。常见交流接触器产品型号有：CJ0，CJ10，CJ15，CJ20，CJX1，CKJ 等系列。以 CKJ 系列为例说明接触器型号的含义：

五、继电器

继电器是一种根据某物理量的变化，使其自身的执行机构动作的电器。继电器和接触器的结构和工作原理大致相同。主要区别在于：接触器的主触点可以通过大电流；继电器的体积

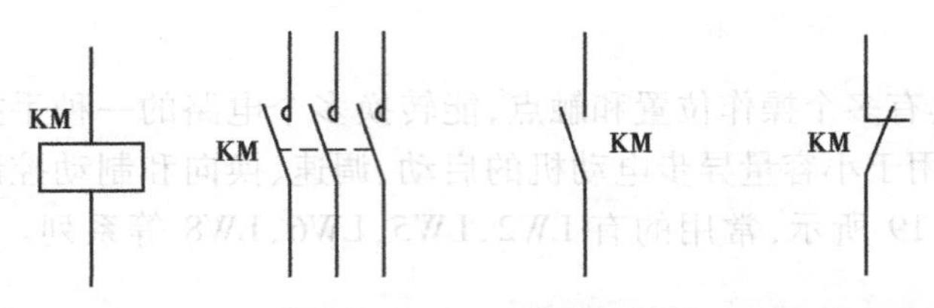

(a)线圈　(b)三相主触点　(c)辅助常开触点　(d)辅助常闭触点

图 3.22　接触器的图形符号

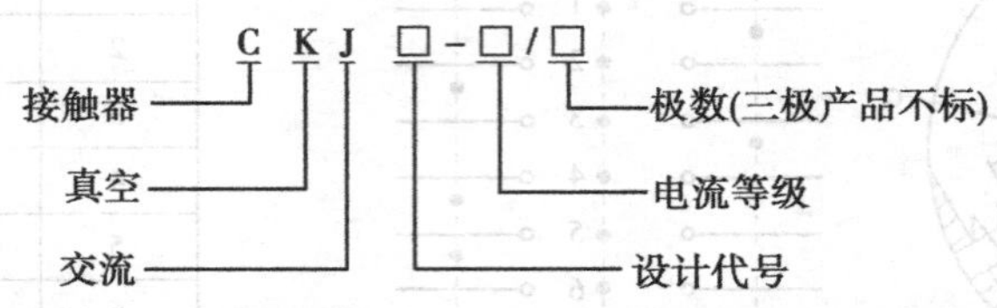

和触点容量小,触点数目多,且只能通过小电流。所以,继电器一般用于控制电路。

继电器的种类很多,下面介绍几种机床电路中常见的继电器。

1. 中间继电器

中间继电器是电路的中间控制元件,通常用于传递信号和同时控制多个电路,也可直接用它来控制小容量电动机或其他电气执行元件。中间继电器的外形及图形符号如图 3.23 所示。

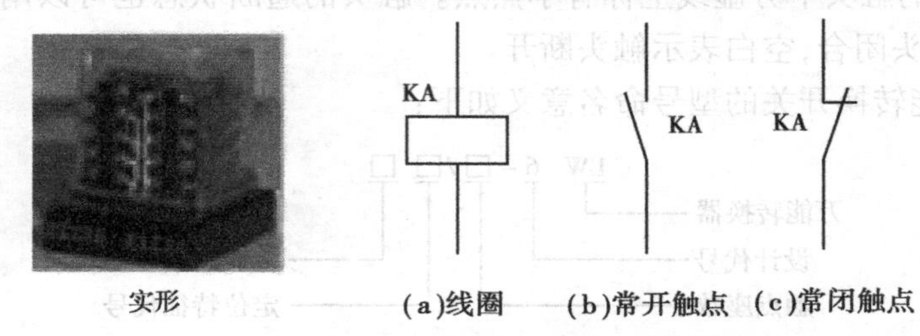

实形　(a)线圈　(b)常开触点　(c)常闭触点

图 3.23　中间继电器的外形及图形符号

常用的中间继电器型号有 JZ7,JZ14 等。JZ7 中间继电器型号命名的意义如下:

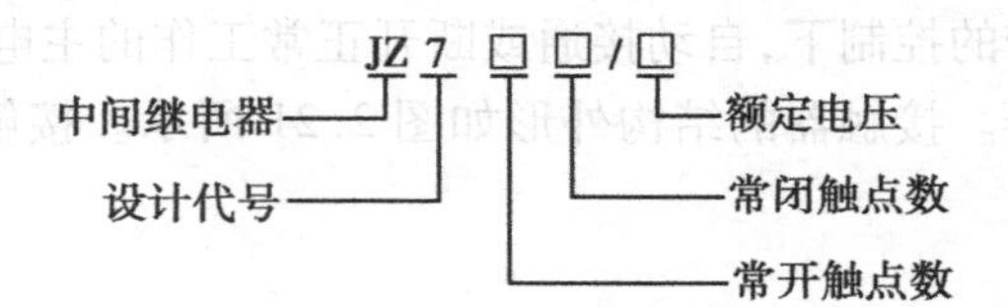

2. 热继电器

热继电器是一种利用电流热效应原理工作的低压保护电器。用于电动机的过载保护。热继电器的外形及图形符号如图 3.24 所示。

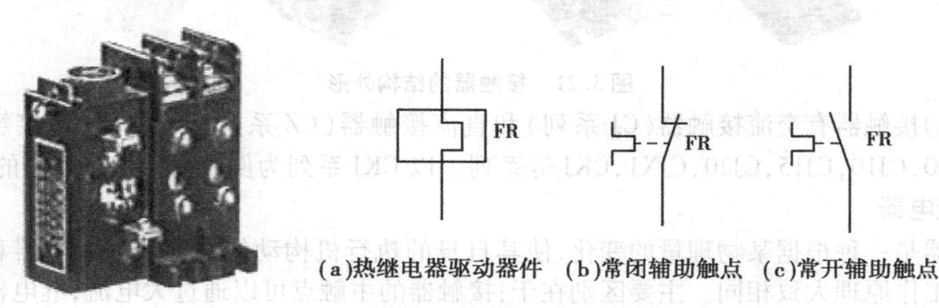

(a)热继电器驱动器件　(b)常闭辅助触点　(c)常开辅助触点

图 3.24　热继电器的外形及图形符号

常用的热继电器型号有 JR 系列产品，JR 型热继电器型号命名的意义如下：

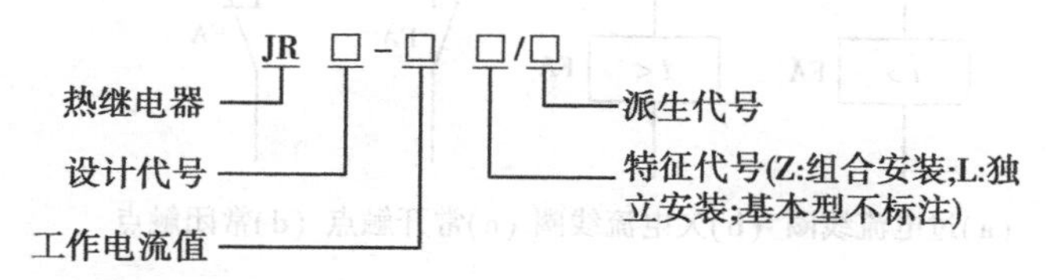

3. 时间继电器

时间继电器是从得到输入信号（线圈通电或断电）起，经过一段时间延时后才动作的继电器。适用于定时控制。

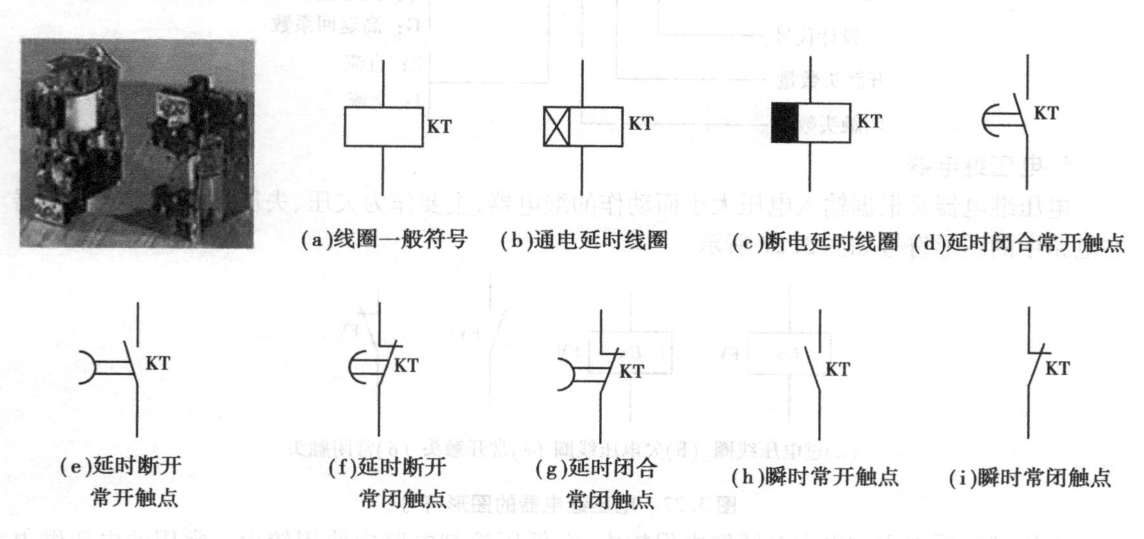

图 3.25 时间继电器外形及图形符号

时间继电器的种类很多，在机床电路中一般使用空气阻尼式时间继电器，常用的 JS7 型、JS23 型产品。JS7 型时间继电器型号命名的意义如下：

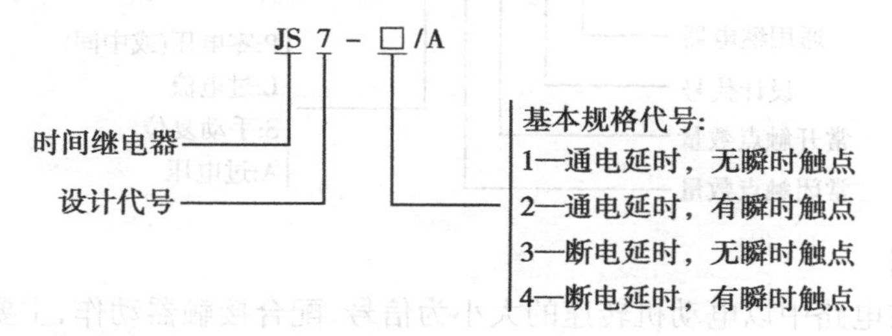

4. 电流继电器

电流继电器是根据输入电流大小动作的继电器，可用于过载或过载保护。电流继电器在电路中的图形符号如图 3.26 所示。

常用的电流继电器的型号有 JL14 系列交直流电流继电器等。JL14 型电流继电器型号命名的意义如下：

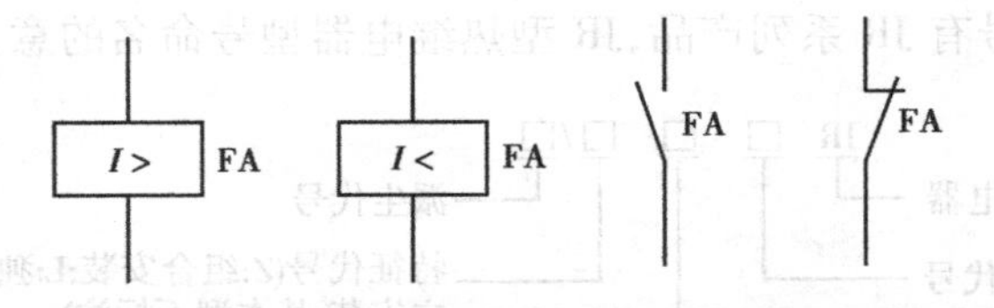

(a)过电流线圈 (b)欠电流线圈 (c)常开触点 (d)常闭触点

图 3.26 电流继电器的图形符号

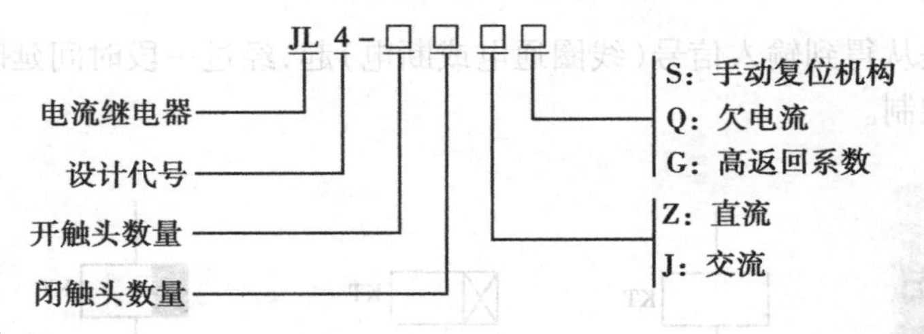

5. 电压继电器

电压继电器是根据输入电压大小而动作的继电器,主要作为欠压、失压保护。电压继电器在电路中的图形符号如图 3.27 所示。

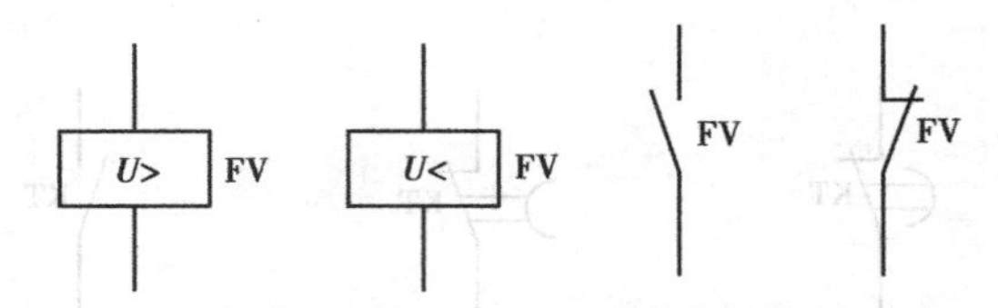

(a)过电压线圈 (b)欠电压线圈 (c)常开触头 (d)常闭触头

图 3.27 电压继电器的图形符号

电压继电器常用在电力系统继电保护中,在低压控制电路中使用较少。常用的电压继电器的型号有 JT4 系列交流电磁继电器。JT4 型继电器型号命名的意义如下:

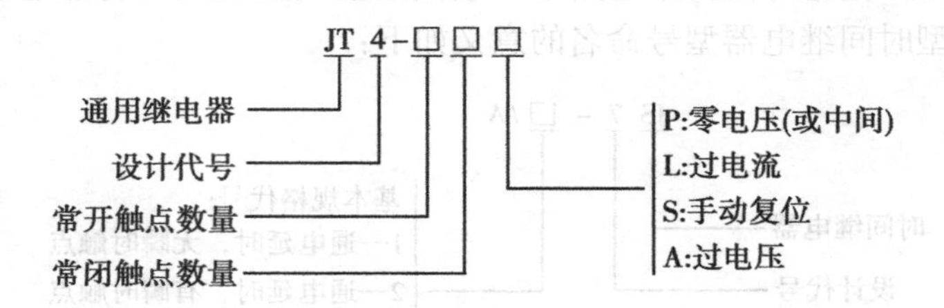

6. 速度继电器

速度继电器在电路中以电动机转速的大小为信号,配合接触器动作,主要用于笼式异步电动机的反接制动控制,因此也被称为反接制动继电器。

速度继电器在电路中的图形符号如图 3.28 所示。

7. 压力继电器

压力继电器是利用被控介质在波纹管或橡皮膜上产生的压力与弹簧的反作用力平衡而工作的。压力继电器一般用于机床液压测量当中,在机床运行前或运行中,通过测量不同压力源压力变化,向其他控制元件发出相应的控制信号。

压力继电器在电路中的图形符号如图 3.29 所示。

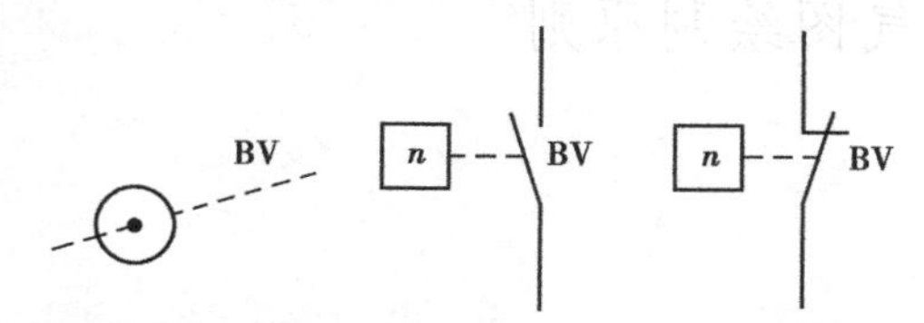

(a)速度继电器转子 (b)常开触点 (c)常闭触点

图 3.28 速度继电器的图形符号

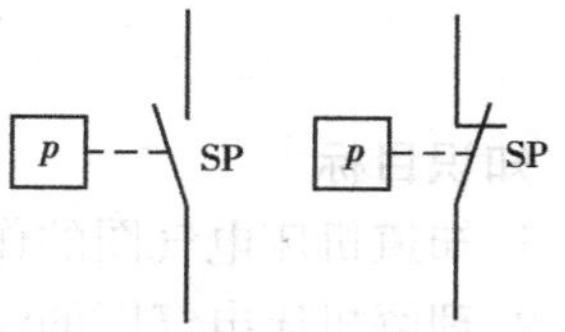

SP
SP

(a)常开触点 (b)常闭触点

图 3.29 压力继电器图形符号

学习评估

现在已经完成了这一课题的学习，希望你能对所参与的活动提出意见。

请在相应的栏目内“√”	非常同意	同意	没有意见	不同意	非常不同意
1. 该课题的内容适合我的需求？					
2. 我能根据课题的目标自主学习？					
3. 上课投入，情绪饱满，能主动参与讨论、探索、思考和操作？					
4. 教师进行了有效指导？					
5. 我对自身的能力和价值有了新的认识，我似乎比以前更有自信心了？					
你对改善本项目后面课题的教学有什么建议？					

巩固与练习

1. 认识图 3.30 和图 3.31 所示各图形符号。

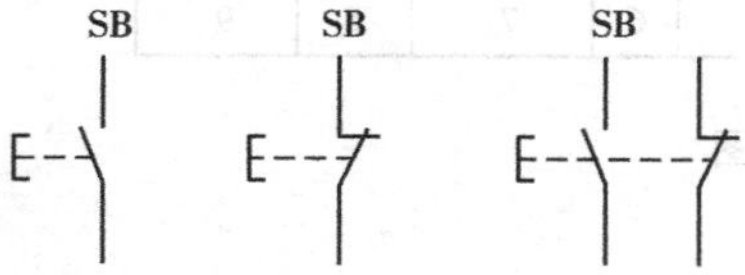

(a) (b) (c)

图 3.30

(a) (b)

图 3.31

2. 绘制接触器的图形符号并标注文字符号。

3. 绘制行程开关的图形符号并标注文字符号。

课题二 机床电气图绘制原则

知识目标

1. 知道机床电气图的作用及分类。

2. 理解机床电气图的绘制原则及要求。

技能目标

掌握电气图绘制方法和特点,提高识图的能力。

实例引入

如图 3.32 所示是 CK6136 车床电气原理图,电气图是表示电气系统、装置和设备各组成部分的相互关系及其连接关系,用以表达其功能、用途、原理、装接和使用信息的一种图。

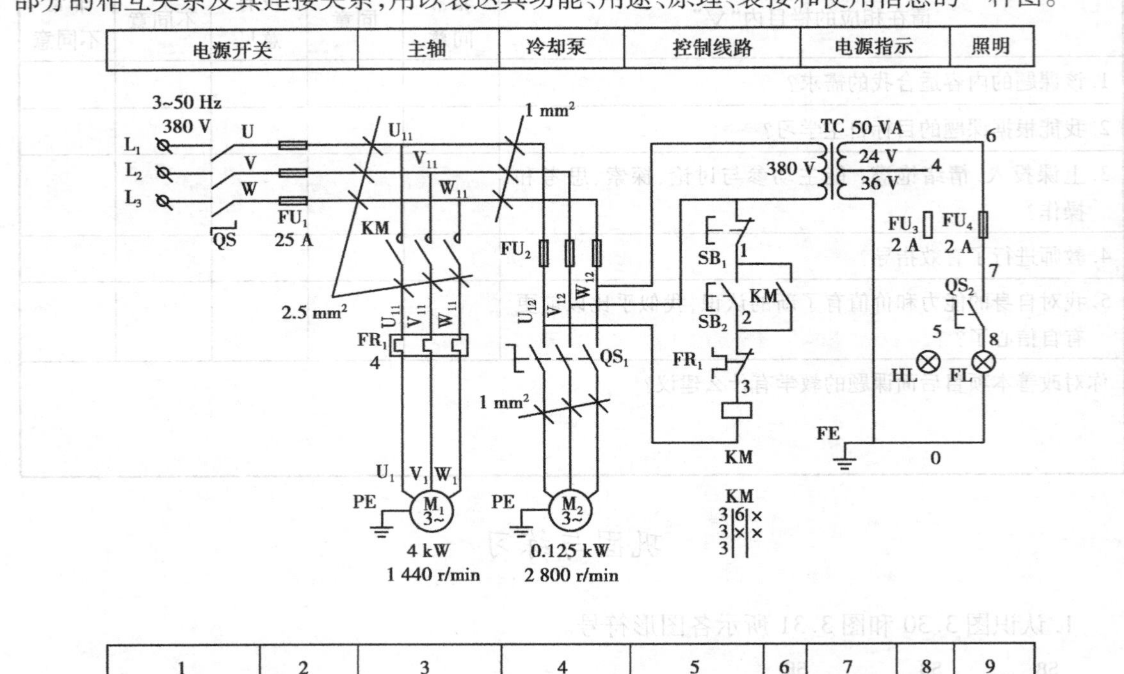

图 3.32 CK6136 车床电气原理图

课题完成过程

一、机床电气图的作用及分类

1. 机床电气图的作用

(1)详细描述电气控制系统的工作原理;

(2)作为绘制电器布置图和电气安装接线的依据;

(3)为安装、测试工、维修提供信息。

2. 机床电气图分类

机床电气控制图有三种形式:分别为电气原理图、电器布置图、电气安装接线图。

(1)电气原理图

电气原理图是指为了便于阅读和分析控制电路的各种功能,用各种图形符号和文字符号描绘全部或部分电气设备的工作原理的电路图,如图3.32所示。

原理图采用电气元件展开的形式绘制,包括所有电气元件的导电部件和接线端点,但并不按照电气元件的实际位置来绘制,也不反映电气元件的大小。

(2)电器布置图

电器布置图是用来描述机床控制系统使用的电器元件按一定原则进行组合、布局的一种图,如图3.33所示。根据电器外形尺寸,确定电器位置后,便可绘制电器布置图。

(3)电气安装接线图

电气安装接线图是根据电气原理图和电器布置图绘制出来的,如图3.34所示,其表示了成套装置的连接关系,是电气安装与查线的依据。

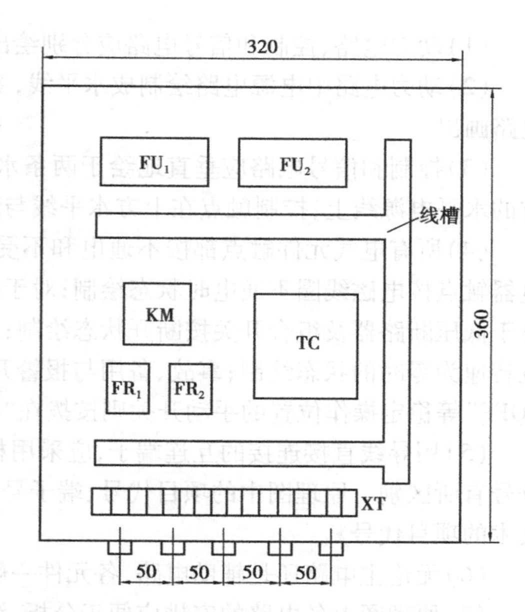

图3.33 某机床控制电路电器布置图

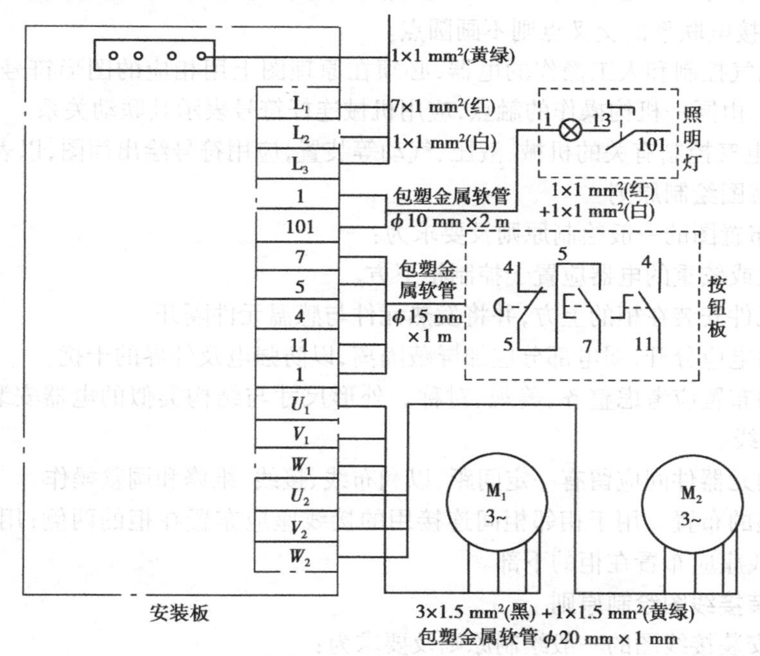

图3.34 某控制电路安装接线图

二、电气图绘制原则

1. 电气原理图绘制原则

电气原理图一般分主电路、控制电路、信号电路、照明电路及保护电路。其一般的绘制原则与要求为:

(1)动力电路、控制和信号电路应分别绘出。

(2)动力电路中电源电路绘制成水平线,受电的动力设备及其保护电器支路,应垂直电源电路画出。

(3)控制和信号电路应垂直地绘于两条水平电源线之间,耗能元件应直接连在接地或下方的水平电源线上,控制触点在上方水平线与耗能元件之间。

(4)所有电气元件触点都按不通电和不受外力时的开闭状态绘制。对于接触器、电磁继电器触点按电磁线圈不通电时状态绘制;对于按钮、行程开关按不受外力作用时的状态绘制;对于低压断路器及组合开关按断开状态绘制;热继电器按未脱扣状态绘制;速度继电器按电动机转速为零时的状态绘制;事故、备用与报警开关等按设备处于正常工作时的状态绘制;标有"OFF"等稳定操作位置的手动开关则按拨在"OFF"位置时的状态绘制。

(5)用导线直接连接的互连端子,应采用相同的线号,但互连端子的符号应与器件端子的符号有所区别。原理图中的项目代号、端子号及导线号的编制应符合 GB 6988.1—2008《电气技术的项目代号》。

(6)无论主电路还是辅助电路,各元件一般应按动作顺序从上而下、自左至右依次排列。

(7)原理图上各电路的安排应便于分析、维修和查找故障,对功能相关的电气元件应绘制在一起,使他们之间的关系明确,并注出必要的数据及说明。

(8)原理图中有直接电联系交叉导线连接点,用实心圆点表示。可拆接或测试点用空心圆点表示;无直接电联系的交叉点则不画圆点。

(9)对非电气控制和人工操作的电器,必须在原理图上用相应的图形符号表示其操作方式及工作状态。由同一机构操作的触点,应用机械连杆符号表示其联动关系。

(10)对与电气控制有关的机械、液压、气动等装置,应用符号绘出简图,以表示其关系。

2. 电器布置图绘制原则

机床电器布置图的一般绘制原则及要求为:

(1)体积大或较重的电器应置于控制柜下方。

(2)发热元件安装在柜的上方,并将发热元件与感温元件隔开。

(3)强电弱电应分开,弱电部分应加屏蔽隔离,以防强电及外界的干扰。

(4)电器的布置应考虑整齐、美观、对称。外形尺寸与结构类似的电器安装在一起,以利加工、安装和配线。

(5)电器的元器件间应留有一定间距,以利布线、接线、维修和调整操作。

(6)接线座的布置。用于相邻柜间连接用的接线座应布置在柜的两侧;用于与柜外电气元件连接的接线座应布置在柜的下部。

3. 电气安装接线图绘制原则

机床电气安装接线图的一般绘制原则及要求为:

(1)接线图的绘制应符合 GB 6988 中 5—86《电气制图接线图和接线表》的规定。

(2)电气各元件按外形绘制,并与布置图一致,偏差不能太大。

(3)电气所有元件及其引线应标注与电气原理图中相一致的文字符号及接线号,并应符合相关国家标准的规定。

(4)与电气原理图不同,在接线图中同一电气元件的各个部分(触点、线圈等)必须画在一起。

(5)电气接线图一律采用细线条,走线方式有板前走线及板后走线两种,一般采用板前走线,对于简单电气控制部件,电气元件数量较少,接线关系不复杂,可直接画出元件间的连线。但对于复杂部件,电气元件数量多,接线较复杂的情况,一般采用走线槽,只要在各电气元件上标出接线号,不必画出各元件间的连线。

(6)接线图中应标出配线用的各种导线的型号,规格、截面积及颜色要求。

(7)部件的进出线除大截面导线外,都应经过接线端子,不得直接进出。

学习评估

现在已经完成了这一课题的学习,希望你能对所参与的活动提出意见。

请在相应的栏目内"√"	非常同意	同意	没有意见	不同意	非常不同意
1. 该课题的内容适合我的需求?					
2. 我能根据课题的目标自主学习?					
3. 上课投入,情绪饱满,能主动参与讨论、探索、思考和操作?					
4. 教师进行了有效指导?					
5. 我对自身的能力和价值有了新的认识,我似乎比以前更有自信心了?					
你对改善本项目后面课题的教学有什么建议?					

巩固与练习

1. 简述机床电气图的作用及分类?

2. 分析图 3.35 所示两交叉连线在该节点处是否接通?

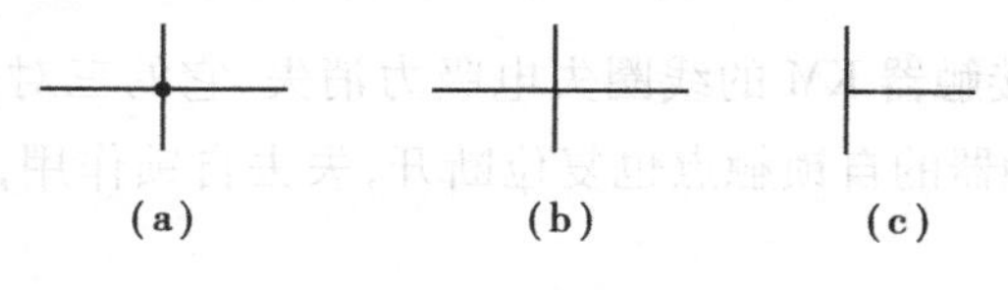

图 3.35 交叉节点的通断

课题三 识读机床电气控制线路图

知识目标

1. 掌握识读机床电气控制图的方法及步骤。

2. 正确分析电动机启动控制电路的工作原理。

技能目标

能够正确识读典型车床电气控制原理图。

实例引入

图 3.36 所示为中、小型三相笼式异步电动机直接启动的控制电路，它由开关 Q、熔断器 FU、按钮 SB、接触器 KM 和热继电器 FR 等电器组成。能自行分析其工作原理吗？

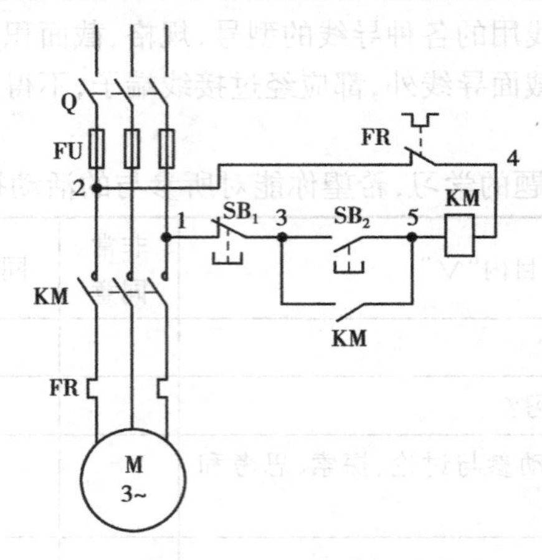

图 3.36　三相笼式异步电动机启动控制电路

课题完成过程

一、电动机直接启动控制电路的工作原理

师生共同探讨图 3.36 实例的引入：

1. 启动

合上闸开关 Q，主电路和控制电路同时引入电源。按下启动按钮 SB_2，交流接触器 KM 的线圈得电产生电磁吸力，其三对常开主触点闭合，接通主电路，电动机 M 通电启动；同时，接触器在控制电路中的辅助常开触点也闭合，为其自身线圈的持续得电提供了另一条回路，此后即使松开 SB_2，接触器的线圈仍保持得电状态，保证电动机长期运转。接触器的这个辅助常开触点所起的作用称为“自锁”，它也被称为自锁触点(或叫自保触点)。

2. 停转

按下停止按钮 SB_1，接触器 KM 的线圈失电吸力消失，它的三对常开主触点复位断开，电动机断电停转。同时接触器的自锁触点也复位断开，失去自锁作用，只有再次按 SB_2，电动机才能重新启动。

3. 保护功能

(1)短路保护

熔断器 FU 起短路保护作用。当电路中发生短路事故，熔体立即熔断，切断电源，电动机立即断电。

(2)过载保护

热继电器 FR 起过载保护作用且当电动机过载时，主电路电流过大，串接在主电路中的热继电器的发热元件因电流大、发热多，经一定的延时，串接在控制电路中的常闭触点断开而使得接触器线圈断电触点断开，继而使电动机脱离电源，达到过载保护的目的。

(3)失压保护

当电网停电或电源电压严重下降时,接触器电磁吸力消失,接触器的所有触点复位断开,自锁解除,电动机断电停转。显然,当电源恢复正常后,电动机不会自行启动。要使电动机启动运转,只有再次按下启动按钮 SB_2 才行。

二、识读机床电气控制线路图

机床电气控制线路图通常由电路功能文字说明框、电气控制图、区域标号三部分组成,如图 3.37 所示。

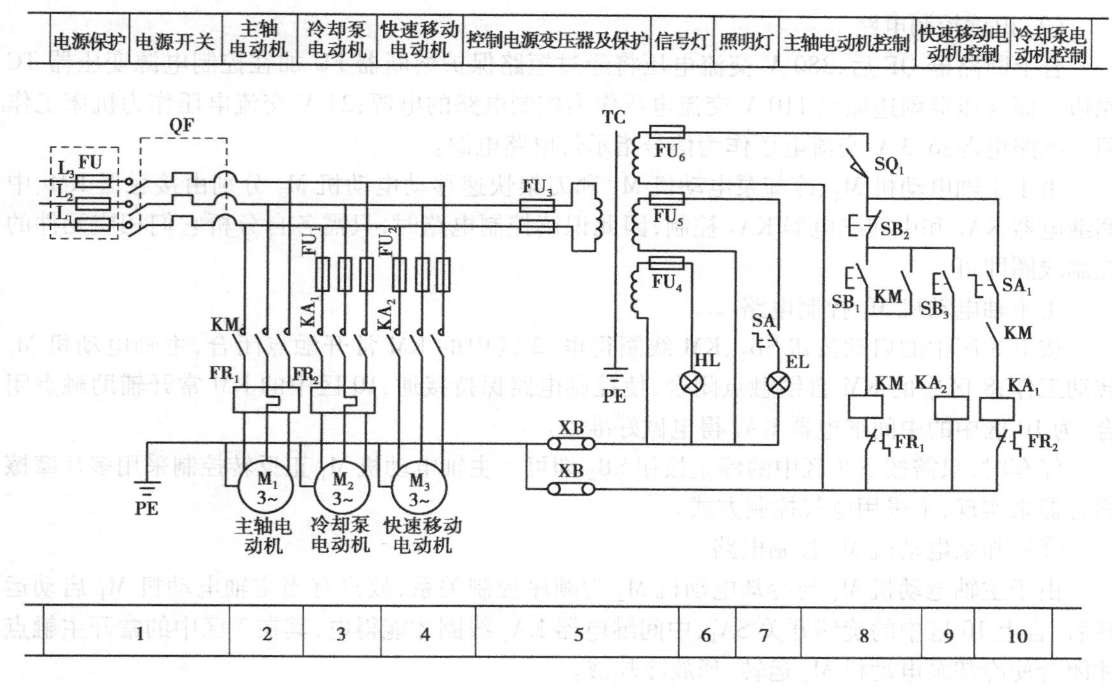

图 3.37 CA6140 型车床电气原理图

1. 正确识读机床电气图必须注意方法与步骤

(1)了解所识读电气图代表的机床设备的用途、基本结构、运动方式以及操作顺序及要求。

(2)划分主电路、控制电路、照明和信号电路及其他电路部分,并找到各部分电路的关键元件及互相关联的元件和电路。

(3)逐一对主电路、控制电路、照明和信号电路及其他电路部分进行识图分析、识图过程中,可将接线图和原理图互相对照起来看,这样更有利于看懂线图。

识图时要先粗读、后细读,边读、过画、过记,直至全部读懂。如有条件,尽量对照实物进行识图分析。

2. 识读 CA6140 型车床电气原理图

CA6140 车床是我国自行设计制造的一款普通车床,其电气原理如图 3.37 所示。1 ~ 4 区为主电路部分;5 区、8 ~ 10 区为控制电路部分;6 区、7 区为信号和照明电路部分。具体识读步骤如下:

(1)识读主电路

主电路由主轴电动机M_1、冷却泵电动机M_2和刀架快速移动电动机M_3组成。

1区中的熔断器FU对总体电路短路保护作用。将钥匙开关向右转动,再扳动断路器QF引入三相电源。则主轴电动机M_1由接触器KM控制,热继电器FR_1实现对主轴电动机M_1的过载保护;冷却泵电动机M_2由中间继电器KA_1控制,热继电器FR_2实现对冷却泵电动机M_2的过载保护;刀架快速移动电动机M_3由中间继电器KA_2控制。熔断器FU_1和FU_2分别对电动机M_2、M_3和控制变压器TC实现短路保护作用。

(2)识读控制电路

合上断路器QF后,380 V交流电压将经过短路保护熔断器FU加在控制电源变压器TC原边。而变压器副边输出110 V交流电压作为控制电路的电源;24 V交流电压作为机床工作照明电路电源;6.3 V交流电压作为信号指示灯电路电源。

由于主轴电动机M_1、冷却泵电动机M_2和刀架快速移动电动机M_3分别由接触器KM、中间继电器KA_1和中间继电器KA_2控制,因此识读控制电路时,只需各自分析它们相应元件的控制线圈即可。

①主轴电动机M_1控制电路

按下8区中的启动按钮SB_1、KM线圈得电,2区中的KM常开触点闭合,主轴电动机M_1转动工作;8区中的KM自锁触点闭合,使控制电路保持接通;10区中的KM常开辅助触点闭合,为10区中的中间继电器KA_1得电做好准备。

停车时,只需按下8区中的停止按钮SB_2即可。主轴电动机M_1正反转控制采用多片摩擦离合器来实现,不采用电气控制方式。

②冷却泵电动机M_2控制电路

由于主轴电动机M_1与冷却电动机M_2为顺序控制关系,故只有当主轴电动机M_1启动运转后,合上10区中的旋钮开关SA_1,中间继电器KA_1线圈才能得电,其在3区中的常开主触点才闭合使冷却泵电动机M_2运转,释放冷却液。

③刀架快速移动电动机M_3控制电路

刀架快速移动电路采用点动控制,因此在4区中的主电路部分不设过载保护。按下9区中的SB_3,中间继电器KA_2线圈得电闭合,其在4区中的常开主触点闭合,接通快速移动电动机M_3的电源,快速移动电动机M_3通电运转;松开按钮SB_3,则中间继电器KA_2线圈失电释放,4区中的中间继电器KA_2的常开主触点断开,快速移动电动机M_3停转。而刀架移动的方向则是由给进操作手柄配合机械装置来实现的。

④信号灯和照明灯电路

6区中的信号灯HL和7区中的照明灯EL分别由控制变压器TC副边输出的6.3 V和24 V电源电压提供的。合上断路器QF后,信号灯HL即点亮,而开关SA为照明灯开关。熔断器FU_4和FU_5分别作为指示灯HL和照明灯EL的短路保护控制。

学习评估

现在已经完成了这一课题的学习,希望你能对所参与的活动提出意见。

请在相应的栏目内"√"	非常同意	同意	没有意见	不同意	非常不同意
1. 该课题的内容适合我的需求?					
2. 我能根据课题的目标自主学习?					
3. 上课投入,情绪饱满,能主动参与讨论、探索、思考和操作?					
4. 教师进行了有效指导?					
5. 我对自身的能力和价值有了新的认识,我似乎比以前更有自信心了?					
你对改善本项目后面课题的教学有什么建议?					

巩固与练习

识读如图 3.38 所示 C620-1 型车床电气原理图。

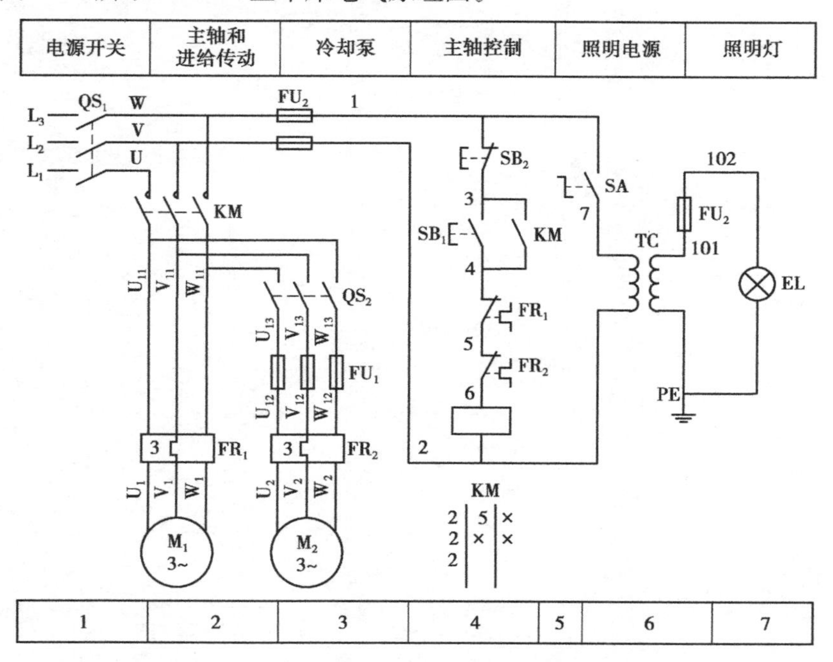

图 3.38 C620-1 型车床电气原理图

提示:C620-1 型车床电器元件明细如下表。

代　号	元件名称	型　号	规　格	件数
M_1	主轴电动机	J52-4	7 kW,1400 r/min	1
M_2	冷却泵电动机	JCB-22	0.125 kW,2790 r/min	1
KM	交流接触器	CJ0-20	380 V	1
FR_1	热继电器	JR16-20/3D	14.5 A	1
FR_2	热继电器	JR2-1	0.43 A	1
QS_1	三相转换开关	HZ2-10/3	380 V,10 A	1
QS_2	三相转换开关	HZ2-10/3	380 V,10 A	1
FU_1	熔断器	RM3-25	4 A	3
FU_2	熔断器	RM3-25	4 A	2
FU_3	熔断器	RM3-25	1 A	1
SB_1,SB_2	控制按钮	LA4-22K	5 A	1
TC	照明变压器	BK-50	380 V/36 V	1
EL	照明灯	JC6-1	40 W,36 V	1

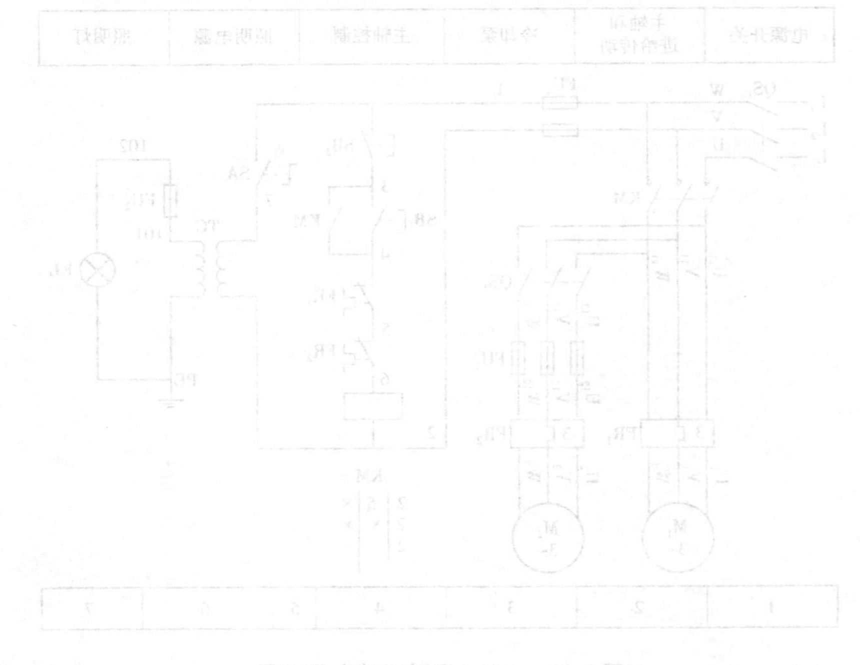

项目四　AutoCAD 绘图

项目内容

1. 认识 AutoCAD。
2. AutoCAD 绘制平面图形。
3. AutoCAD 绘制零件图。

项目目标

1. 知道 AutoCAD 的主要功能。
2. 熟悉 AutoCAD2006 中文版工作界面。
3. 能够用 AutoCAD 绘制简单平面图。
4. 能够用 AutoCAD 绘制简单零件图。

项目实施过程

课题一　认识 AutoCAD

知识目标

1. 知道 AutoCAD 的应用及其主要功能；
2. 了解 AutoCAD2006 中文版工作界面的内容；
3. 掌握 AutoCAD2006 的图形文件管理。

技能目标

1. 熟悉 AutoCAD2006 中文版工作界面；
2. 会创建、打开、保存和关闭 AutoCAD 的图形文件。

实例引入

利用鼠标左键双击桌面上 AutoCAD2006 图标，就可启动 AutoCAD2006，如图 4.1 所示为启动后进入的工作界面。

课题完成过程

AutoCAD 是美国 Autodesk 公司开发的通用计算机辅助绘图和设计软件，其英文全称为 Auto Computer Aided Design（即计算机辅助设计，简称 AutoCAD）。自 20 世纪 80 年代第一次引进中国以来，经 V2.6，R9，R10，R12，R13，R14，AutoCAD2000，AutoCAD2002，AutoCAD2004，AutoCAD2006 等典型版本（每年都有新版本），在中国已经有 20 多年的历史。经过多年的发展，AutoCAD 的功能不断完善，从最初的简易二维绘图到现在的集三维设计、真实感显示、通用数据库管理、Internet 通信为一体的通用计算机辅助设计软件包，并与 3ds max、Lightscape、photoshop 等软件相结合，能实现具有真实感的三维透视和动画图形功能。其应用领域逐渐扩大，目前，AutoCAD 不仅大规模地应用在机械、建筑、造船、航天、电子、石油、化工、冶金等行业，而

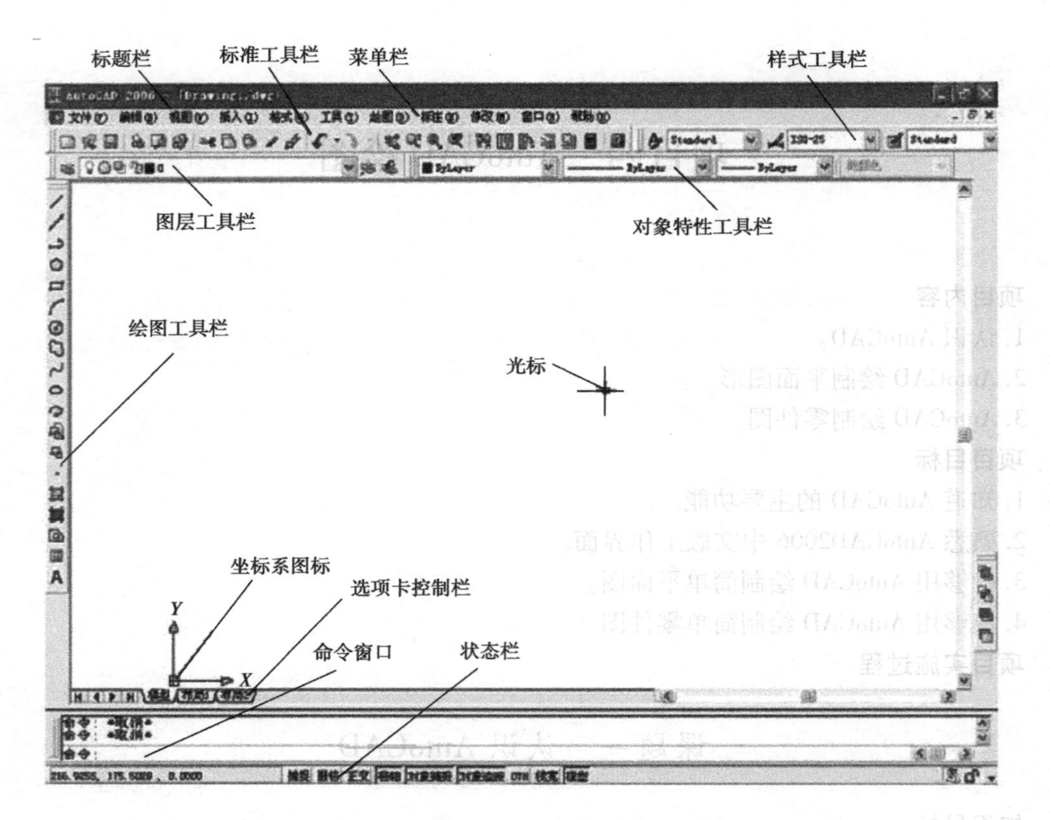

图 4.1　AutoCAD2006 中文版工作界面

且在服装、气象、地理、航海、拓扑等特殊图形方面,甚至乐谱、幻灯片、广告等领域,也开辟了极其广阔的市场。可以说,当今社会有图纸的地方就有 AutoCAD。

一、AutoCAD 的主要功能

1. 绘制二维图形,标注尺寸,输入文字

AutoCAD 能绘制二维图形,标注尺寸,输入文字,如图 4.2 所示。

(1) AutoCAD 能精确、简捷、高效、条理清晰地绘制各种平面图形。

(2) AutoCAD 能输入和编辑文字,创建和调用文字样式。

(3) AutoCAD 能简捷、高效、条理清晰地标注尺寸,它还提供了各种标注样式,以满足各种尺寸标注的需要。

2. 绘制三维图形

AutoCAD 能实现曲面和实体的造型设计,并能对图形进行渲染,使其具有质感,如图 4.3 所示。

3. 打印输出

AutoCAD 能简捷、高效的打印输出所绘制的图形,可设置各种布局和打印样式,以适应各种类型的打印和绘图设备的需要。

二、AutoCAD2006 中文版工作界面

1. 标题栏

与一般的 Windows 应用程序类似,其左侧显示 AutoCAD2006 的图标及当前所操作图形文

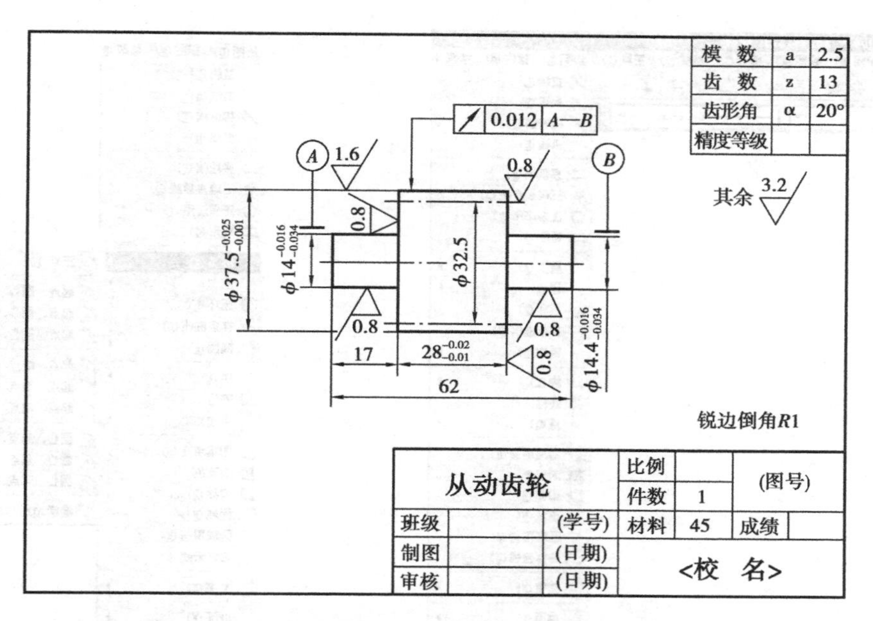

图 4.2 AutoCAD 能绘制二维图形,标注尺寸,输入文字

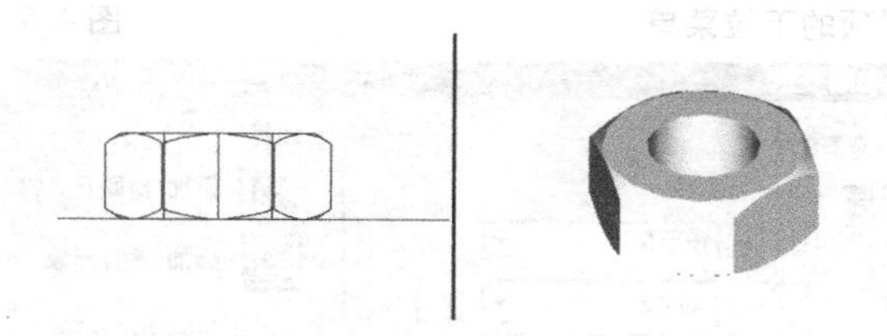

图 4.3 AutoCAD 能绘制三维图形

件的名称(图中文件名称是 Drawing. dwg),右侧的三个按钮,可以分别实现 AutoCAD2006 窗口的最小化、最大化(或还原)、关闭等操作。

2. 菜单栏

菜单栏为 AutoCAD2006 下拉菜单的主菜单。单击菜单栏中的某一项会弹出相应的下拉菜单,如单击菜单栏中的“绘图”项,就会出现“绘图”项的下拉菜单,如图 4.4 所示。

AutoCAD2006 下拉菜单有三点需要说明:

(1)右面有小三角的菜单项

AutoCAD2006 下拉菜单中,右面有小三角的菜单项,表示该项还有子菜单,图 4.4 中“绘图”项的“圆弧”、“圆”等的右面都有小三角,则表明它们还有子菜单,如果单击它们,则会出现各自的子菜单。如单击“圆弧”,就会出现“圆弧”的子菜单,如图 4.5 所示。

(2)右面有省略号的菜单项

AutoCAD2006 下拉菜单中,右面有省略号的菜单项,表示单击该菜单项后,会出现一个对话框。图 4.4 的“绘图”项的“表格”、“图案填充”等的右面都有省略号,则表明它们有对话框,如果单击它们,则会出现各自的对话框。如单击“图案填充”,就会出现“图案填充”的对话框,如图 4.6 所示。

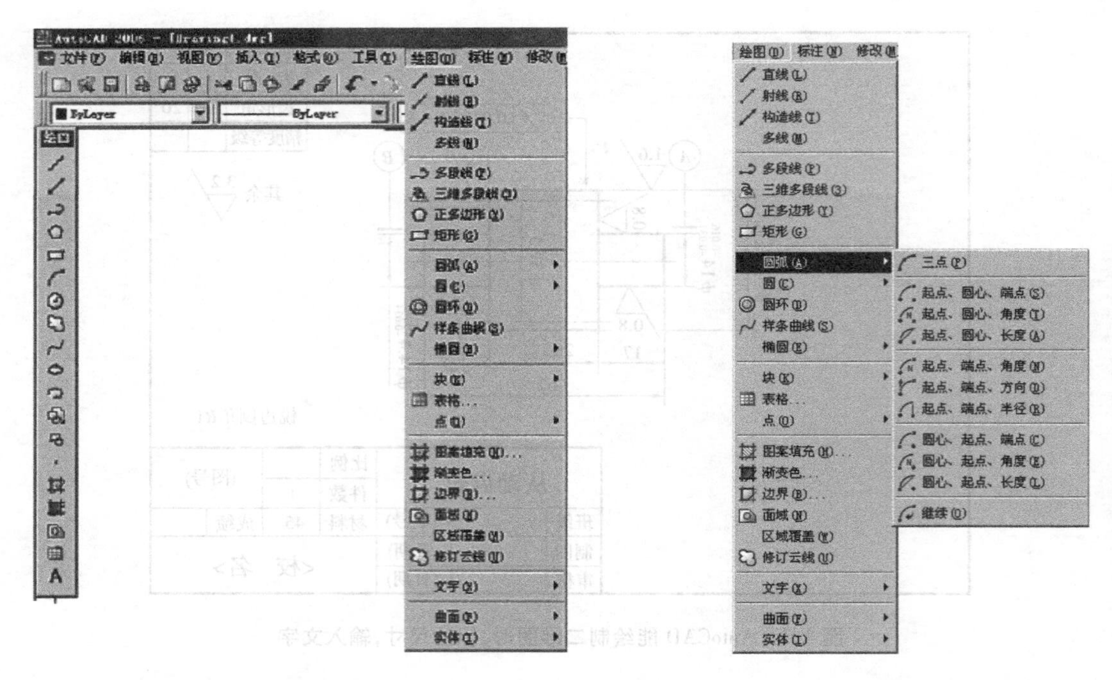

图 4.4　“绘图”项的下拉菜单　　　　图 4.5　“圆弧”的子菜单

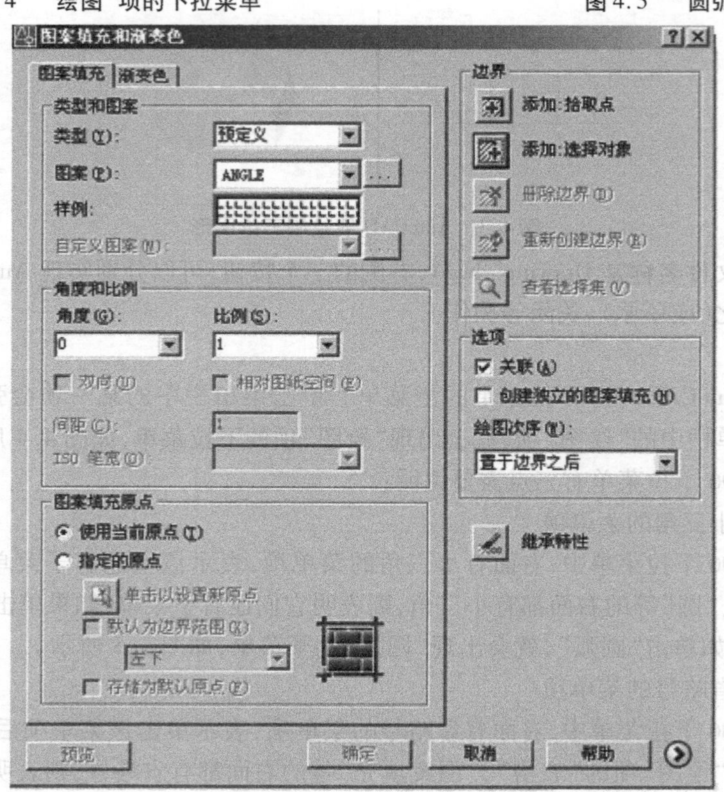

图 4.6　“图案填充”对话框

(3)右面没有内容的菜单项

AutoCAD2006 下拉菜单中,右面没有内容的菜单项,表示单击该菜单项后,将执行对应的 AutoCAD 指令。

AutoCAD2006 共有 11 个主菜单,如图 4.7 所示。它们的主要功能分别是:

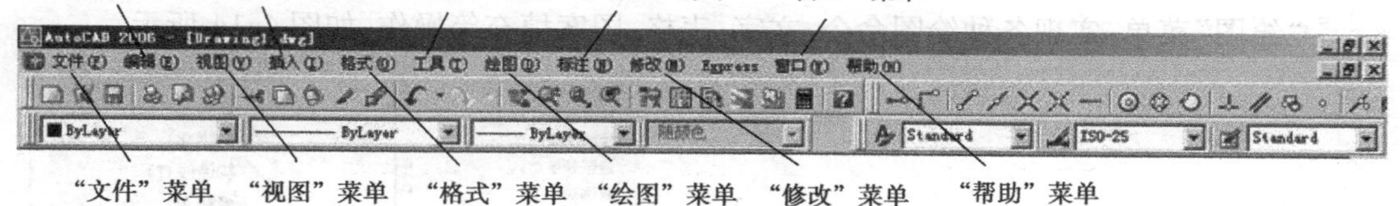

图 4.7 AutoCAD2006 的 11 个主菜单

①"文件"菜单:创建、打开、保存、打印管理文件以及图形特性设置等操作,如图 4.8 所示。

②"编辑"菜单:剪切、复制、粘贴、删除对象以及命令的撤销等操作,如图 4.9 所示。

③"视图"菜单:重生成、缩放、平移、三维动态观测、着色、渲染视图等操作,如图 4.10 所示。

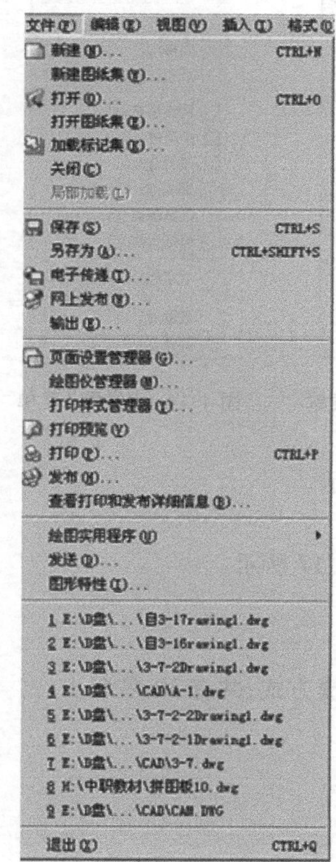

图 4.8 "文件"菜单

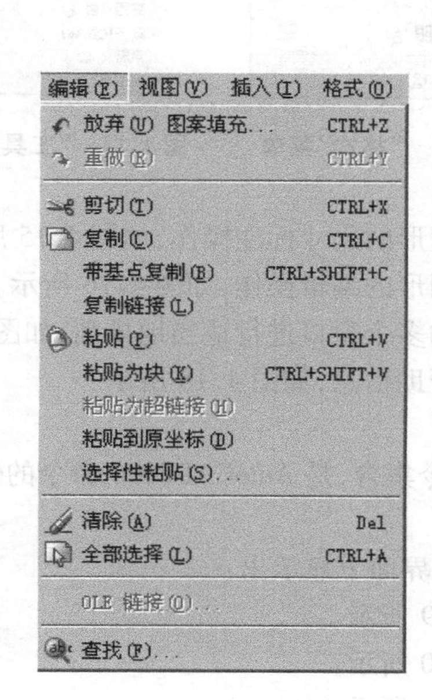

图 4.9 "编辑"菜单

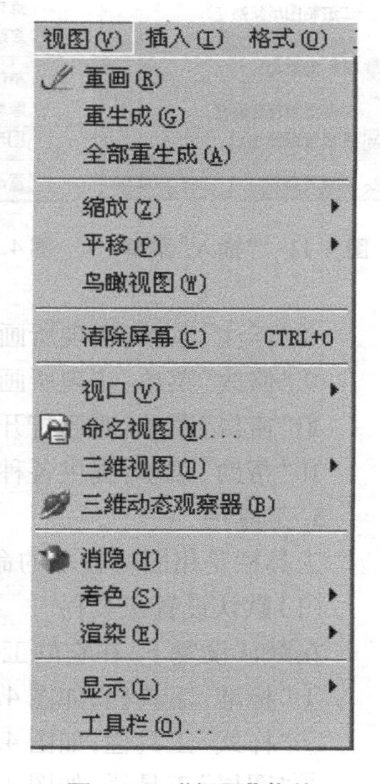

图 4.10 "视图"菜单

④"插入"菜单:插入图形、符号等操作,如图 4.11 所示。

⑤"格式"菜单:设置图形、图层、线条、点、文字、表格等格式操作,如图 4.12 所示。

⑥"工具"菜单:实现系统的管理、控制、调用,各种参数的设置、坐标系的转换等操作,如图 4.13 所示。

⑦"绘图"菜单:实现各种绘图命令、文字、表格、图案填充等操作,如图 4.14 所示。

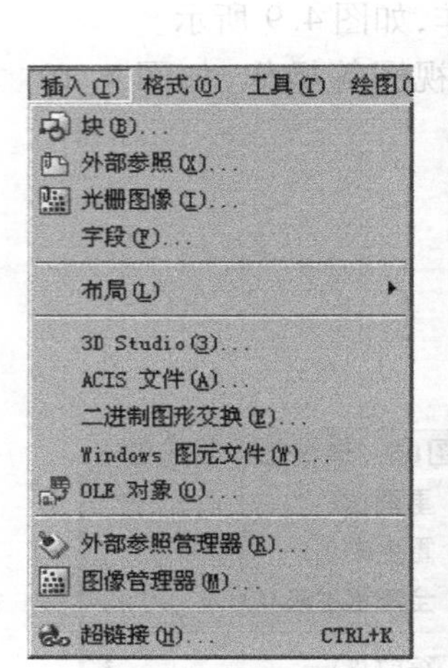

图 4.11 "插入"菜单

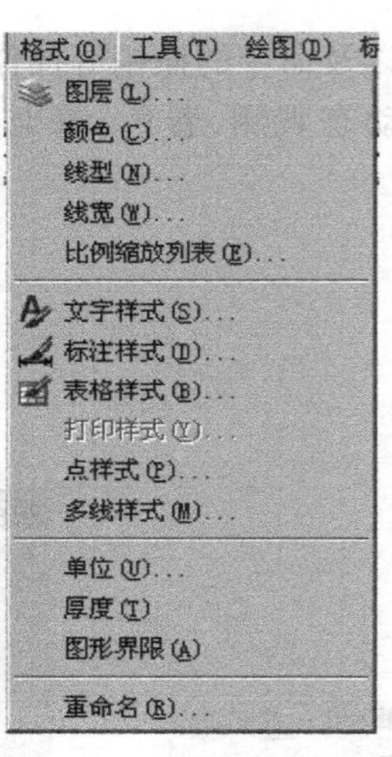

图 4.12 "格式"菜单

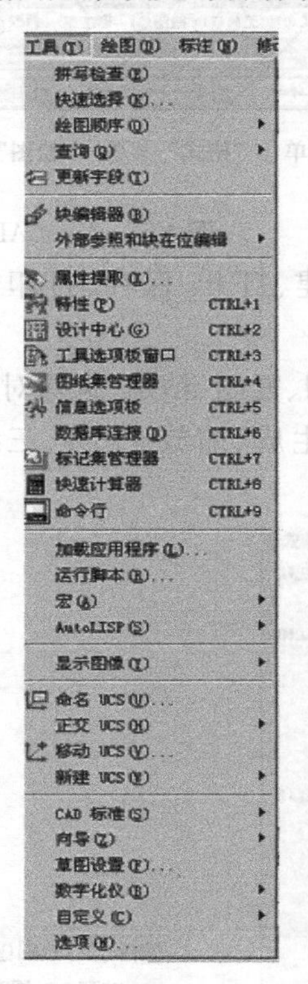

图 4.13 "工具"菜单

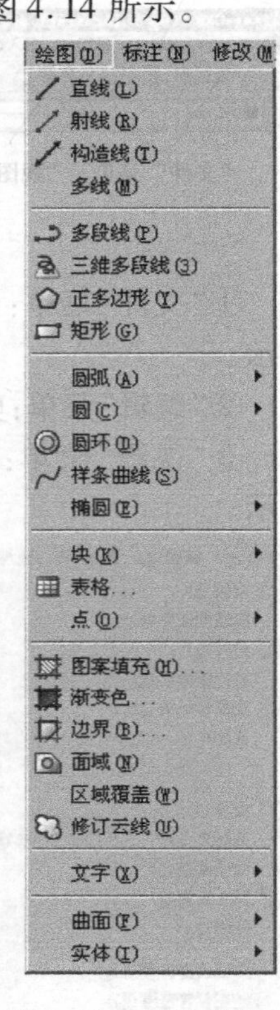

图 4.14 "绘图"菜单

⑧"标注"菜单:实现所画图形的尺寸标注操作,如图 4.15 所示。

⑨"修改"菜单:实现所画图形的编辑操作,如图 4.16 所示。

⑩"窗口"菜单:对已打开的多个窗口进行适当地排列,如图 4.17 所示。

⑪"帮助"菜单:提供各种帮助信息,如图 4.18 所示。

3. 工具栏

工具栏是用图标显示的命令集合,是 AutoCAD2006 命令的快捷方式,共有 30 多个。

(1)默认设置工具栏

在默认设置下,在它的工作界面上显示出:

①"标准"工具栏,如图 4.19 所示。

②"样式"工具栏,如图 4.20 所示。

③"图层"工具栏,如图 4.21 所示。

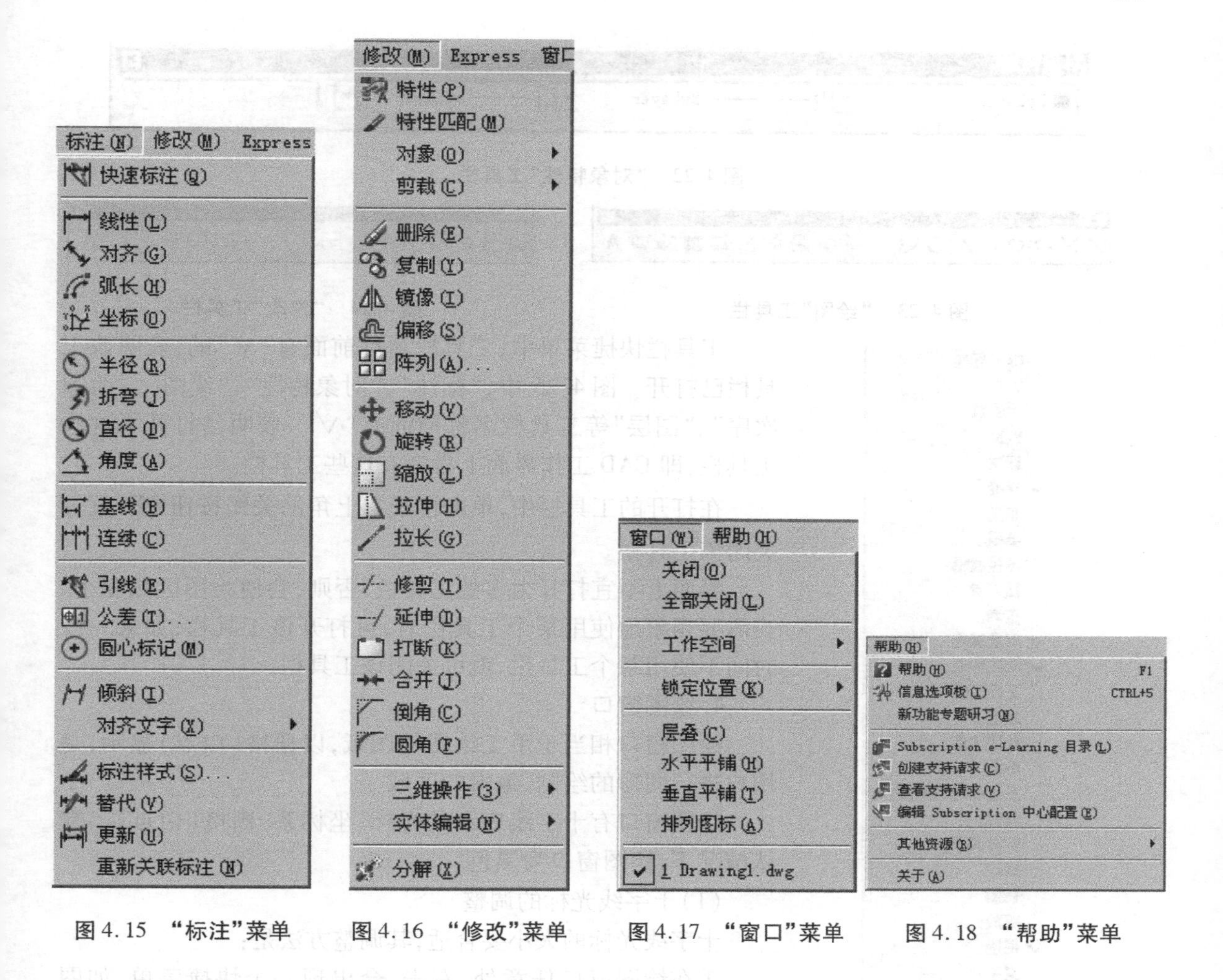

图 4.15 “标注”菜单　图 4.16 “修改”菜单　图 4.17 “窗口”菜单　图 4.18 “帮助”菜单

④“对象特性”工具栏,如图 4.22 所示。

⑤“绘图”工具栏,如图 4.23 所示。

⑥“修改”工具栏,如图 4.24 所示。

图 4.19 “标准”工具栏

图 4.20 “样式”工具栏　图 4.21 “图层”工具栏

(2)打开或关闭工具栏的方法

右击任何工具栏的区域,可弹出工具栏快捷菜单,单击需要选择的工具栏,就可打开该工具栏,如图 4.25 所示。

图 4.22 “对象特性”工具栏

图 4.23 “绘图”工具栏　　图 4.24 “修改”工具栏

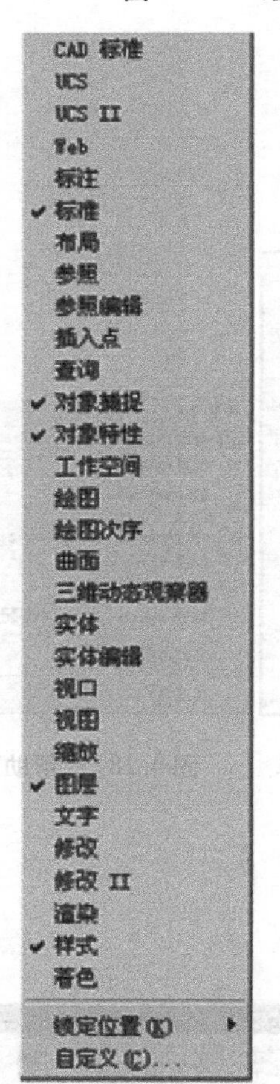

图 4.25 打开工具栏快捷菜单

工具栏快捷菜单中，工具栏名称前面有“√”的，表明该工具栏已打开。图 4.25 中，“标注”、“对象特性“、“绘图”、“绘图次序”、“图层”等工具栏名称前面有“√”，表明已打开了这些工具栏，即 CAD 工作界面上肯定有这些工具栏。

在打开的工具栏中，单击位于右上角的关闭按钮，就可关闭该工具栏。

界面上不宜打开太多的工具栏，否则，会使绘图区域变小。当需要频繁地使用某个工具栏时，可打开该工具栏；如果一段时间不使用某个工具栏，就可关闭该工具栏。

4. 绘图窗口

绘图窗口相当于手工绘图的图纸，以栅格（白点）显示，是用户进行图形的绘制、编辑的区域。

绘图窗口有十字线表示的光标、坐标系、栅格（白点）。默认情况下，绘图窗口为黑色。

（1）十字线光标的调整

十字线光标的大小要合适，其调整方法是：

①在绘图窗口任意处，右击，会出现一个快捷菜单，如图 4.26 所示（或单击“显示”）。

②单击“选项”，会出现一个“选项”对话框，如图 4.27 所示。

③在对话框中，拖动按钮，可调整光标的大小。向右拖动按钮，光标就越大；反之，光标就越小。

（2）绘图窗口颜色的调整

①打开图 4.27 所示的“选项”对话框，单击“颜色”，就会出现“颜色选项”对话框，如图 4.28所示。

②单击颜色下拉箭头，选择你需要的颜色，如图 4.29 所示。

③单击“应用并关闭”，单击“确定”，关闭“颜色选项”对话框。则完成绘图窗口的颜色调整。

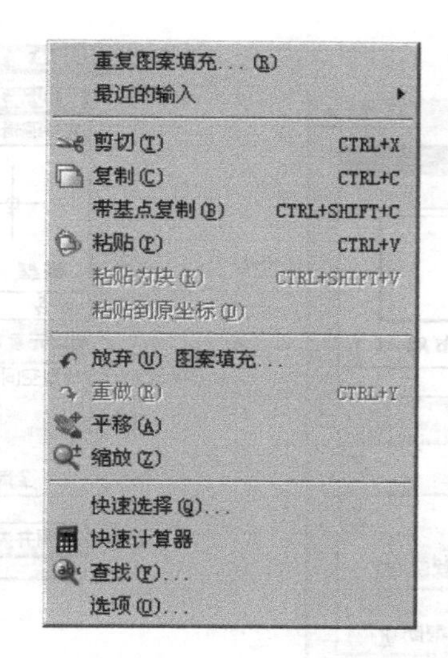

图 4.26 右击绘图窗口任意处,出现的快捷菜单

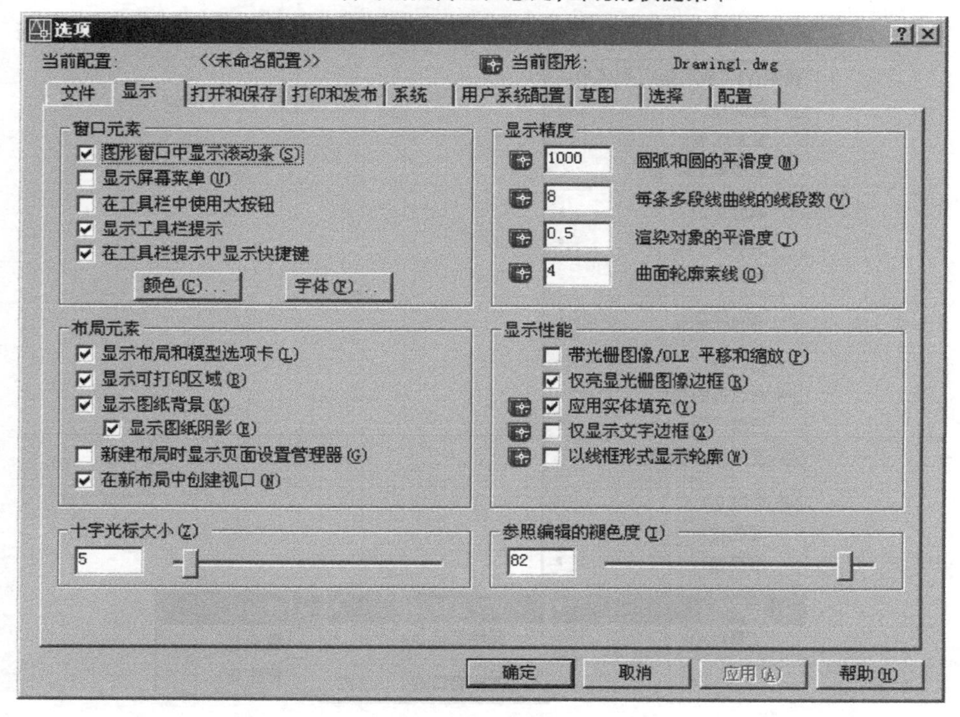

图 4.27 选项对话框

(3)坐标系图标的开或关

①单击"视图",依次选取 显示(L)、UCS 图标(U)、单击 ✓ 开(O),如图 4.30 所示。

②如果"开"的左面有"√",表明已打开坐标系,此时,如单击"开","√"消失,关闭坐标系。

③如果"开"的左面无"√",表明已关闭坐标系,此时,如单击"开","√"出现,打开坐标系。

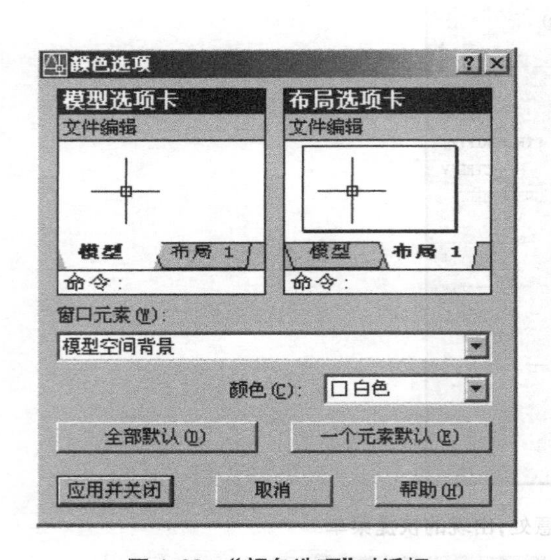

图 4.28 “颜色选项”对话框

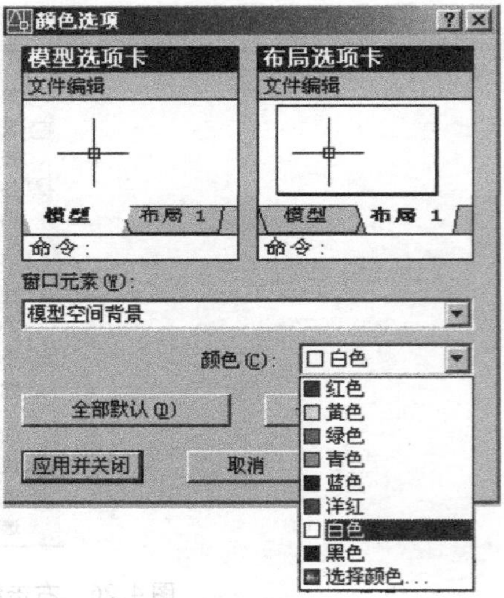

图 4.29 绘图窗口颜色的调整

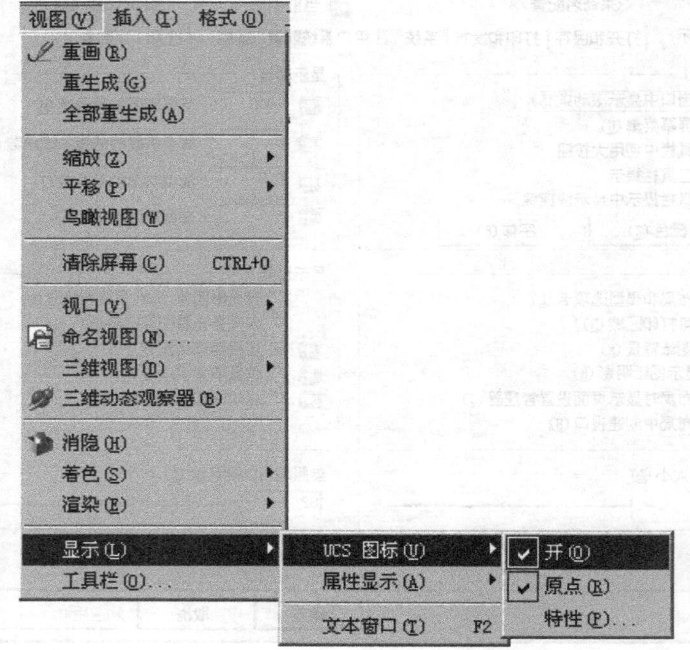

图 4.30 打开或关闭坐标系图标

(4)栅格的开或关

①如果屏幕上无栅格(没有白点),就单击“栅格”,则出现栅格,这叫开栅格(命令行中为“栅格开”)。

②如果屏幕上有栅格(有白点),当单击“栅格”时,则不出现栅格,这叫关栅格(命令行中为“栅格关”)。

③如果栅格间距不合适,右击“栅格,”单击“设置”,如图 4.31 所示,出现图 4.32 所示的

“草图设置”窗口。在窗口中的“启用栅格”左面的方框内，用鼠标左键点一下，打“√”，在“栅格 X 轴间距”和“栅格 Y 轴间距”右面的方框内输入数字，一般为 10 或 5，确定好以后，单击“确定”按钮，回到界面。

提示：

●“启用栅格”左面的方框内如有“√”，则表示已启用该项，如再点一下，则无“√”；方框内如无“√”，则表示没有启用该项，如再点一下，则有“√”。

●栅格间距不能太小，否则将导致图形模糊及屏幕重画太慢，甚至无法显示栅格。

●栅格的 X 轴间距与 Y 轴间距，可以相同，也可以不同，应根据需要而定。

图 4.31 右击栅格，选取设置

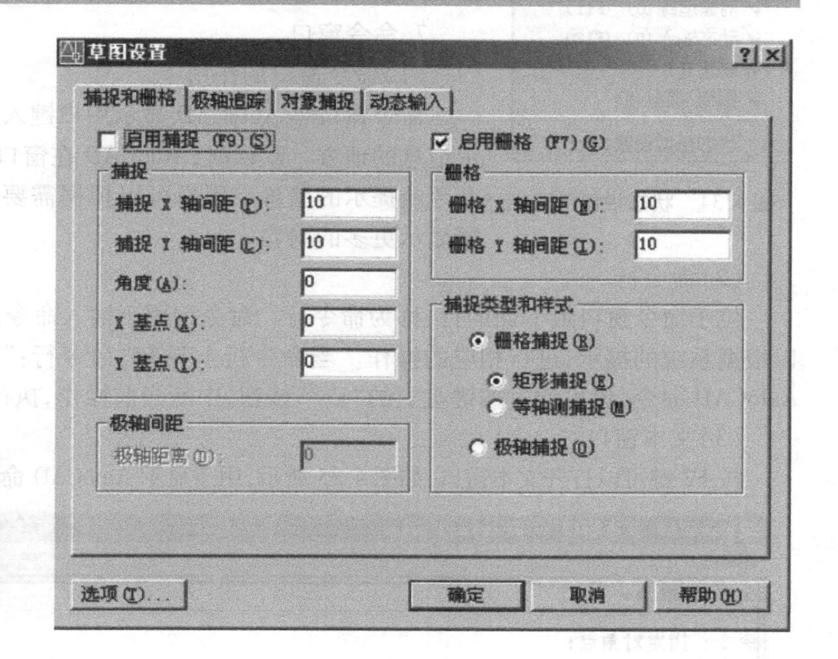

图 4.32 草图设置窗口

5. 选项卡控制栏

单击“模型”或“布局”，就可在模型空间与布局之间的切换。

6. 状态栏

(1) 状态栏的内容

状态栏的内容有：捕捉、栅格、正交、极轴、对象捕捉、对象追踪、DYN、线宽、模型。状态栏，如图 4.33 所示。

图 4.33 状态栏

(2) 状态栏的作用及其打开(关闭)方法

状态栏用于反映当前的绘图状态,如是否打开、或关闭了“栅格”、“正交”等,它们的开或关的操作方式同前面所述打开或关闭“栅格”的方法。状态栏内容的具体功能,在以后的内容中予以讲述。

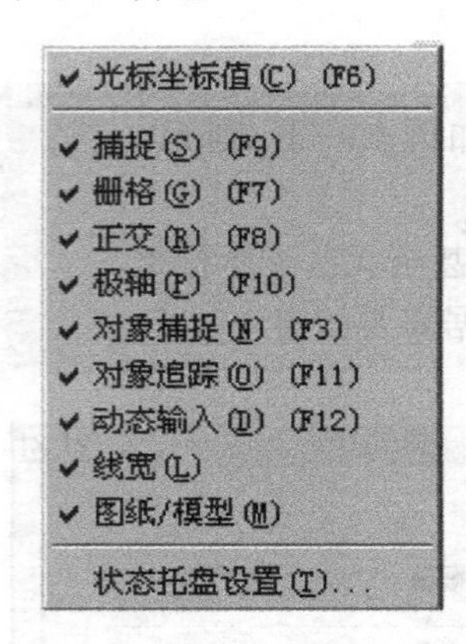

图 4.34　状态栏显示图标

(3)状态栏右面两按钮的作用

状态栏右面有通信中心按钮和状态栏显示图标。单击前者,可以通过 Internet,对软件进行升级并获得相关的支持文档;单击后者,可以引出“状态栏显示图标”菜单,如图 4.34 所示。通过它,可以确定状态栏上显示的内容:如有“√”,状态栏上就有该内容;去掉(单击)“√”,状态栏上就无该内容。

7. 命令窗口

(1)命令窗口的作用

命令窗口是 AutoCAD 显示用户键入的命令和显示 AutoCAD 提示信息的地方。默认时,AutoCAD 在窗口中保留最后 3 行所执行的命令或提示的信息。用户可以根据需要,改变命令窗口的大小,以便显示更多的内容。

(2)命令行

位于命令窗口最下面的行,称为命令行。命令行用于输入命令和显示系统的提示,用户可以根据系统的提示,进行相应的操作。当命令行上只有“命令行:”时,可通过键盘,输入新的 AutoCAD 命令,也可通过按键盘上的“Esc”按钮,中断当前操作,执行新的操作。

(3)文本窗口

按 F2 键可以打开文本窗口,如图 4.35 所示,用于显示 AutoCAD 命令的输入和执行的过程。

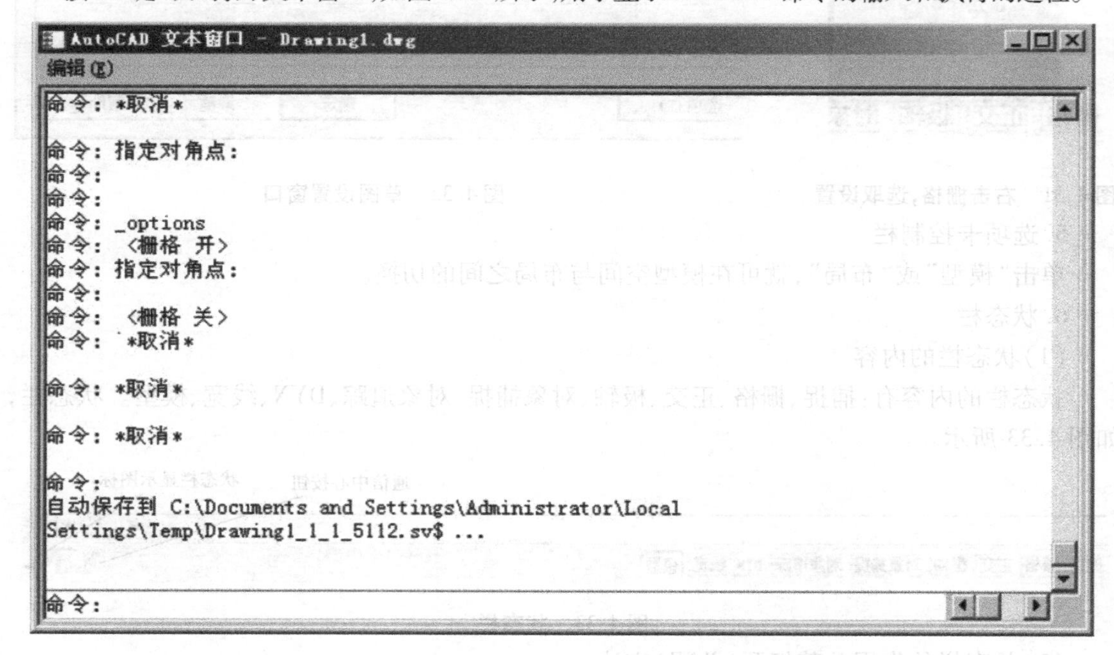

图 4.35　文本窗口

三、AutoCAD2006 中文版的图形文件管理

1. 创建新图形文件

创建新图形文件有三种方法：

方法一：利用“文件”菜单，创建新文件

①单击“文件”、选取“新建”，如图 4.36 所示，单击“新建”，打开“选择样板”对话框，如图 4.37 所示。

②在“选择样板”对话框中，选择一个合适的样板文件，单击 打开(O) 按钮，就可创建一个新的样板图形文件。

③在创建的样板图形文件中，即可绘制图形。

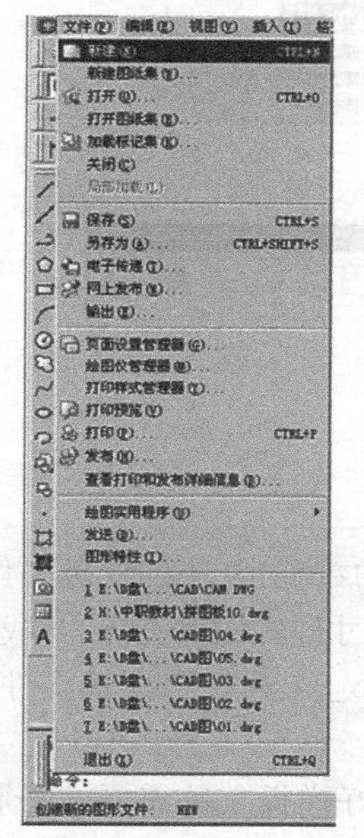

图 4.36 单击“文件”、选取“新建”

图 4.37 “选择样板”对话框

提示：

●AutoCAD 样板的文件格式为：“.dwt”。可在“文件类型”中选取(单击下拉箭头)。

●如果不想使用样板文件，请在“选择样板”对话框中，单击 打开(O) 按钮右侧的下拉箭头 ▾，在弹出的下拉菜单中，选择“无样板打开—英制”或“无样板打开—公制”选项，以打开新的无样板图形文件，如图 4.38 所示。

方法二：利用“标准”工具栏，创建新文件

单击“标准”工具栏中的 按钮(“新建”按钮)，如图 4.39 所示，打开如图 4.37 所示的“选择样板”对话框。

方法三：利用输入命令，创建新文件

在命令行中输入：“NEW”命令，回车。打开如图 4.37 所示的“选择样板”对话框。

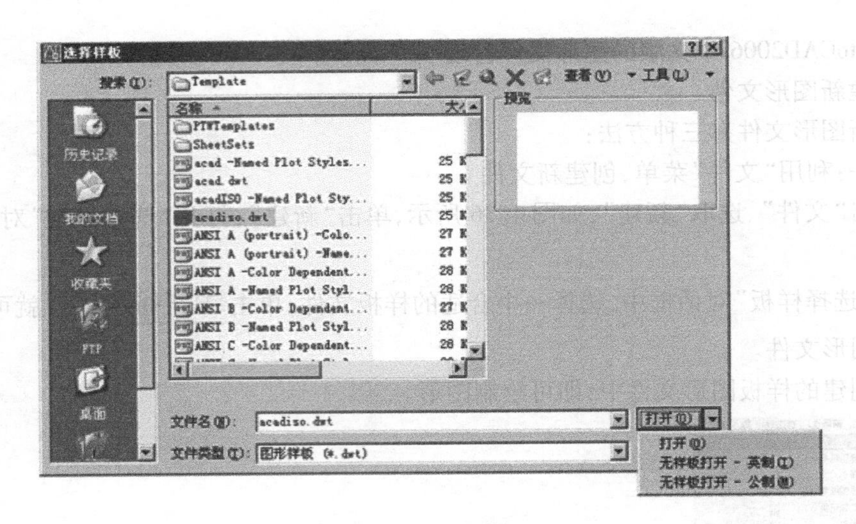

图 4.38　不使用样板文件

图 4.39　“标准”工具栏中的“新建”按钮

提示：

●在 AutoCAD 提供的样板文件中，以 Gb_ax(x 为从零到 4 的数字)开头的样板文件，基本符合我国的制图标准。如他们的图幅、标题栏、文字样式、尺寸样式的设置等，与我国的制图标准，基本一致。其中以 Gb_a0、Gb_a1、Gb_a2、Gb_a3、Gb_a4 开头的样板文件的图幅尺寸，分别与 0 号、1 号、2 号、3 号、4 号图形的图幅相对应。

●用户可以根据需要，创建自己的样板文件。方法为：绘制好样板文件需要的图形，如图幅框、标题栏等，并进行有关设置，如文字样式、尺寸样式的设置等，将该图形以“.dwt”格式，命名保存。

●根据样板文件，创建新图形文件后，AutoCAD 一般要显示布局(样板文件：acad.dwt，acadiso.dwt 除外)。布局主要用于打印图形时，确定图形相对于图纸的位置。用户可单击绘图区下方的模型标签，切换到绘图所需要的模型空间。

2. 打开图形文件

打开图形文件有三种方法：

方法一：利用“文件”菜单，打开文件

①依次单击“文件”、“打开”，打开“选择文件”对话框，如图 4.40 所示。

②在“选择文件”对话框中，选择需要打开的文件，单击 打开(O) 按钮，就可打开该文件。

方法二：利用“标准”工具栏，打开文件

单击“标准”工具栏中的按钮(“打开”按钮)，如图 4.41 所示，打开如图 4.40 所示的“选择文件”对话框。

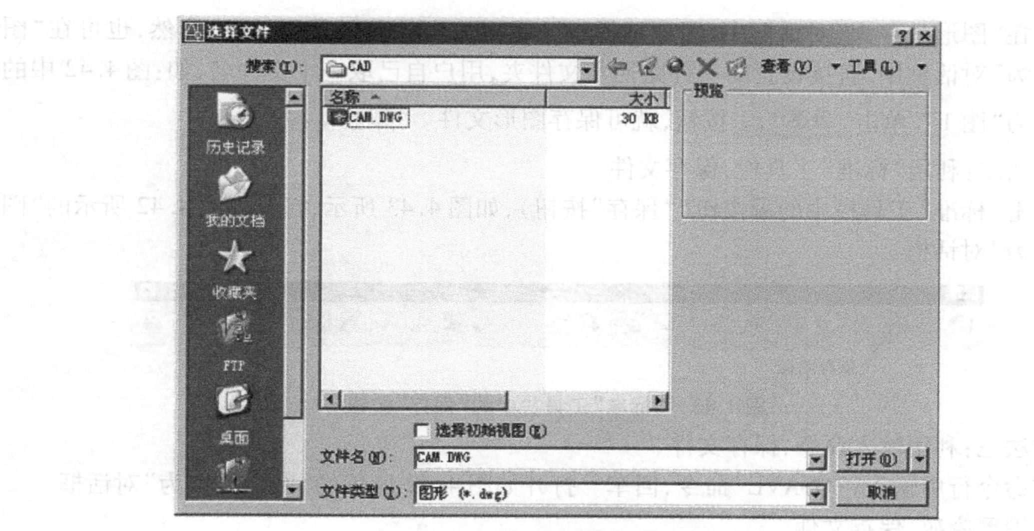

图 4.40 “选择文件”对话框

方法三：利用输入命令，打开文件

在命令行中输入：“OPEN”命令，回车。打开如图 4.40 所示的“选择文件”对话框。

图 4.41 “标准”工具栏中的“打开”按钮

3. 保存图形文件

保存图形文件有三种方法：

方法一：利用“文件”菜单，保存文件

①依次单击“文件”、“保存”，打开如图 4.42 所示的“图形另存为”对话框。

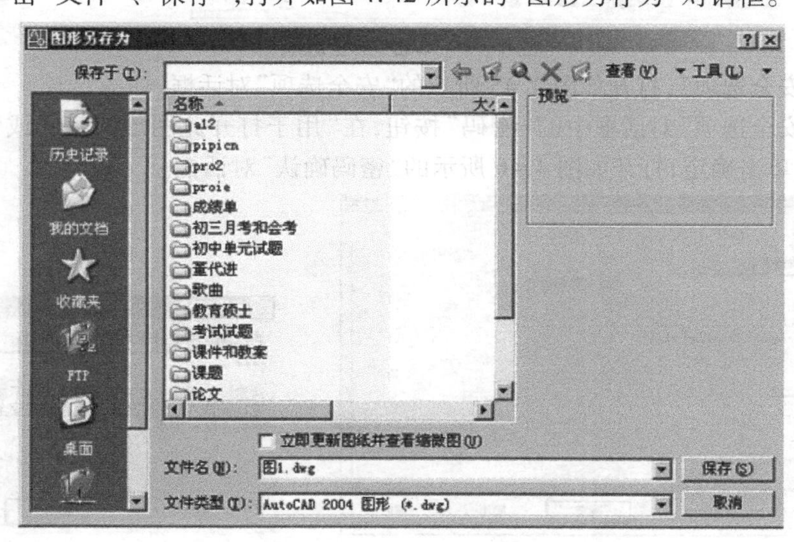

图 4.42 “图形另存为”对话框

②在“图形另存为”对话框中,用户选择自己设置的文件路径及文件夹,当然,也可在“图形另存为”对话框中,直接设置的文件路径及文件夹,用户自己取一个文件名,如:图4.42中的文件名为“图1”,单击 保存(S) 按钮,就可保存图形文件。

方法二:利用“标准”工具栏,保存文件

单击“标准”工具栏中的按钮(“保存”按钮),如图4.43所示,打开如图4.42所示的“图形另存为”对话框。

图4.43 “标准”工具栏中的“保存”按钮

方法三:利用输入命令,保存文件

在命令行中输入:“QSAVE”命令,回车。打开如图4.42所示的“图形另存为”对话框。

4. 设置密码,保存文件

①在“图形另存为”对话框中,单击右上方的“工具”按钮,如图4.44所示。

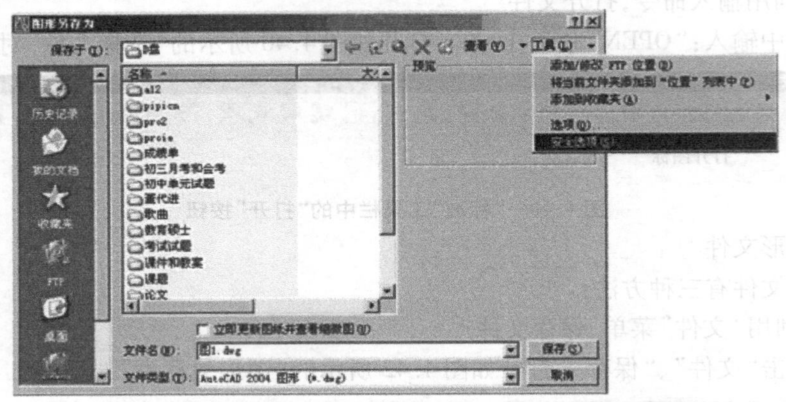

图4.44 单击“安全选项”

②单击“安全选项”,打开如图4.45所示的“安全选项”对话框。

③单击“安全选项”对话框中的“密码”按钮,在“用于打开此图形的密码或短语”文本框中输入密码。单击确定,打开如图4.46所示的“密码确认”对话框。

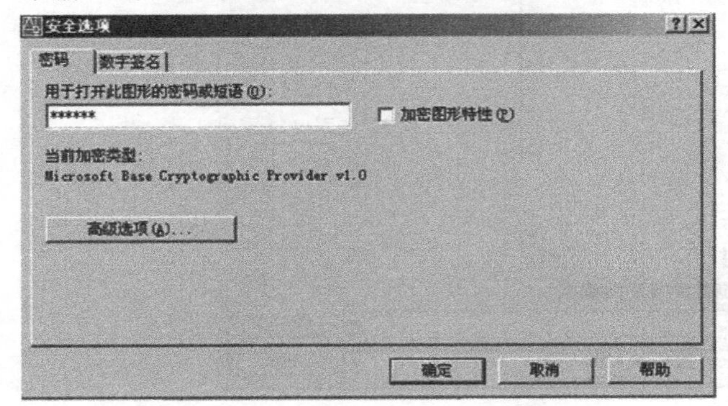

图4.45 “安全选项”对话框

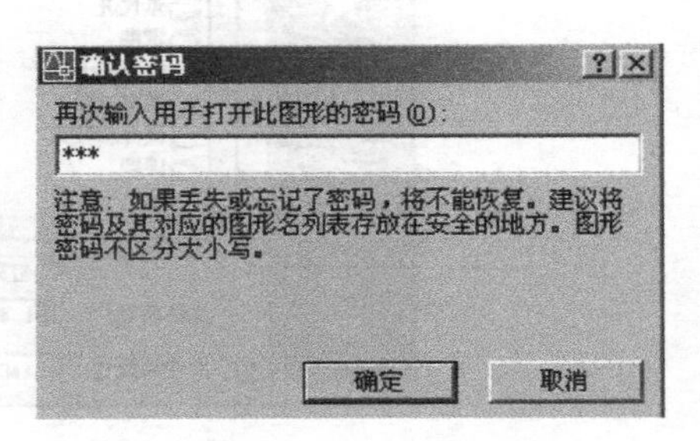

图4.46 “密码确认”对话框

④在“密码确认”对话框中，输入刚设置的密码，单击“确定”按钮。

⑤单击“保存”按钮。完成设置密码的形式，保存文件。

⑥在打开设置密码的文件时，系统会弹出一个对话框，要求用户输入密码。如果用户输入的密码正确，就能打开该文件；否则，就不能打开该文件。

提示：

●如果保存的文件已命名或直接以原文件名保存，则直接单击“保存”，不会出现“图形另存为”对话框。

●在绘制图形过程中，要养成随时存盘的习惯，以防绘制图形的丢失。

●如果要把当前的文件另存为，请依次单击“文件”、“另存为”，打开如图 4.42 所示的“图形另存为”对话框。以后操作与保存文件相同。此外，利用“数字签名”选项卡，还可设置数字签名。

●CAD 命令，都可采用在命令行中，输入 CAD 命令对应的英文单词的形式来操作，本书以后的内容，一般不讲这种方式。如果用户有一定的英语基础，可自己练习这种方式。

●CAD 命令，都有快捷工具栏的快捷按钮，用户可自己练习这种方式，本书以后的内容，一般不讲这种方式。

5. 关闭图形文件

(1)利用“文件”菜单，关闭文件

依次单击“文件”、“关闭”。

①如果当前文件已存盘，则直接关闭当前文件。

②如果当前文件未存盘，则打开如图 4.47 所示的对话框。

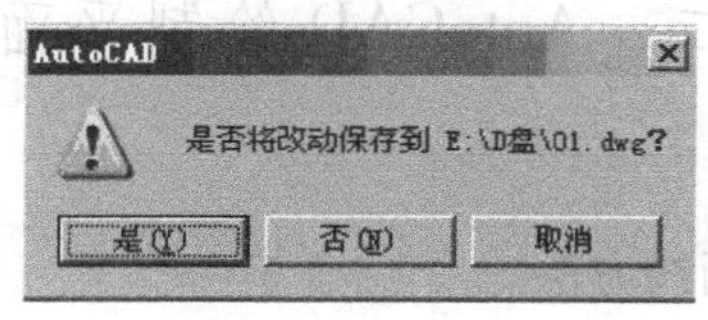

图 4.47 存盘提示

当前文件，如果需要存盘后，再关闭，请单击 是(Y) 按钮，或回车。

如果不需要存盘，就关闭，请单击 否(N) 按钮，或按“N”键。

如果想取消关闭操作，请单击 取消 按钮。

③如果当前文件未命名，当单击 是(Y) 按钮，或回车时，会打开如图 4.42 所示的“图形另存为”对话框，用户可设置文件路径、文件夹、文件名等，存盘后，再关闭。

(2)利用当前文件右上角的 × 按钮，关闭文件

单击当前文件右上角的 × 按钮，其他情况，按“利用“文件”菜单，“关闭文件”相对应的方式处理。

学习评估

现在已经完成了这一课题的学习,希望你能对所参与的活动提出意见。

请在相应的栏目内“√”	非常同意	同意	没有意见	不同意	非常不同意
1. 该课题的内容适合我的需求?					
2. 我能根据课题的目标自主学习?					
3. 上课投入,情绪饱满,能主动参与讨论、探索、思考和操作?					
4. 教师进行了有效指导?					
5. 我对自身的能力和价值有了新的认识,我似乎比以前更有自信心了?					
你对改善本项目后面课题的教学有什么建议?					

巩固与练习

1. 启动 AutoCAD 分别打开 11 个主菜单,看看它们的内容。
2. 任意绘制一图形,用不同方法保存、关闭和打开该图形文件。

课题二 AutoCAD 绘制平面图形

知识目标

1. 掌握输入点的直角坐标画线方法。
2. 掌握输入点的极坐标画线方法。
3. 掌握正交功能画线的方法。
4. 掌握使用捕捉功能画线的方法。

技能目标

能够绘制简单平面图形。

实例引入

你能利用 AutoCAD 绘制如图 4.48 所示的平面图吗?

课题完成过程

一、输入点的直角坐标画线

1. 新建图形文件

依次单击“文件”、“新建”,在“选择样板”对话框中,选择“acadISO-Named Plot Styles.dwt”,单击 打开(O) 按钮,创建了一个新的样板图形文件。

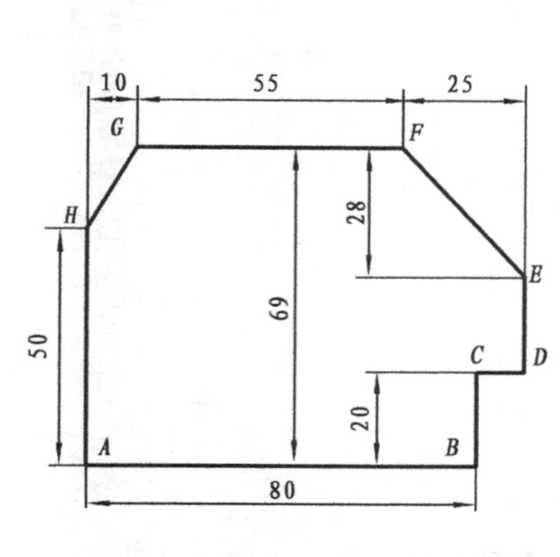

图 4.48 【实例 1】

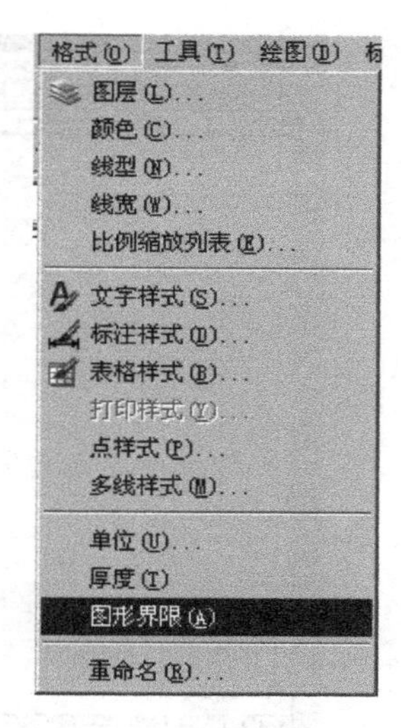

图 4.49 选取“图形界限”

2. 设置图形界限

图 4.48 的平面图长是 100，宽是 69，所以，本图的图形界限可设为“130，100”。设置图形界限的步骤为：

(1) 选画图的纸

①单击“格式”，选取“图形界限”，如图 4.49 所示。单击“图形界限”，如图 4.50 所示。

图 4.50 单击“图形界限”

②指定左下角点，输入左下角点的坐标：0.0000，0.0000，或不输入。如果左下角点的坐标是“0.0000，0.0000”，一般不输入，当然，用户可自行设置左下角点的坐标，回车，如图 4.51 所示。

图 4.51 输入左下角点的坐标后回车

③指定右上角点，输入右上角的坐标：130，100，如图 4.52 所示，回车。

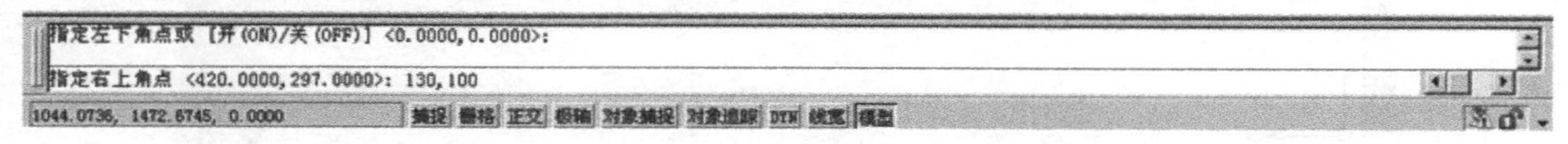

图 4.52 输入坐标：130，100

④单击“栅格”，则屏幕左下角出现黑点(栅格)，如图 4.53 所示；如果屏幕上有黑点，该步骤可不要。

(2) 把选用的纸放在屏幕正中

单击“视图”，选取“缩放”，单击“全部”，如图 4.54 所示，完成图形界限的设置。

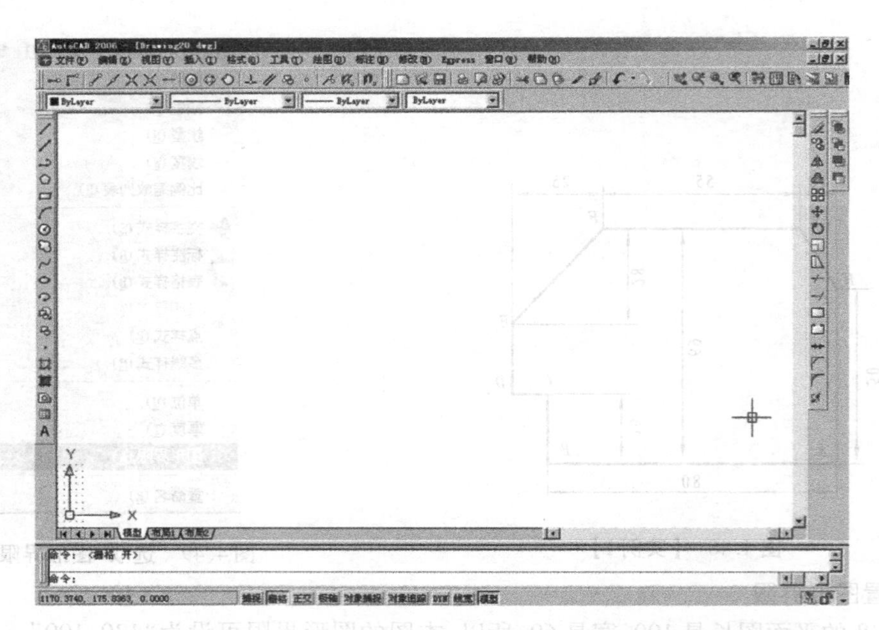

图 4.53　输入坐标:130,100 后,回车,单击“栅格”(注意图上的黑点在左下角)

提示:

●设置图形界限是请您选一张合适的纸绘制该图,然后把选用的纸放在屏幕正中。
●CAD 操作,一定要看命令行,并按命令行的提示操作。

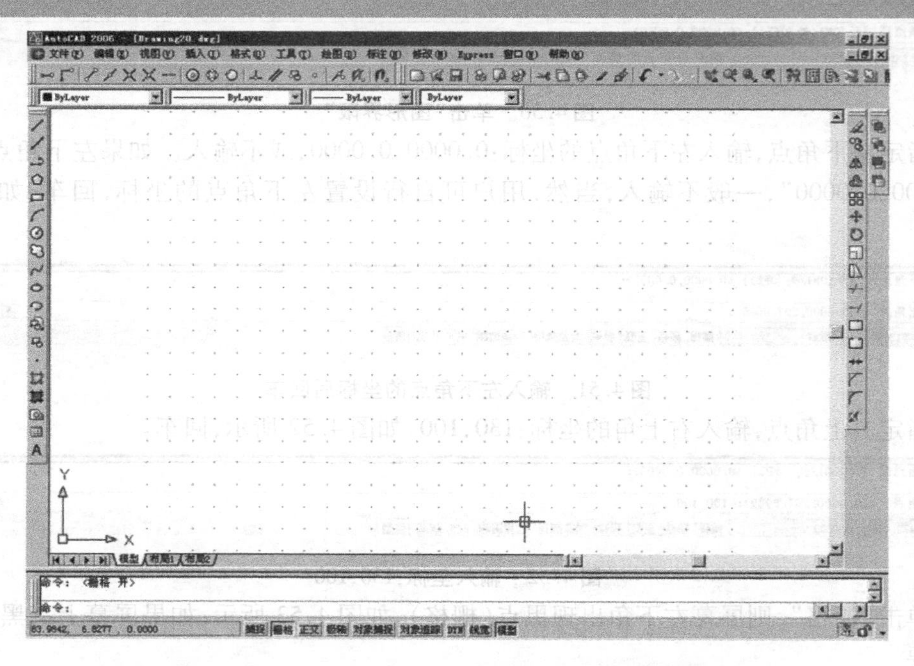

图 4.54　单击“视图”,选取“缩放”,单击“全部”(注意图上的黑点)

3. 画图

本图从左边的 A 点开始,顺时针画出图形 $ABCDEFGH$,或逆时针画出图形 $ABCDEFGH$。

其步骤为：

(1)逆时针画 *ABCDEFGH*

①依次单击“绘图”选取“直线”，如图 4.55 所示。

②在栅格内左下角部位某处，点一点，确定了点 *A*，如图 4.56 所示。

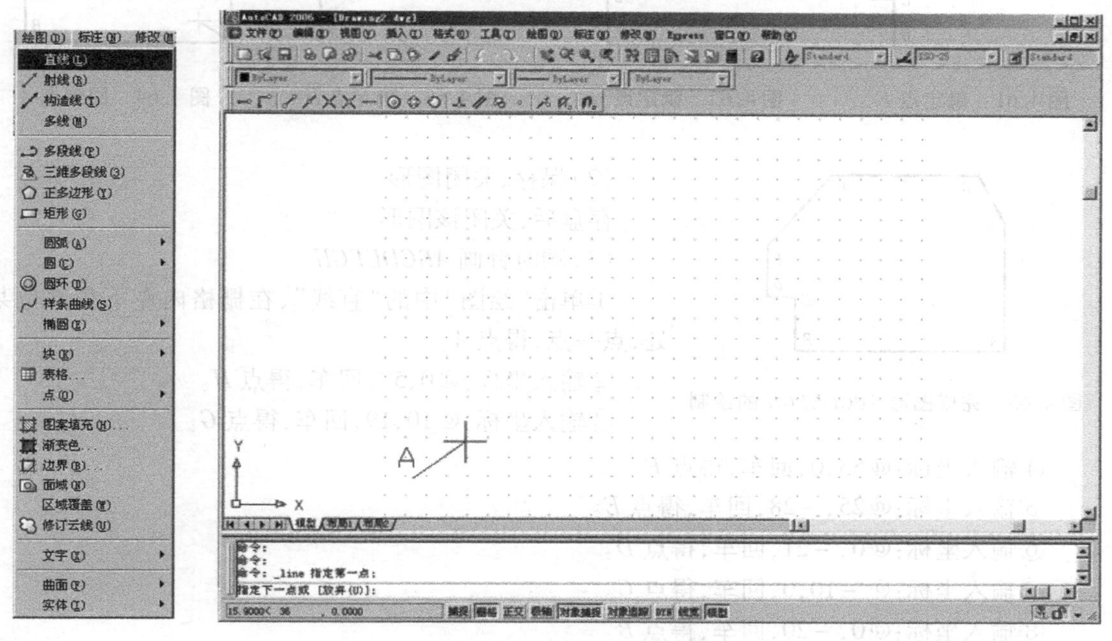

图 4.55　单击“绘图”选取“直线”　　图 4.56　栅格内左下角部位某处，点一点，确定点 *A*

③输入坐标：@ 80,0，回车，确定点 *B*，如图 4.57 所示。

④输入坐标：@ 0,20，回车，确定点 *C*，如图 4.58 所示。

⑤输入坐标：@ 10,0，回车，确定点 *D*，如图 4.59 所示。

⑥输入坐标：@ 0,21，回车，确定点 *E*，如图 4.60 所示。

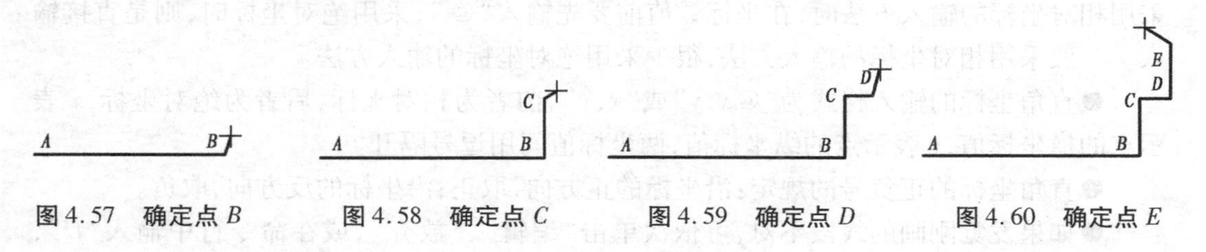

图 4.57　确定点 *B*　　图 4.58　确定点 *C*　　图 4.59　确定点 *D*　　图 4.60　确定点 *E*

⑦输入坐标：@ −25,28，回车，确定点 *F*，如图 4.61 所示。

⑧输入坐标：@ −55,0，回车，确定点 *G*，如图 4.62 所示。

⑨输入坐标：@ −10，−19，回车，确定点 *H*，如图 4.63 所示。

⑩输入坐标：@ 0，−50，回车，回到点 *A*，如图 4.64 所示，回车，如图 4.65 所示，完成图形 *ABCDEFGH* 的绘制。

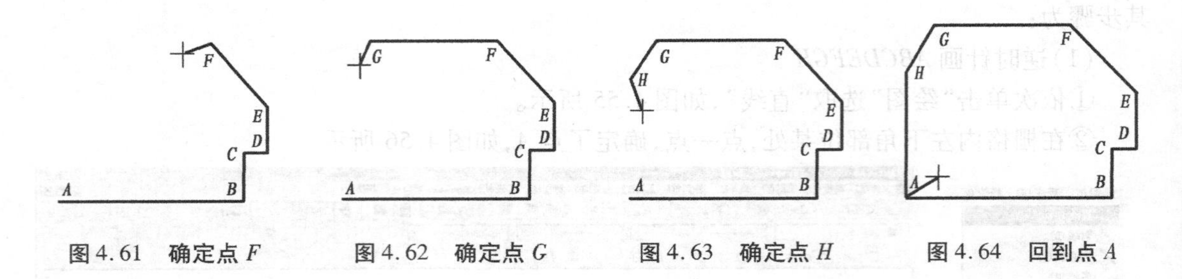

图 4.61　确定点 F　　图 4.62　确定点 G　　图 4.63　确定点 H　　图 4.64　回到点 A

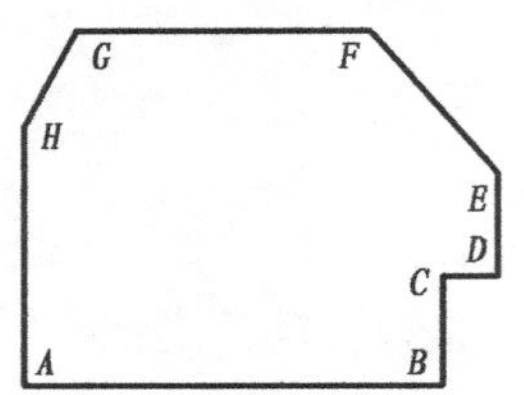

图 4.65　完成图形 $ABCDEFGH$ 的绘制

(2)保存、关闭图形

存盘后,关闭该图形。

(3)顺时针画 $ABCDEFGH$

①单击“绘图“中的“直线”,在栅格内左下角部位某处,点一点,得点 A。

②输入坐标:@0,50,回车,得点 H。

③输入坐标:@10,19,回车,得点 G。

④输入坐标:@55,0,回车,得点 F。

⑤输入坐标:@25,-28,回车,得点 E。

⑥输入坐标:@0,-21,回车,得点 D。

⑦输入坐标:@ -10,0,回车,得点 C。

⑧输入坐标:@0,-20,回车,得点 B。

⑨输入坐标:@-80,0,回车,回到点 A,回车,完成图形 $ABCDEFGH$ 的绘制。

提示:

●直角坐标的输入方式有两种:绝对坐标和相对坐标,绝对坐标是输入点到屏幕上坐标原点的位置;相对坐标是画后一点时,以前一点为坐标原点,如【实例 1】中,画点 B 时,以点 A 为坐标原点;画点 C 时,以点 B 为坐标原点;画点 D 时,以点 C 为坐标原点,等等。采用相对坐标的输入方法时,在坐标数值前要先输入“@”;采用绝对坐标时,则是直接输入。一般采用相对坐标的输入方法,很少采用绝对坐标的输入方法。

●直角坐标的输入格式为“@x,y”或“x,y”,前者为相对坐标,后者为绝对坐标,x 表示点的横坐标值,y 表示点的纵坐标值,两坐标值间用逗号隔开。

●直角坐标的正负号的规定:沿坐标的正方向,取正;沿坐标的反方向,取负。

●如果发觉刚画的线段不对,可依次单击“编辑”、“放弃”,或在命令行中输入“U”,回车,就可取消上次画的线段。

●输入坐标时,一定要在“中文(中国)”状态下操作,如图 4.66 所示。

二、输入点的极坐标画线

利用输入点的极坐标,绘制如图 4.67 的平面图。

在绘制线段 EF,GH 时,采用极坐标输入法,其他线段的绘制方法与【实例 1】一样。绘制过程如下:

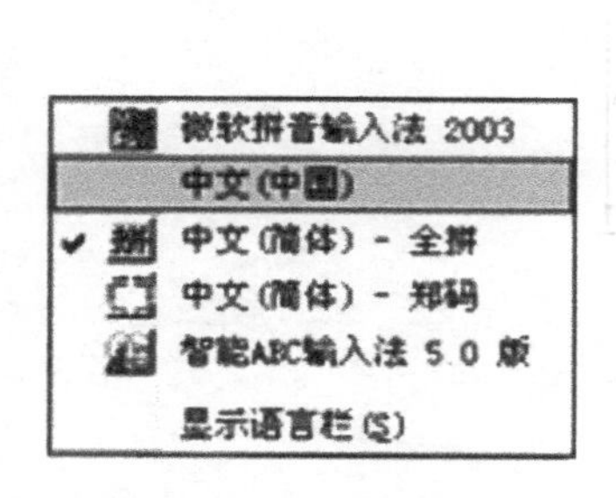

图 4.66 在“中文(中国)”状态,输入坐标

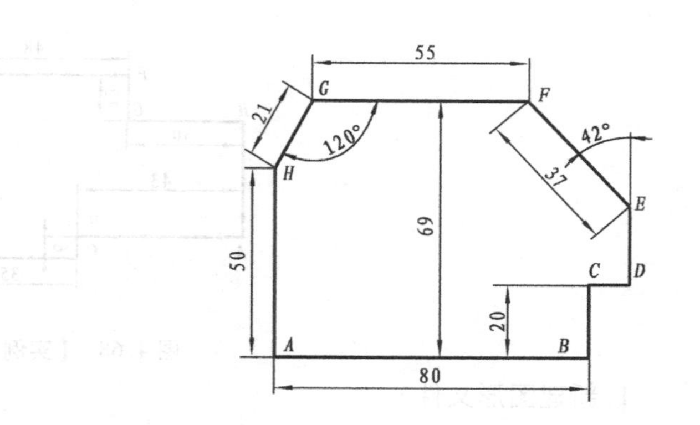

图 4.67 【实例 2】

1. 新建图形文件

2. 设置图形界限

3. 画图

(1)绘制从点 A 到点 E 的图形

从点 A 到点 E 的绘制方法,同【实例 1】

(2)绘制从点 E 到点 H 的图形

①输入相对极坐标:@ 37 <132,回车,得点 F;

②输入相对直角坐标:@ −55,0,回车,得点 G;

③输入相对极坐标:@ 21 < −120,回车,得点 H。

(3)绘制从点 H 到点 A 的图形

从点 H 到点 B 的绘制方法,同【实例 1】

4. 保存、关闭图形

提示:

●极坐标的输入方式有两种:绝对极坐标和相对极坐标。绝对极坐标是点到屏幕上坐标原点的位置;相对极坐标是画后一点时,以前一点为坐标原点。采用相对极坐标的输入方法时,在坐标数值前要先输入“@”;采用绝对极坐标时,则是直接输入。极坐标的输入方式,一般采用相对极坐标的输入方法,很少采用绝对极坐标的输入方法。

●极坐标的输入格式为“@ $R<\alpha$”或“$R<\alpha$”,俗称长度小于角度,前者为相对极坐标,后者为绝对极坐标。这里,我们只讲相对极坐标,α 表示所画线段与过线段起始点水平线的夹角(横线的正方向与 X 轴正方向相同)。我们通常称“起始点水平线”为起始边,所画“线段”为终边,α 就是起始边与终边的夹角。

●极坐标角度正负号的规定:起始边到终边,如为逆时针,取正,如【实例 2】中线段 EF 的角度取正,当然,也可取 −228;起始边到终边,如为顺时针,取负,如【实例 2】中线段 GH 的角度取负,当然,也可取 240。

三、使用正交功能画线

利用正交功能绘制如图 4.68 所示的平面图。

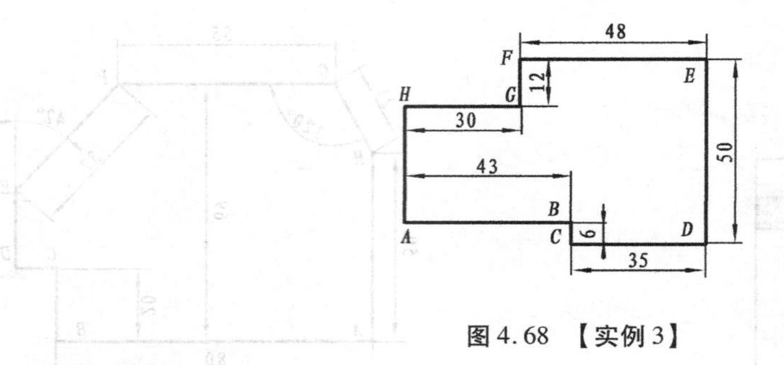

图 4.68 【实例 3】

1. 新建图形文件

2. 设置图形界限

本图的长为 78,宽 44,图形界限可设为:120,80。

3. 画图

单击“正交”,打开“正交”功能,从 *A* 点开始,逆时针或顺时针绘制该图形。

(1)逆时针绘制图形

①依次单击“绘图”、“直线”,栅格内左下角某处,点一点,得点 *A*。

②向右移动光标,输入线段 *AB* 的长度:44,回车,得点 *B*,如图 4.69 所示。

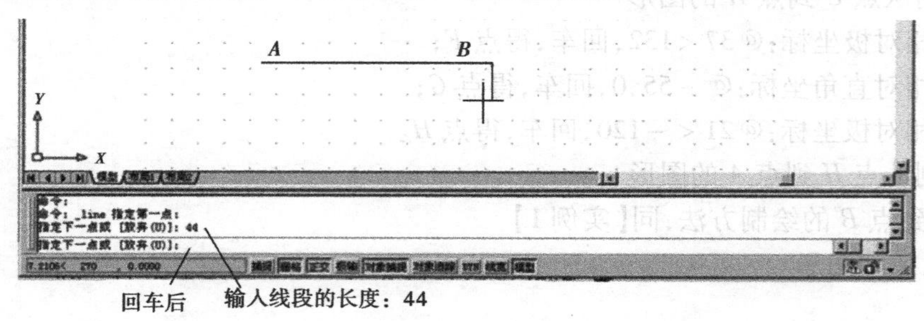

图 4.69 线段 *AB* 的绘制

③向下移动光标,输入线段 *BC* 的长度:6,回车,得点 *C*。

④向右移动光标,输入线段 *CD* 的长度:35,回车,得点 *D*。

⑤向上移动光标,输入线段 *DE* 的长度:44,回车,得点 *E*。

⑥向左移动光标,输入线段 *EF* 的长度:48,回车,得点 *F*。

⑦向下移动光标,输入线段 *FG* 的长度:12,回车,得点 *G*。

⑧向左移动光标,输入线段 *GH* 的长度:30,回车,得点 *H*。

⑨向下移动光标,输入线段 *HA* 的长度:16,回车,回到 *A* 点,回车。完成该图形的绘制,如图 4.70 所示。

(2)保存、关闭图形

保存后,关闭该图形。

(3)顺时针绘制图形

学生可自行绘制。

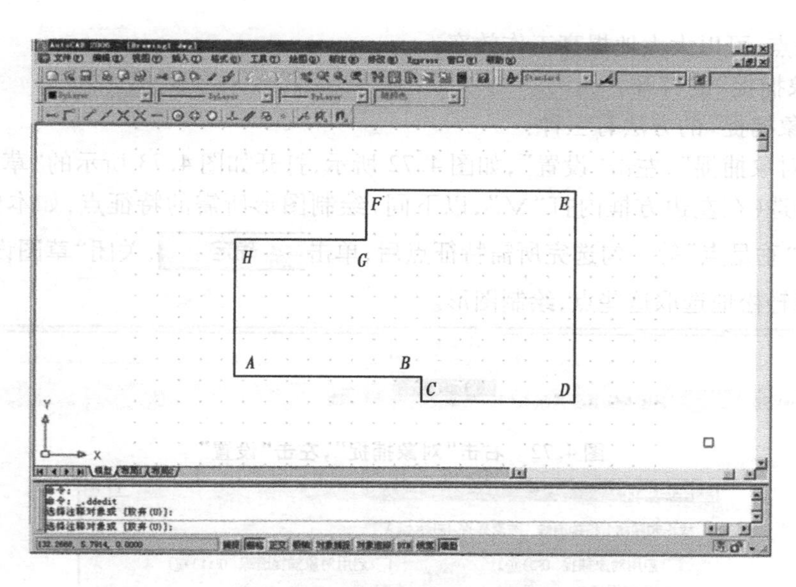

图 4.70　绘制图形 *ABCDEFGH*

提示：

●打开“正交”功能：单击“正交”，看命令行，如为“正交开”，则“正交”为开状态；如为“正交关”，则“正交”为关状态，需要再单击一下“正交”，正交就打开了。

●画水平线或垂直线时，一般要开“正交”；画斜线时，一般要关“正交”。

●再次强调，CAD 操作一定要看命令行。输入数据时，一定要在“中文（中国）”状态下操作。

四、使用捕捉功能画线

绘制如图 4.71 所示的平面图。图中，*D* 点为线段 23 的中点，*B* 点为线段 45 的中点，*BC* 垂直于线段 16，点 *A* 为线段 16 上的任意点，点 *E* 为线段 34 上的任意点。

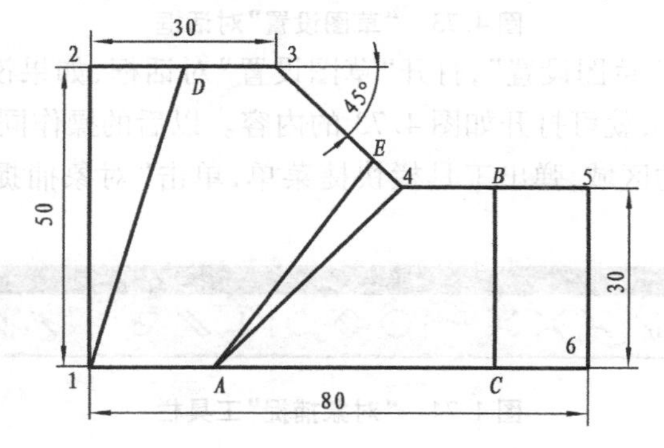

图 4.71　【实例 4】

1. 对象捕捉

(1)“对象捕捉”的解释

显示并捕捉已有图形的许多特征点：交点、端点、切点、垂足点、最近点等。绘图时，轻松地选取这些特征点,可以大大地提高工作效率。

(2)"对象捕捉"的打开

打开"对象捕捉"的方法有三种:

①右击"对象捕捉",左击"设置",如图 4.72 所示,打开如图 4.73 所示的"草图设置"对话框。用户可勾选(在左边方框内打"√",以下同)绘制图形所需的特征点,如本例需勾选"中点"、"交点"、"垂足点"等。勾选完所需特征点后,单击 确定 ,关闭"草图设置"对话框,用户就可以很轻松地选取这些点,绘制图形。

图 4.72 右击"对象捕捉",左击"设置"

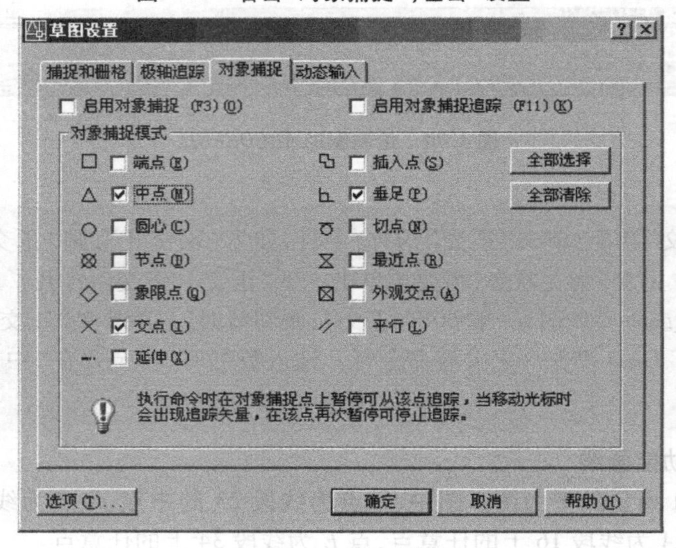

图 4.73 "草图设置"对话框

②依次单击"工具"、"草图设置",打开"草图设置"对话框,如果没有打开如图 4.73 所示的内容,请单击 对象捕捉 ,就可打开如图 4.73 的内容。以后的操作同上。

③右击任何工具栏的区域,弹出工具栏快捷菜单,单击"对象捕捉",打开如图 4.74 所示的"对象捕捉"工具栏。

图 4.74 "对象捕捉"工具栏

提示:

●"捕捉自"(⊷)工具,不是对象捕捉模式,但它经常与对象捕捉一起使用。在使用相对坐标指定下一个应用点时,"捕捉自"工具可以提示用户输入基点,并将该点作为临时参考点,采用相对坐标的输入方式输入坐标。

●“捕捉到外观交点”( )工具,指空间交点。而“捕捉到交点”( )工具,则必须是两条线相交。

●“草图设置”对话框的“对象捕捉”选项卡,设置的对象模式始终为运行状态,这种方式叫运行捕捉模式,直到关闭“对象捕捉”为止。

●打开或关闭运行捕捉模式,可单击状态栏上的“对象捕捉”按钮。

●勾选的内容不能多了,否则会影响绘制图形。一般方法是勾选绘制当前图形用得较多的特征点,用得较小的特征点,采用“对象捕捉”工具栏的方式选取。

2. 新建图形文件

3. 设置图形界限

本图的长为 80,宽 50,图形界限可设为:120,80。

4. 绘制图形

(1)绘制图形 123456

①单击“正交”,打开“正交”模式,绘制线段 16、线段 65。

②光标左移,当所画线段大于线段 54 的长度时,单击鼠标左键确认,或回车,再回车,如图 4.75 所示。

③打开“对象捕捉”工具栏。利用“对象捕捉”工具栏,捕捉端点。

依次单击“绘图”→“直线”→“对象捕捉”工具栏上的 (捕捉到端点)→选取线段 16 的端点 1(有方框,表示选中),如图 4.76 所示。

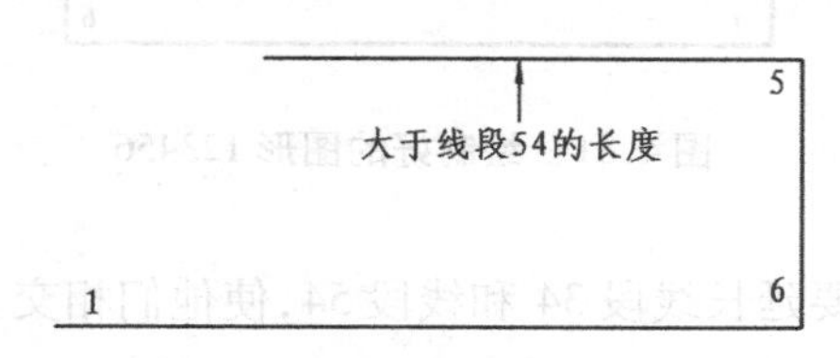

图 4.75 绘制线段 16、线段 65 及线段 54

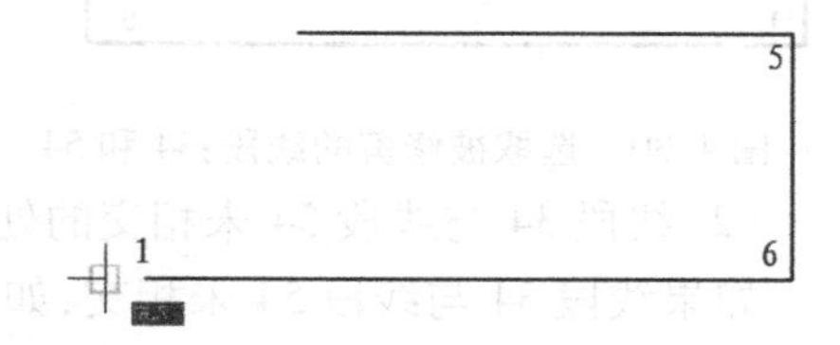

图 4.76 捕捉线段 16 的端点 1

④单击左键,光标上移,根据前面的知识,绘制线段 12,23,如图 4.77 所示。

⑤绘制线段 34。关闭“正交”模式,利用相对极坐标的方式,绘制线段 34,任取一个大于线段 34 的长度作为极坐标长度,如图 4.78 所示。

⑥运用“修剪”命令,剪掉不要的线段。方法如下:

单击“修改”→选取“修剪”(如图 4.79 所示)→单击“修剪”→单击欲修剪的线段→选取完毕,回车(如图 4.80 所示)→单击线段欲修剪的部分→单击完毕后,回车(如图 4.81 所示)。

提示:

●被选取的线段或图形,如变为虚线,表示选中,否则,未选中。以下同。

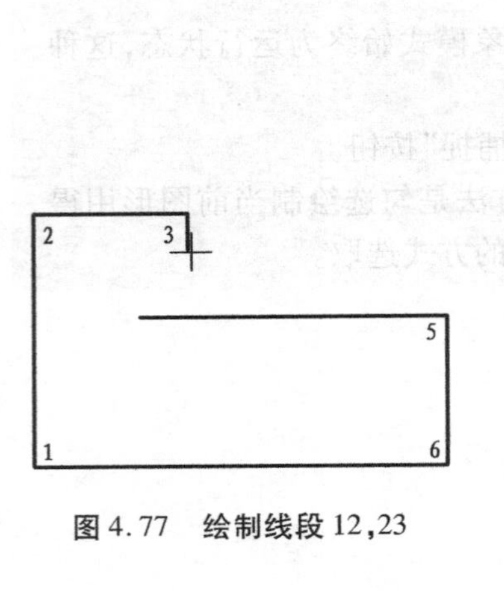

图 4.77　绘制线段 12,23

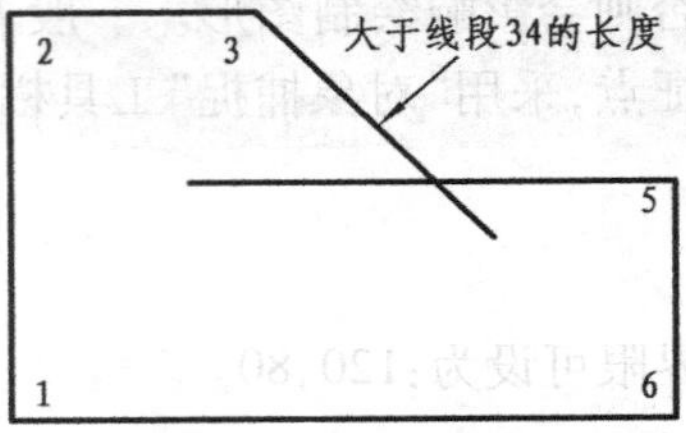

图 4.78　绘制线段 34

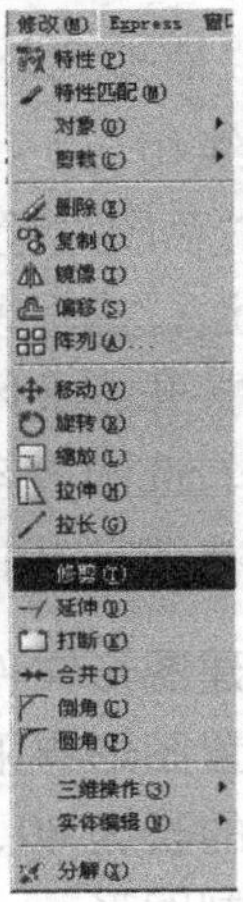

图 4.79　选取“修剪”

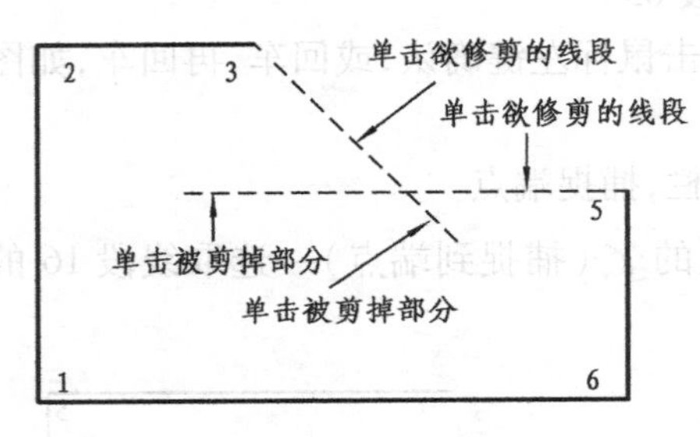

图 4.80　选取被修剪的线段:34 和 54

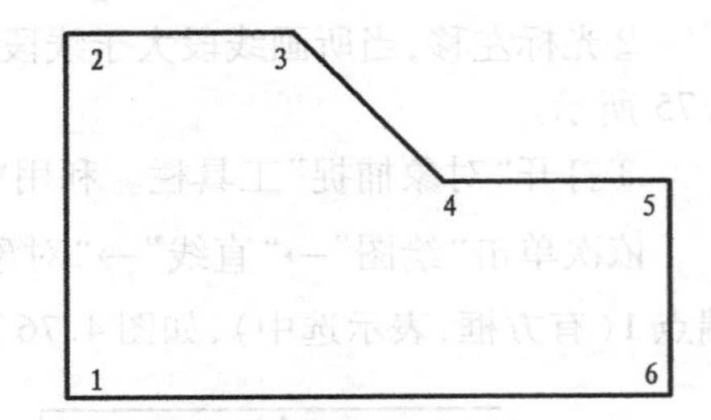

图 4.81　绘制好的图形 123456

(2)线段 34 与线段 54 未相交的处理方法

如果线段 34 与线段 54 未相交,如图 4.82 所示,即要延长线段 34 和线段 54,使他们相交。其处理方法为:

①向左延长线段 54。

关闭“对象捕捉”和“对象追踪”→选取线段 54,单击线段 54 左边的小方框(如图 4.83 所示)→光标向左移动到能与线段 34 的延长线相交的位置→单击左键,回车或按“Esc”键(如图 4.84 所示)。

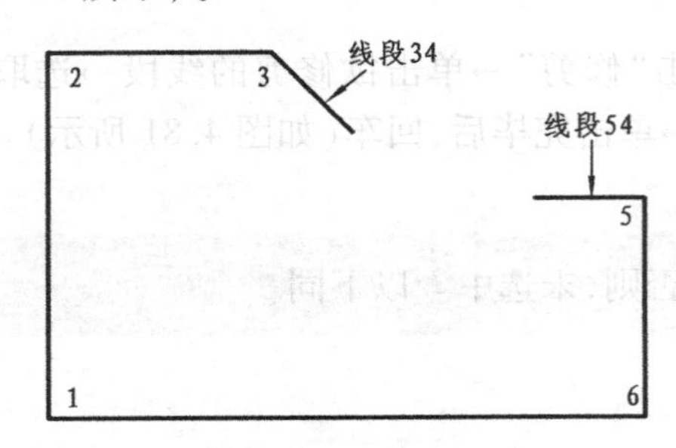

图 4.82　线段 34 与段 54 未相交

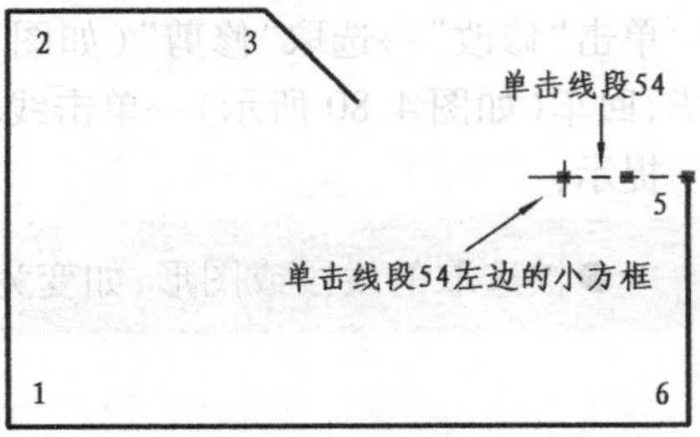

图 4.83　单击线段 54,再单击其左边的小方框

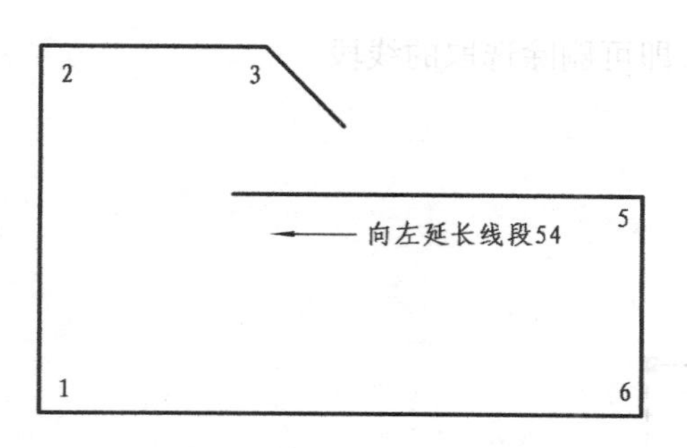

图 4.84 向左延长线段 54

提示：

●向哪个方向延长，就选取哪边的小方框。如果小方框被选中，方框颜色要变红；否则，就未选中。

●向线段内移动光标，就为缩短。

●发出某个命令后，可随时按“Esc”键，终止该命令，取消该操作，AutoACD 返回到命令行。

②延长线段 34。

关闭“正交”（因线段 34 是斜线）→单击线段 34→单击线段 34 右下方的小方框（如图4.85 所示）→沿线段 34 右下方的延长线方向，移动光标，直至能与线段 45 相交，单击左键（如图 4.86所示）→回车或按“Esc”按钮。得到如图 4.78 所示的形式。

提示：

●一定要在 34 延长线的方向，移动光标。

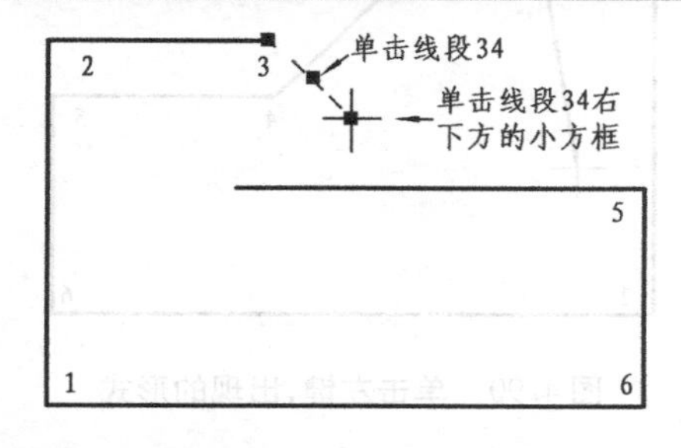

图 4.85 选取线段 34 及其右下方的小方框

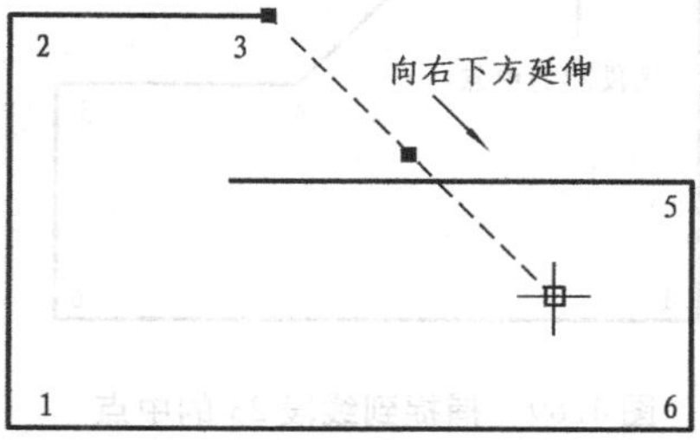

图 4.86 向右下方延伸到合适位置，单击左键

③运用“修剪”命令，修剪线段不要的部分。

(3)删除线段的处理方法

删除线段，常用的处理方法有两种：

①利用“修改”菜单中的“删除”命令。其方法为：

依次单击“修改”→“删除”→选取要删除的线段→回车。即可删除不要的线段。

②利用快捷菜单中的“删除”命令。其方法为：

单击需要删除的线段或几何图形（如图 4.87 所示）→单击右键出现一个快捷菜单（如图

4.88 所示)→单击“删除”,即可删除选取的线段。

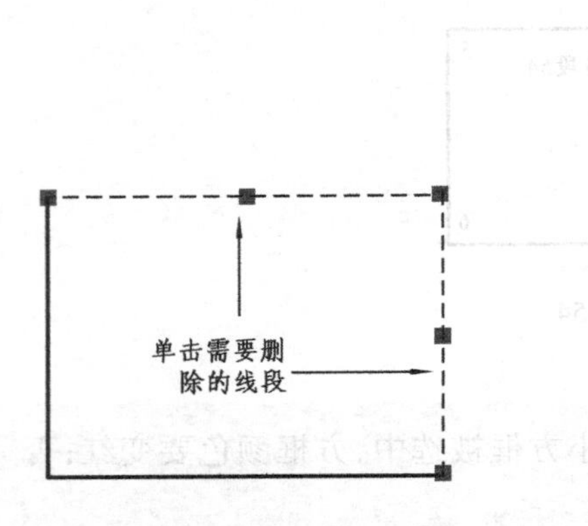

图 4.87　单击需要删除的线段

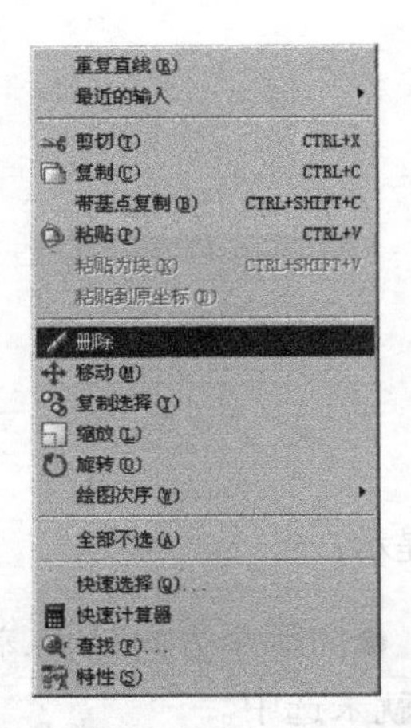

图 4.88　单击右键,出现一个快捷菜单

(4)绘制线段 $D1$,BC,$A4$,EA

①打开“草图设置”对话框,单击“对象捕捉”选项卡,勾选“中点”、“交点”、“垂足点”。关闭“草图设置”对话框。

②单击 对象捕捉 、对象追踪 ,打开“对象捕捉”和“对象追踪”。

③绘制线段 $D1$。其步骤为:

依次单击“绘图”→“直线”→选取线段 23→捕捉到线段 23 的中点(有红色的小三角形,如图 4.89 所示)→单击左键(如图 4.90 所示)捕捉线段 16 和线段 12 的交点 1(如图 4.91 所示)→单击左键→回车(或按“Esc”键),完成线段 D1 的绘制,如图 4.92 所示。

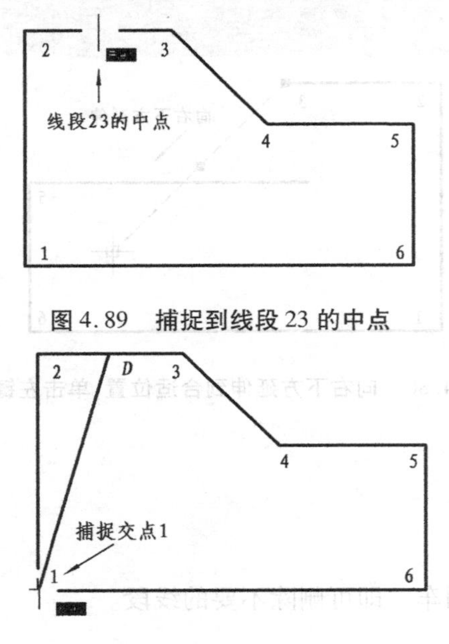

图 4.89　捕捉到线段 23 的中点

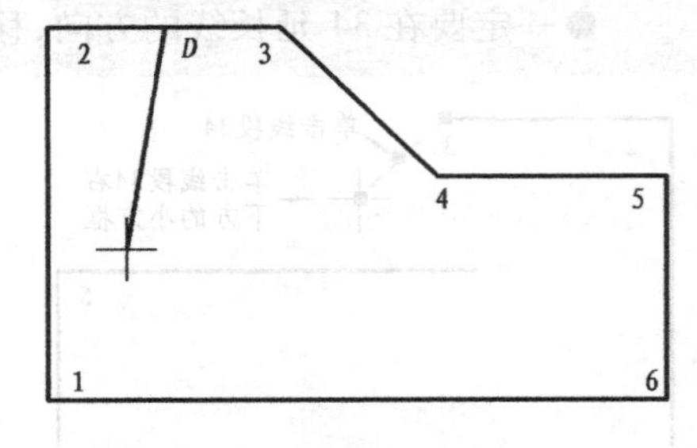

图 4.90　单击左键,出现的形式

图 4.91　捕捉交点 1

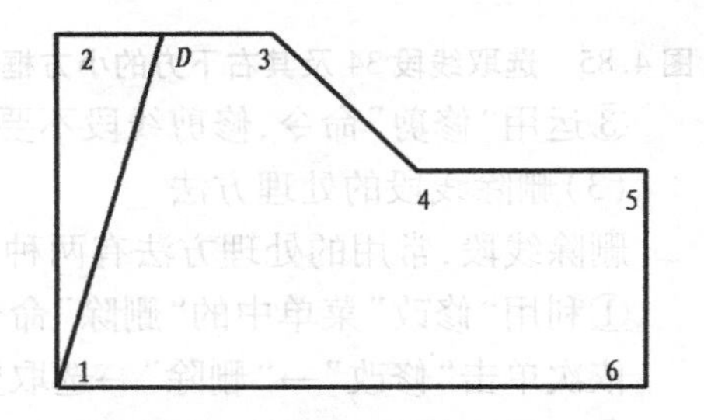

图 4.92　绘制线段 $D1$

④绘制线段 BC。其步骤为：

打开“正交”功能→依次单击“绘图”→“直线”（因紧接前面的直线绘制命令，此步骤可用回车代替）→选取线段 45→捕捉线段 45 的中点 B→单击左键（如图 4.93 所示）→向下绘制垂线，捕捉垂足点 C（如图 4.94 所示）→单击左键→回车或按“Esc”键。

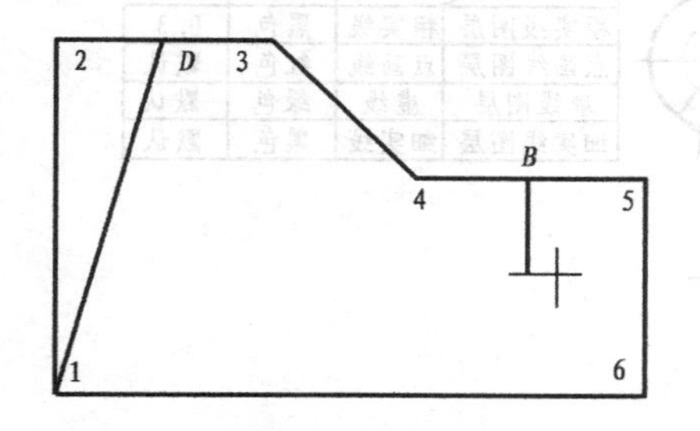

图 4.93　捕捉线段 45 的中点 B，单击左键

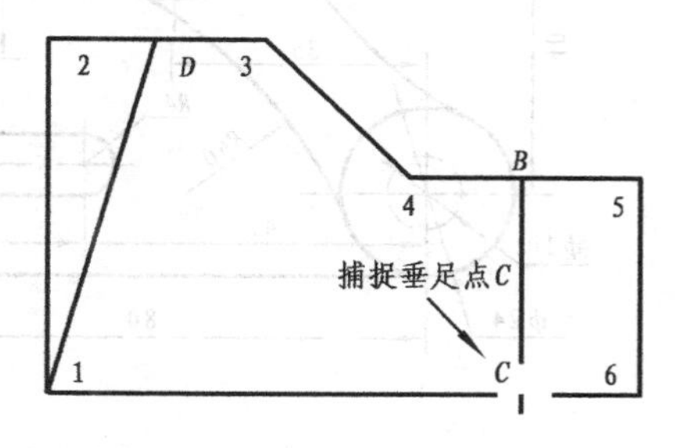

图 4.94　捕捉垂足 C 点

⑤绘制线段 $4A$。其步骤为：

关闭“正交”功能→依次单击“绘图”→“直线”（因紧接前面的直线绘制命令，此步骤可用回车代替）→捕捉交点 4→单击左键→单击（捕捉到最近点）→在线段 16 上任选一点（如图 4.95 所示）→单击左键→回车或按“Esc”键。

⑥绘制线段 AE。其步骤为：

依次单击“绘图”→“直线”（因紧接前面的直线绘制命令，此步骤可用回车代替）→捕捉交点 A，单击左键→单击→在线段 43 上任选一点→单击左键→回车或按“Esc”键。完成图形的绘制，如图 4.96 所示。

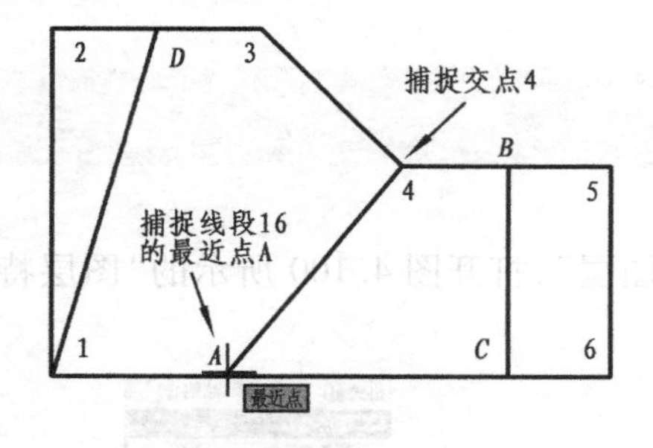

图 4.95　捕捉线段 16 的最近点

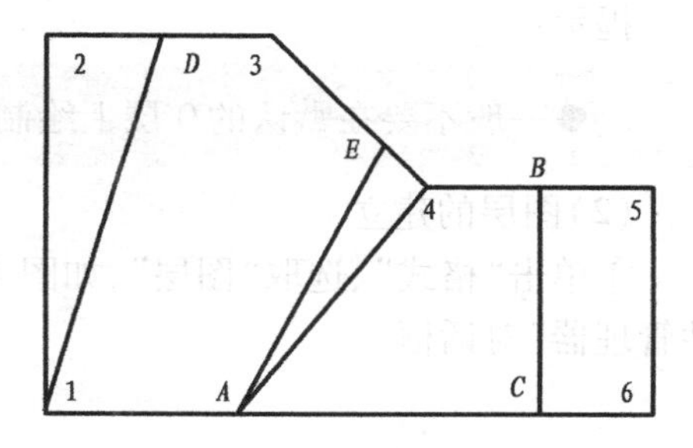

图 4.96　完成图形的绘制

（5）保存、关闭图形

五、绘制简单平面图形的综合实例

绘制如图 4.97 所示的平面图形。

1. 新建图形文件，设置图形界限

2. 设置图层

（1）图层概述

AutoCAD 图层是透明的电子图纸，把各类图形元素画在这些电子图纸上，AutoCAD 将它们叠加在一起显示出来。如图 4.98 所示，挡板绘制在图层 A 上，支架绘制在图层 B 上，螺钉绘

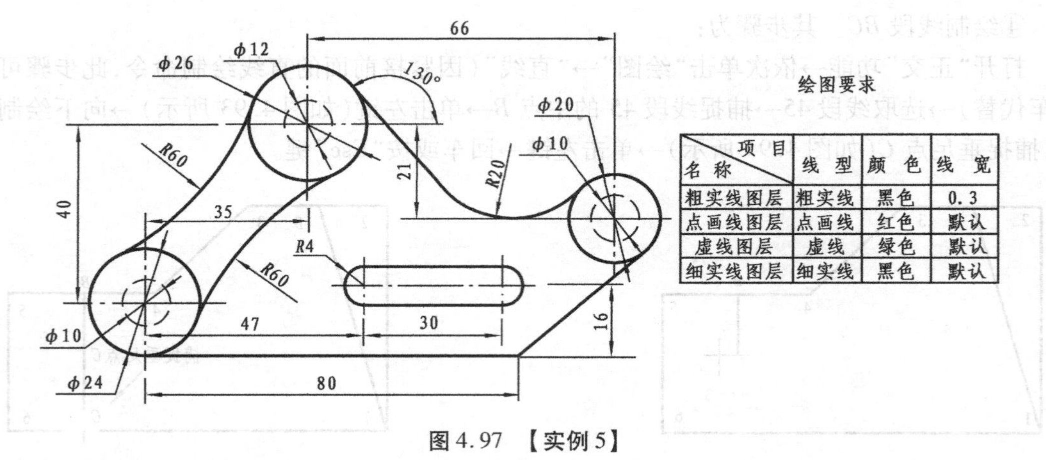

项目 名称	线 型	颜 色	线 宽
粗实线图层	粗实线	黑色	0.3
点画线图层	点画线	红色	默认
虚线图层	虚线	绿色	默认
细实线图层	细实线	黑色	默认

图 4.97 【实例 5】

制在图层 C 上，最终显示结果是各层内容叠加后的效果。

在绘制机械制图时，常把同类性质的图形元素放在同一个图层。用 CAD 绘制机械图样时，一般需建立：粗实层线（轮廓线层）、点画线层（中心线层）、虚线层、细实线层、剖面线层、尺寸标注层、文字说明层等图层。也可把细实线层、剖面线层、尺寸标注层都归为细实线层，因为按《机械制图》的要求，他们的线型都为细实线。

在绘制机械图样时，常以细实线层为当前图层，绘制图形。把图形绘制好以后，再把不同类性质的图形元素放在不同的图层上，以便于观察、编辑、修改和输出等。

图层的主要内容有：线型、颜色、线宽等。

一幅图形，需要建立几个图层，应根据具体的图形而定。绘制【实例 5】的图形时，需要建立 4 个图层：细实线层、粗实线层、点画线层（中心线层）、虚线层。

提示：

●一般不要在默认的 0 层上绘制图形。

（2）图层的建立

①单击“格式”、选取“图层”，如图 4.99 所示，单击“图层”，打开图 4.100 所示的“图层特性管理器”对话框。

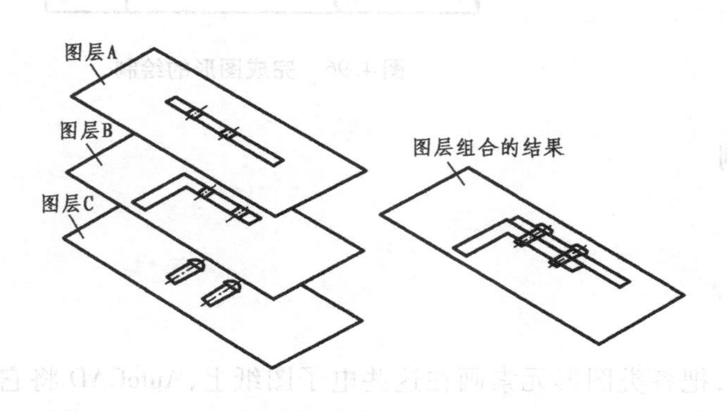

图 4.98 图层

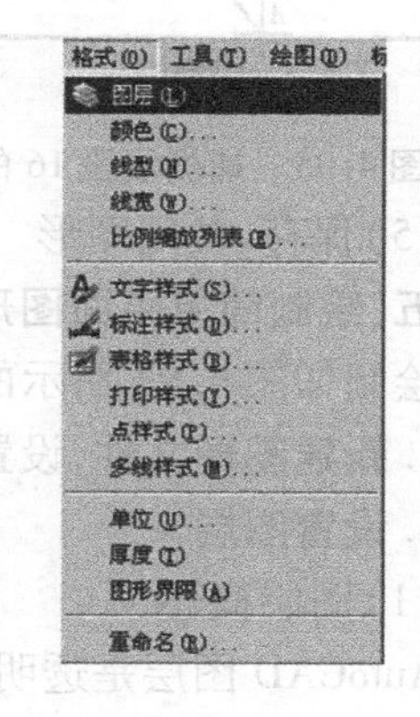

图 4.99 图层的打开方法

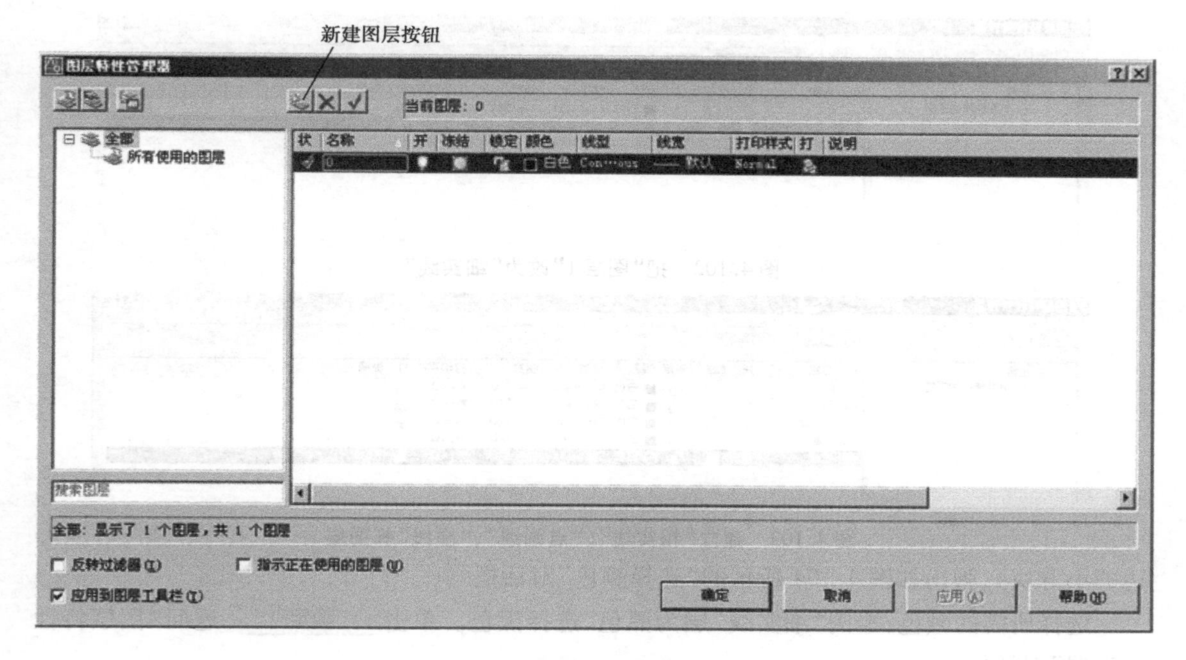

图 4.100 “图层特性管理器”对话框

②单击（“新建图层”按钮），在图层列表中创建一个名称为“图层 1”的新图层（图层 1 被点亮），如图 4.101 所示。可对图层名称进行修改，如把“图层 1”改为“细实线”，如图 4.102 所示。

③按相同的方法，依次建立“图层 2”、“图层 3”、“图层 4”，并把名称依次改为“粗实线”、“点画线”、“虚线”，如图 4.103 所示。

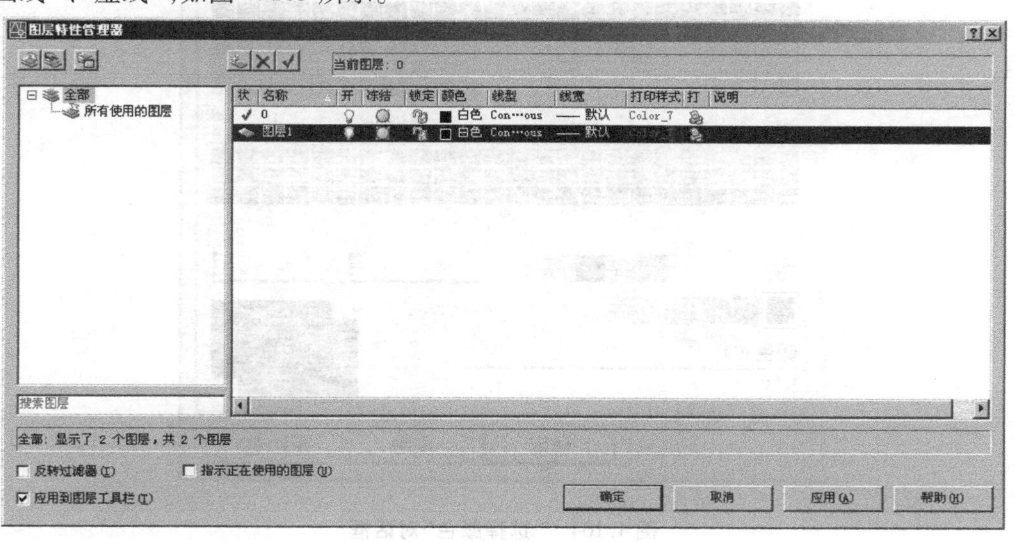

图 4.101 新建“图层 1”

（3）图层颜色的设置

①设置“细实线”层的颜色。单击“细实线”层对应的颜色小方块（图 4.103 中，“白色”左

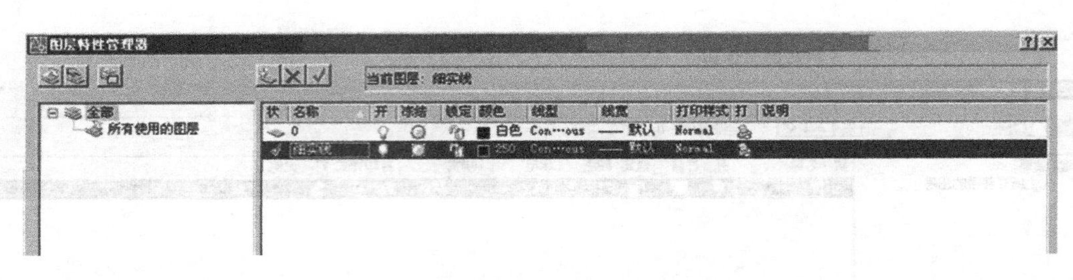

图 4.102 把“图层 1”改为“细实线”

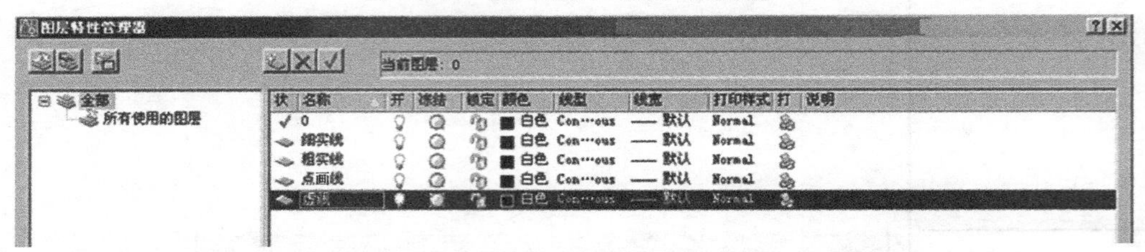

图 4.103 建立“粗实线”、“点画线”、“虚线”等图层

边的小方块），弹出如图 4.104 所示的“选择颜色”对话框。

选择所需的颜色，本例“细实线”层为黑色，选择黑色。单击 确定 ，返回“图层特性管理器”对话框。

②按相同的方法，依次设置本例中其他图层的颜色：“粗实线”层为黑色，“点画线”层为红色，“虚线”层为绿色。

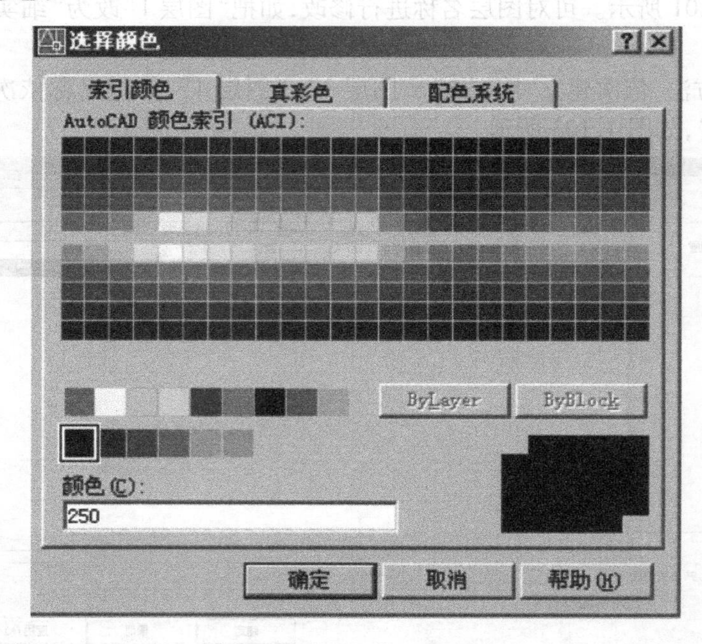

图 4.104 “选择颜色”对话框

(4)图层线型的设置

①默认情况下的图层线型为“Continuous”（连续线型），细实线和粗实线都为连续线，所以

"细实线"层和"粗实线"层的线型为默认,一般不重新设置。

②设置"点画线"的线型。在"图层特性管理器"对话框中,单击"点画线"层的"Continuous",打开"选择线型"对话框,如图 4.105 所示。

在"选择线型"对话框中,如果有所需的线型,则直接单击该线型,再单击 确定 ,返回"图层特性管理器"对话框。该线型设置完毕。

在"选择线型"对话框中,如果没有所需的线型(图 4.105 中,没有所需的点画线),则:

单击 加载(L)... 弹出"加载或重加载线型"对话框→单击所需线型:CENTER(点画线,如图 4.106 所示)→单击"加载或重加载线型"对话框的 确定 →回到"选择线型"对话框→单击"CENTER"线型(如图 4.107 所示)→再单击 确定 返回"图层特性管理器"对话框。该线型设置完毕。

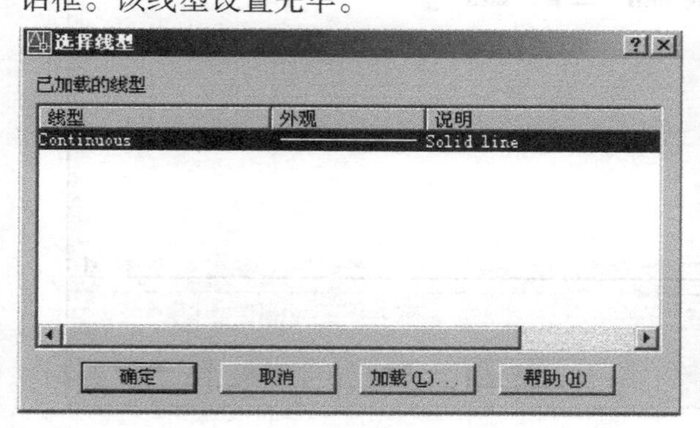

图 4.105 "选择线型"对话框

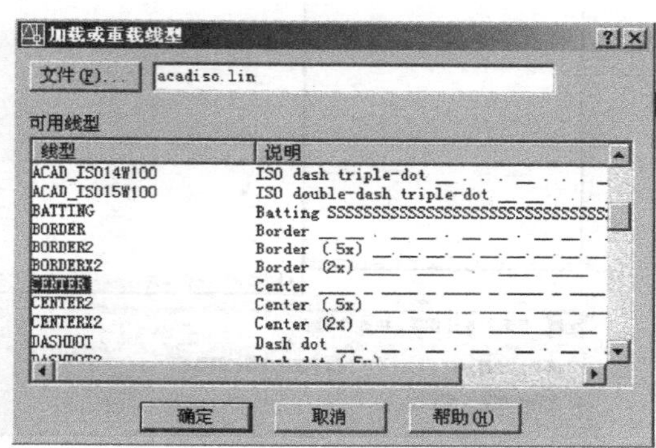

图 4.106 单击"CENTER"

③按相同的方法,设置"虚线"层的线型:虚线("加载或重加载线型"对话框中的"HIDDEN"为虚线)。

线型设置完毕,回到"图层特性管理器"对话框。

(5)图层线宽的设置

本例只需对"粗实线"层的线宽进行设置:

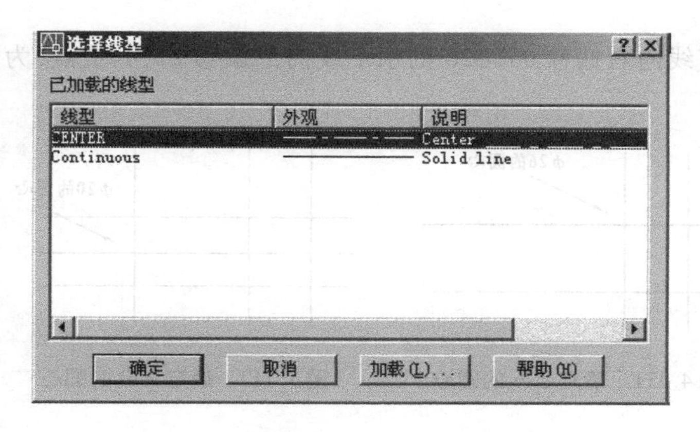

图 4.107 单击所需线型:"CENTER"(点画线)

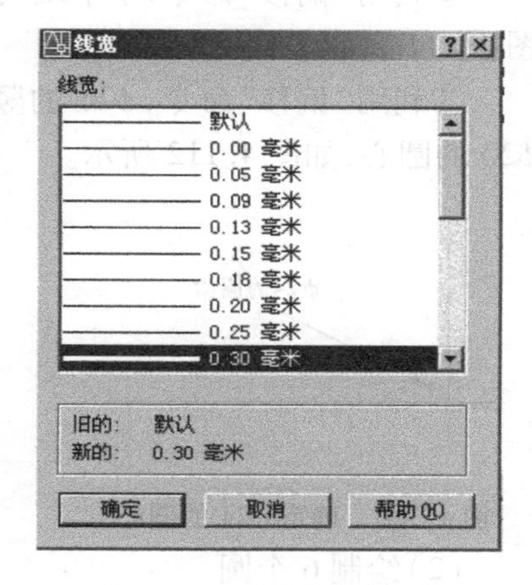

图 4.108 单击"0.3 mm"

单击“粗实线”层的“线宽”打开“线宽”对话框→单击所需的线宽“0.3 mm”(如图4.108所示)→单击“确定”按钮,返回“图层特性管理器”对话框。

(6)把“细实线”层,设置为当前层

单击“细实线”层(需要把哪层设置为当前层,就单击哪层),单击 ✔,如图4.109所示。再单击“确定”按钮。

到此,按要求,设置完各图层,并把“细实线”层,设置为当前层。

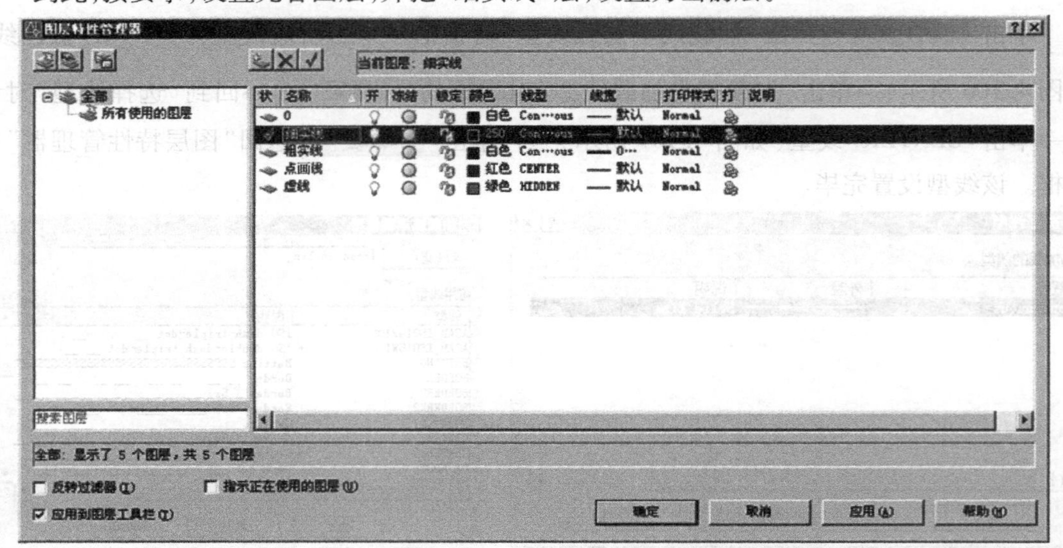

图4.109 设置“细实线”层为当前层

3.绘制图形

(1)确定圆心的位置

打开“正交”

①在左下角某处,绘制水平线和竖直线,其交点为$\phi24$的圆心,如图4.110所示。

②利用“偏移”命令,水平线向上偏移40,竖直线向右偏移35,其交点,为$\phi26$的圆心,如图4.111所示。

③利用“偏移”命令,$\phi26$的竖直线向右偏移66,$\phi26$的水平线向下偏移21,其交点,为$\phi20$的圆心,如图4.112所示。

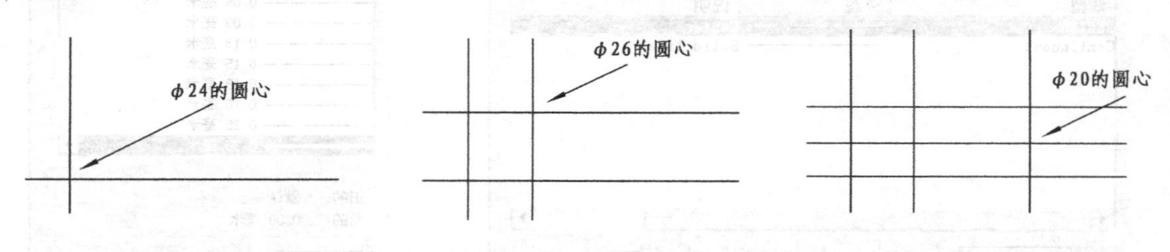

图4.110 确定$\phi24$的圆心　　图4.111 确定$\phi26$的圆心　　图4.112 确定$\phi20$的圆心

(2)绘制6个圆

①打开“草图设置”对话框的“对象捕捉”选项卡,勾选“交点”、“圆心”。

②打开“对象捕捉”、“对象追踪”。

③打开“对象捕捉”工具栏。

④绘制圆 $\phi24$。方法如下：

单击“绘图”→依次选取“圆”、“圆心、直径”(如图 4.113 所示)→单击“圆心、直径”(按命令行提示逐步操作)→捕捉图 4.110 的交点→回车得 $\phi24$ 的圆心→输入直径 24→回车绘制 $\phi24$ 的圆(如图 4.114 所示)。

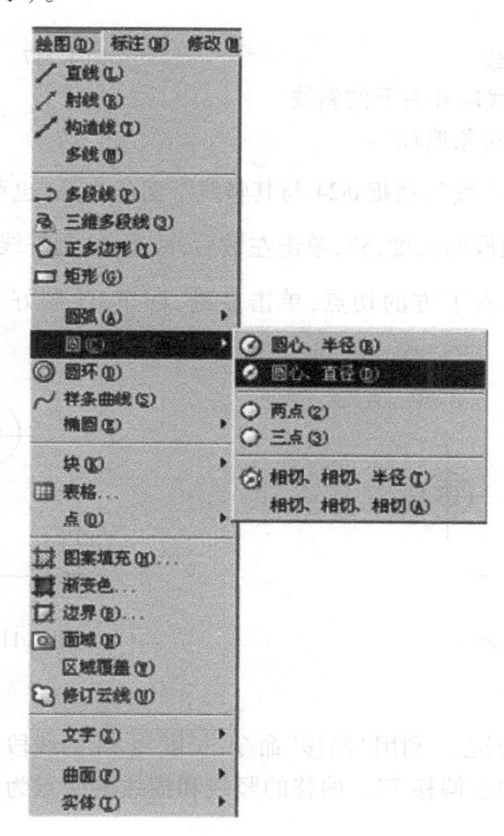

图 4.113 选取“圆心、直径”方式，绘制圆

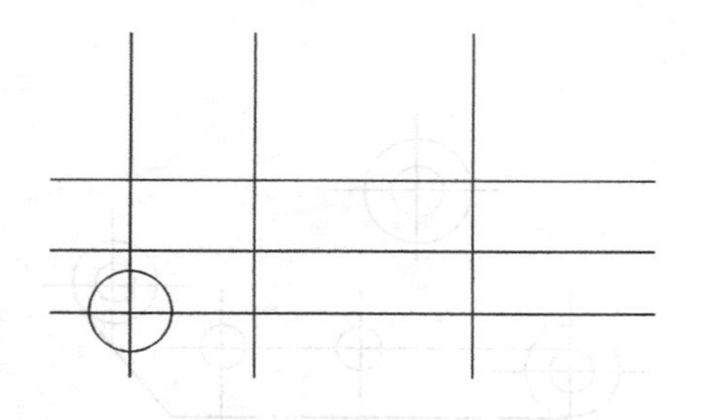

图 4.114 绘制 $\phi24$ 的圆

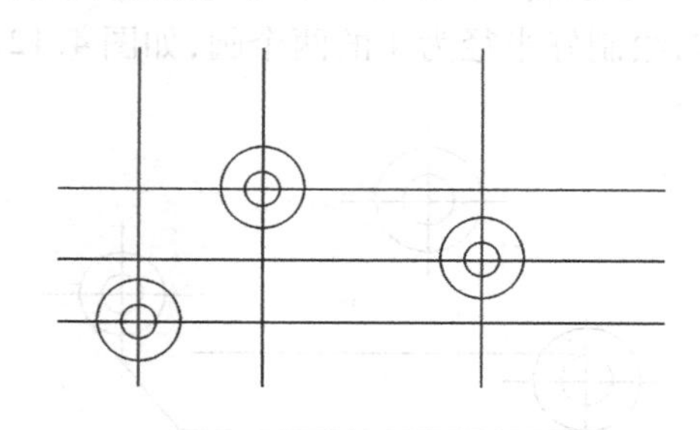

图 4.115 绘制剩余的 5 个圆

⑤按此方法，分别绘制剩余的 5 个圆，如图 4.115 所示。

⑥调整圆的中心线，使之符合《机械制图》的要求(操作此步骤时，最好关闭“对象捕捉”、

“对象追踪”),如图 4.116 所示。调整好以后,回车,如图 4.117 所示。

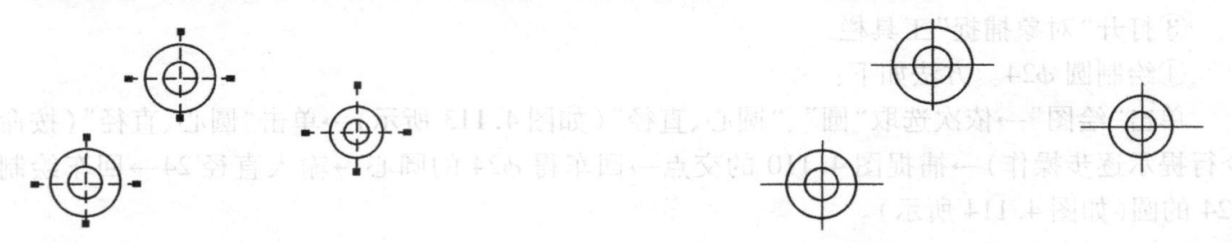

图 4.116　调整圆的中心线　　　　图 4.117　调整好的圆的中心线

(3)绘制长度为 88 的线段和右下的斜线

①打开“对象捕捉”、“对象追踪”。

②依次单击“绘图”、“直线”,捕捉 $\phi24$ 与其竖线下面的交点(也可捕捉 $\phi24$ 的象限点命令),单击左键,输入该线段的长度:88,单击左键后,回车,绘制好线段 88,如图 4.118 所示。

③单击,捕捉 $\phi20$ 右下方的切点,单击左键,回车,绘制好右边的斜线,如图 4.119 所示。

图 4.118　绘制线段 88　　　　图 4.119　绘制右边的斜线

(4)绘制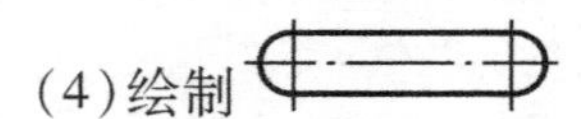

①确定该几何图形的圆心。利用“偏移”命令,长度为 88 的线段向上偏移 16,$\phi24$ 的竖线向右偏移 47,$\phi24$ 的竖线向右偏移 77。偏移的竖线和横线的交点为该几何图形的圆心,如图 4.120 所示。

②绘制 $R4$ 的圆。单击“绘图”,选取“圆”,单击“圆心、半径”,按命令行的提示,逐步操作,绘制好半径为 4 的两个圆,如图 4.121 所示。

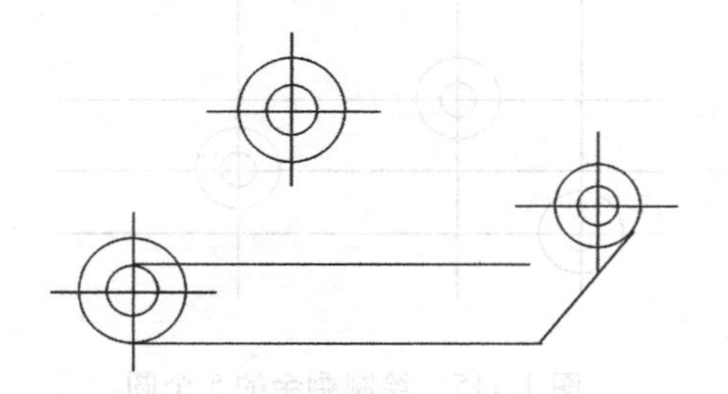

图 4.120　确定该几何图形的圆心

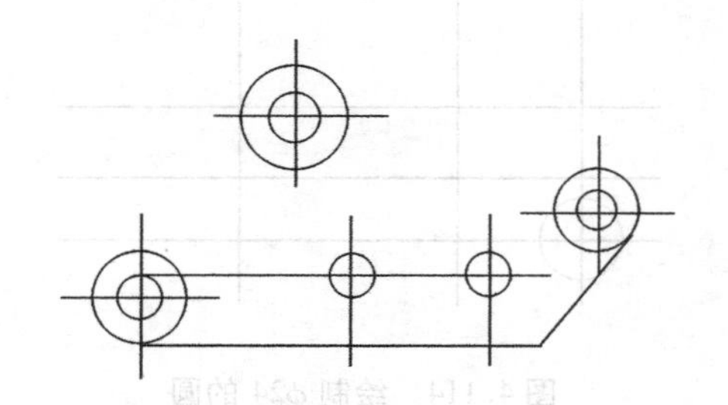

图 4.121　绘制半径为 4 的两个圆

③绘制两根切线。利用“直线”命令,采用捕捉交点或捕捉象限点的方式,绘制两根切线,如图4.122所示。

④利用“修剪”命令,修剪不要的半圆。

⑤调整圆的中心线,使之符合《机械制图》的要求,如图4.123所示。

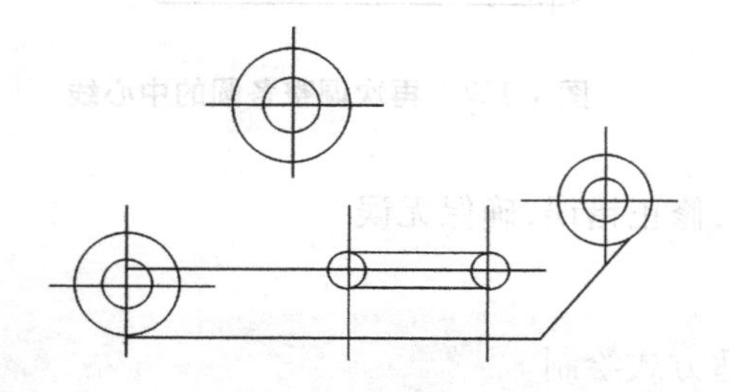

图4.122　绘制两根切线

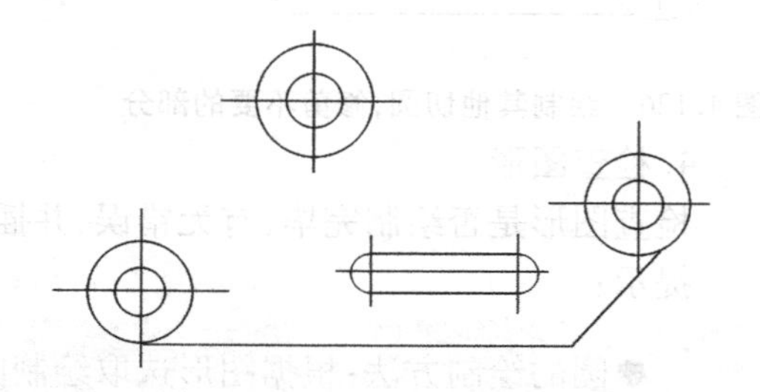

图4.123　修剪不要的半圆,调整圆的中心线

(5)绘制 $\phi26$ 的切线

依次单击“绘图”、“直线”,捕捉 $\phi26$ 右上方的切点,输入相对极坐标“@60 < -45”(极坐标的长度只要能够与R20的圆弧相切,就行),单击左键,如图4.124所示。

(6)绘制切圆

①绘制切圆 $R60$。单击“绘图”、选取“圆”,单击“相切、相切、半径”。

②运用捕捉切点的方式,按命令行的提示,逐步操作,绘制好圆 $R60$。修剪不要的圆弧,如图4.125所示。

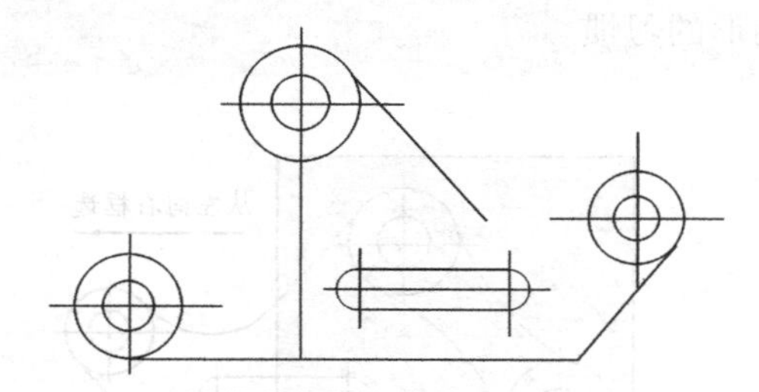

图4.124　绘制 $\phi26$ 的切线

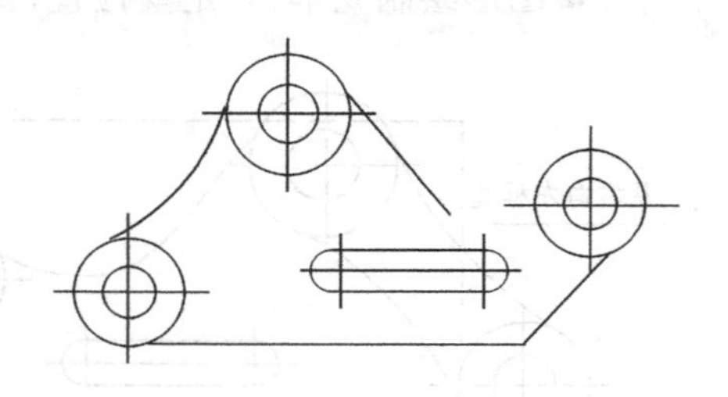

图4.125　绘制切圆 $R60$

③按此方法,分别绘制其他切圆,并修剪不要的部分,如图4.126所示。

(7)再次调整各圆的中心线

图画好以后,按照《机械制图》的要求,再次调整各圆的中心线,使图形更加美观、清晰,如图4.127所示。所示。当然,如果不需调整,就不要此步骤。

(8)移动图形至绘图区域合适的位置

绘制的几何图形,如果处于绘图区域不合适的位置,可利用“修改”中的“移动”命令,采取框选的方式,选取需要移动的图形,移至绘图区域合适的位置。其步骤为:

①依次单击“修改”、“移动”,框选需要移动的图形,单击左键,回车。

②选取移动的基点,单击之。

③移动到合适的位置,单击左键。

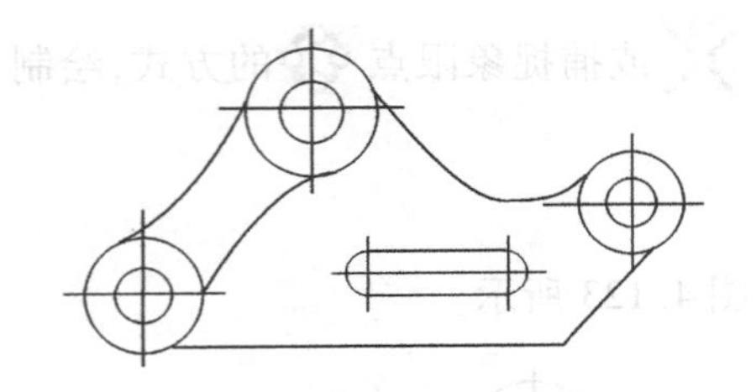

图4.126　绘制其他切圆,修剪不要的部分

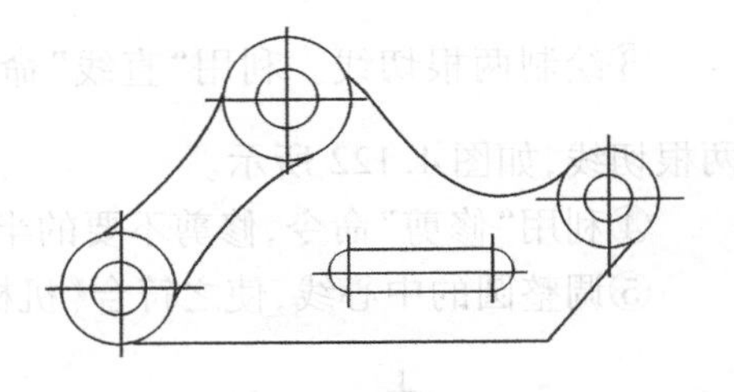

图4.127　再次调整各圆的中心线

4. 检查图形

检查图形是否绘制完毕,有无错误,并插漏补缺,修正错误,确保无误。

提示:

●圆的绘制方法:根据图形选取绘制圆的合适方式绘制。

●一般采取绘制圆,然后利用"修剪"命令,进行修剪的方式,绘制圆弧。

●"复制"命令与"移动"命令的区别。前者要保留原图形,后者不保留原图形。

●框选的方式有两种:一是从右向左框选,如图4.128所示,采用这种方式选取图形时,方框只要接触到几何图形,就能选中;二是从左向右框选,如图4.129所示,采用这种方式选取图形时,方框必须框住几何图形,才能选中。

●如果绘制的几何图形位置不恰当,可随时移到绘图区域合适的位置。

●可以输入坐标,来确定移动的距离。

●如果不是水平或竖直移动几何图形,要关闭"正交"。

●图形绘制完毕,一定要检查,要养成检查图形的习惯。

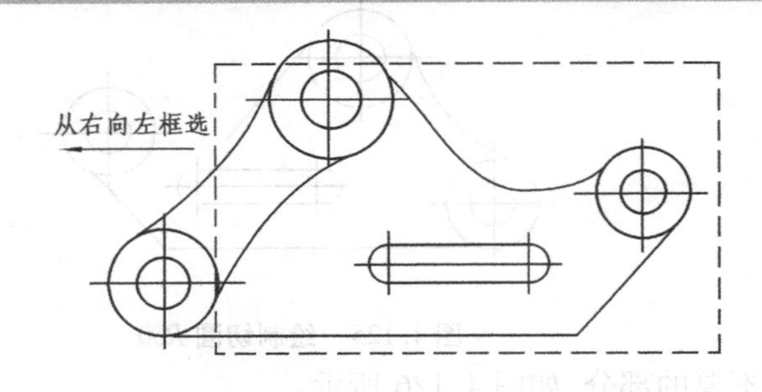

图4.128　从右向左框选

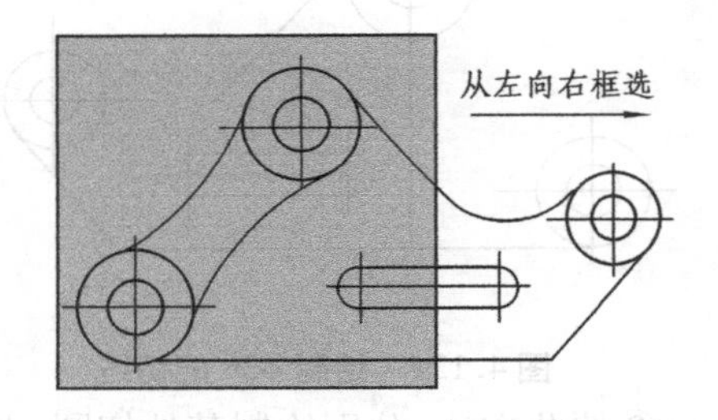

图4.129　从左向右框选

5. 放入图层

(1)粗实线层

①框选全部几何图形,在绘图区域任意位置,单击右键,选取"特性(*S*)",如图4.130所示。

②单击"特性(*S*)",打开如图4.131所示的"特性"对话框。

③单击"图层",再单击"图层"的下拉箭头,单击"粗实线",如图4.132所示。

④单击"特性"对话框右上角的 ☒,关闭,"特性"对话框,回到绘图区域。如果没有出现粗实线,单击状态栏的"线宽",如图4.133所示。

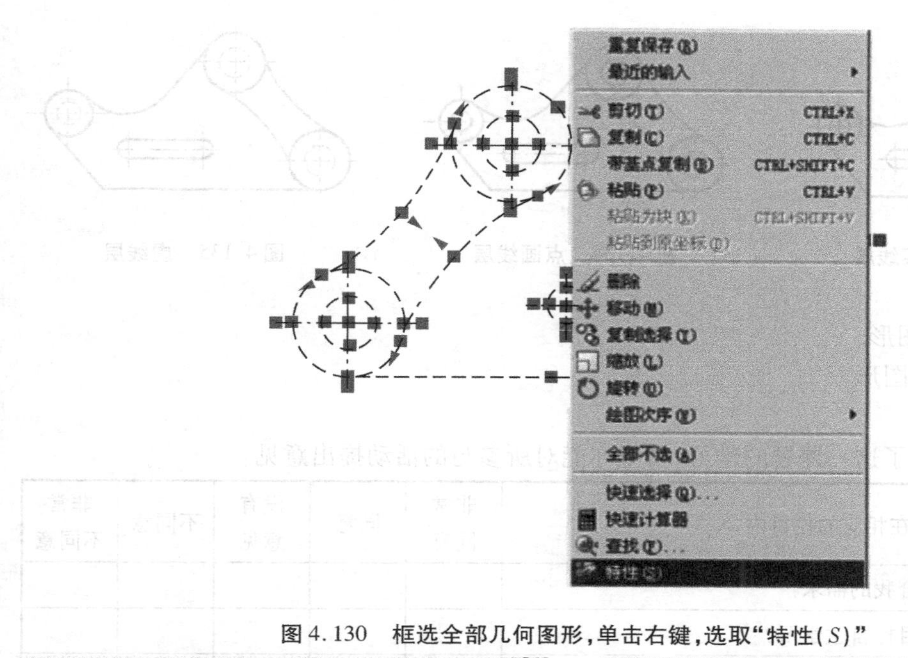

图 4.130 框选全部几何图形,单击右键,选取“特性(S)”

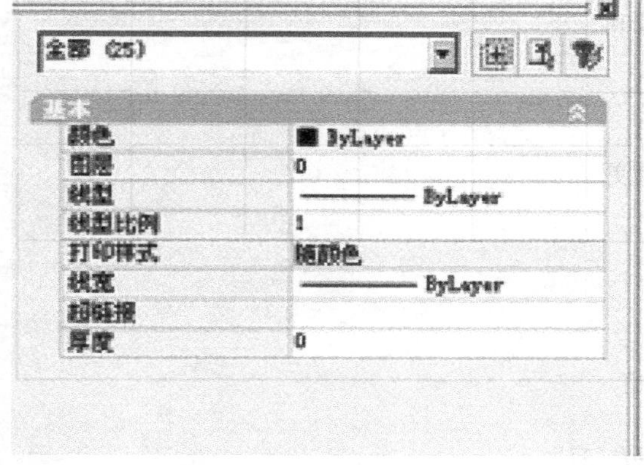

图 4.131 “特性”对话框

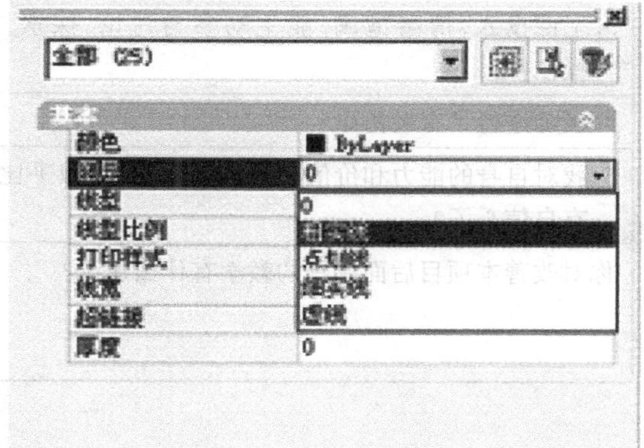

图 4.132 选取“粗实线”层

(2)点画线层

①鼠标选取中心线,在绘图区域任意位置,单击右键,选取“特性(S)”。

②单击“特性(S)”,打开如图 4.131 所示的“特性”对话框。

③单击“图层”,再单击“图层”的下拉箭头,单击“点画线”。

④单击“线型比例”,输入合适的线型比例,如 0.4。

⑤单击“特性”对话框右上角的 ☒,关闭“特性”对话框,回到绘图区域,如图 4.134 所示。

(3)虚线层

按此方式,打开“特性”对话框,选取“虚线”,输入合适的线型比例。关闭,“特性”对话框,回到绘图区域,如图 4.135 所示。

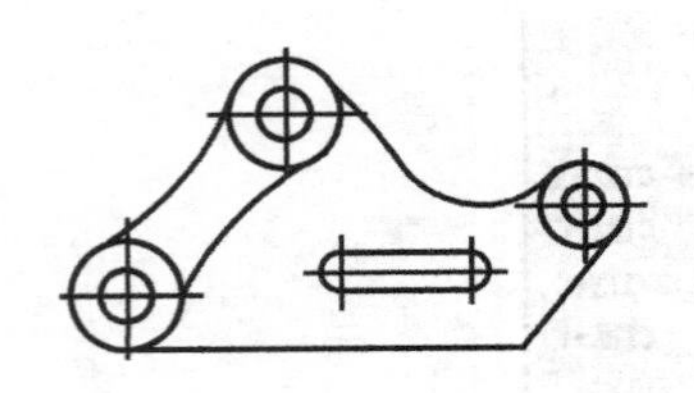

图 4.133　粗实线层

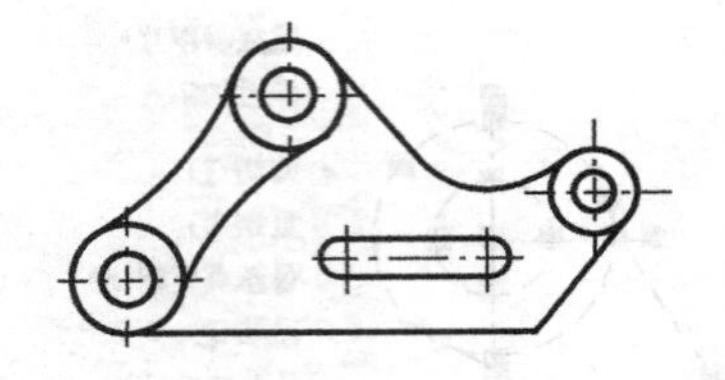

图 4.134　点画线层

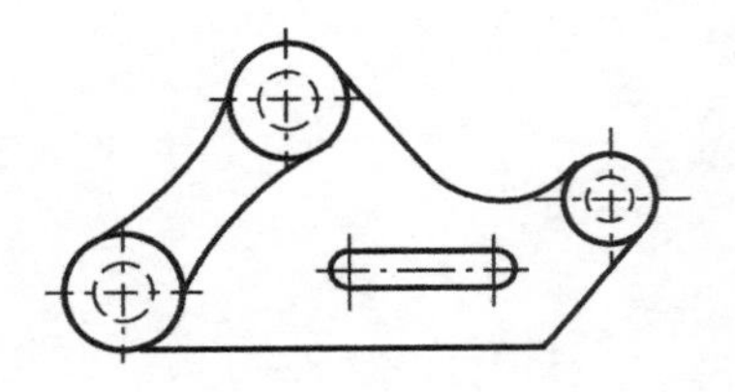

图 4.135　虚线层

6. 保存、关闭图形

存盘后关闭该图形

学习评估

现在已经完成了这一课题的学习，希望你能对所参与的活动提出意见。

请在相应的栏目内"√"	非常同意	同意	没有意见	不同意	非常不同意
1. 该课题的内容适合我的需求？					
2. 我能根据课题的目标自主学习？					
3. 上课投入，情绪饱满，能主动参与讨论、探索、思考和操作？					
4. 教师进行了有效指导？					
5. 我对自身的能力和价值有了新的认识，我似乎比以前更有自信心了？					
你对改善本项目后面课题的教学有什么建议？					

巩固与练习

1. 利用点的坐标绘制如图 4.136 所示的两个平面图。

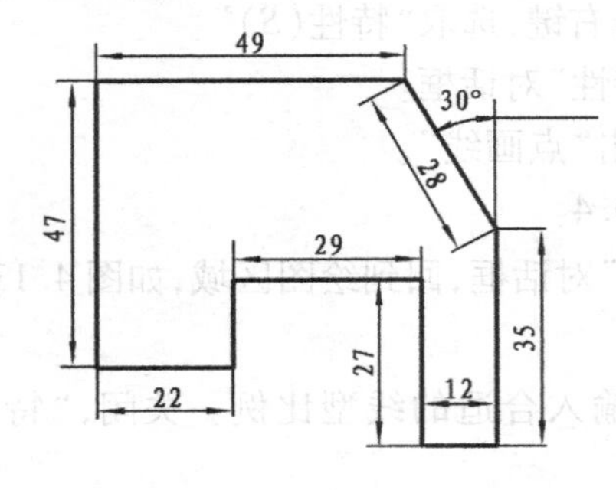

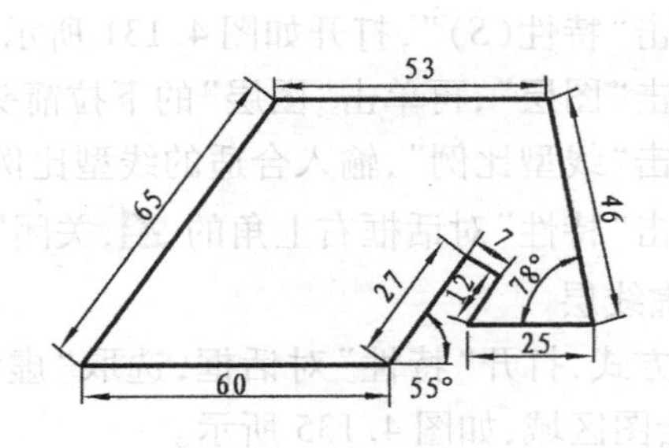

图 4.136　利用点的坐标绘制

2. 绘制如图 4.137 所示的对称图形（提示：可以先画出对称轴左边的图，然后运用"镜像"

命令完成右边的图)。

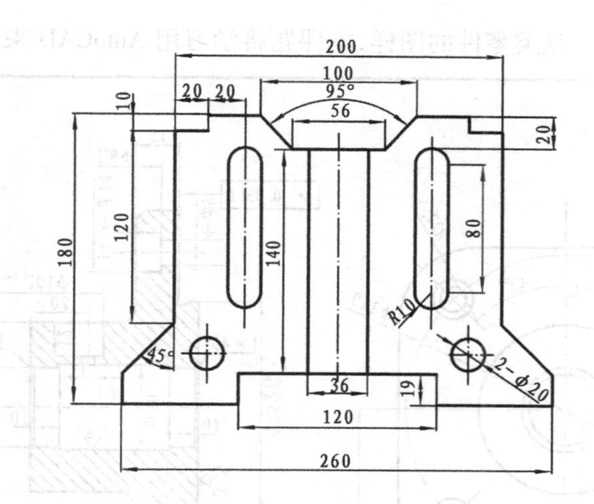

图 4.137 对称平面图形

3. 绘制如图 4.138 所示的平面图形。

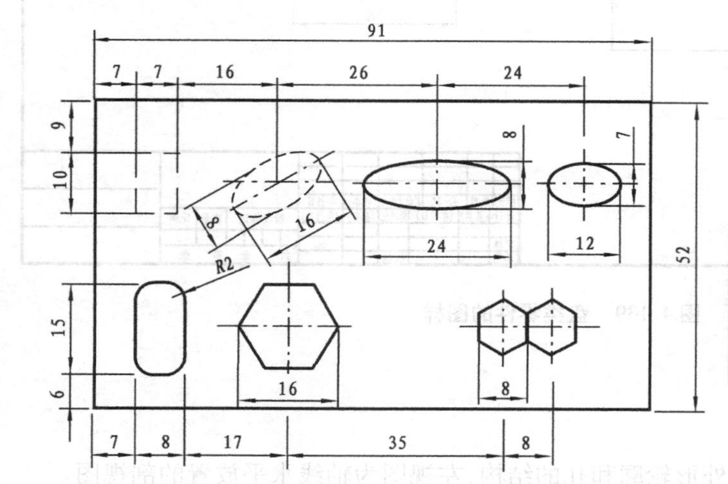

绘图要求

项目 / 名称	线型	颜色	线宽
粗实线图层	粗实线	黑色	0.3
点画线图层	点画线	红色	默认
虚线图层	虚线	绿色	默认
细实线图层	细实线	黑色	默认

图 4.138 巩固练习平面图形

课题三 AutoCAD 绘制零件图

知识目标

1. 掌握 AutoCAD 绘制零件图的方法。
2. 掌握 AutoCAD 尺寸标注的方法。
3. 掌握 AutoCAD 书写文字的方法。

技能目标

1. 能绘制简单零件图。
2. 能准确标注零件图尺寸。

实例引入

如图 4.139 所示是一盘类零件的图样,本课题将学习用 AutoCAD 来绘制和标注尺寸。

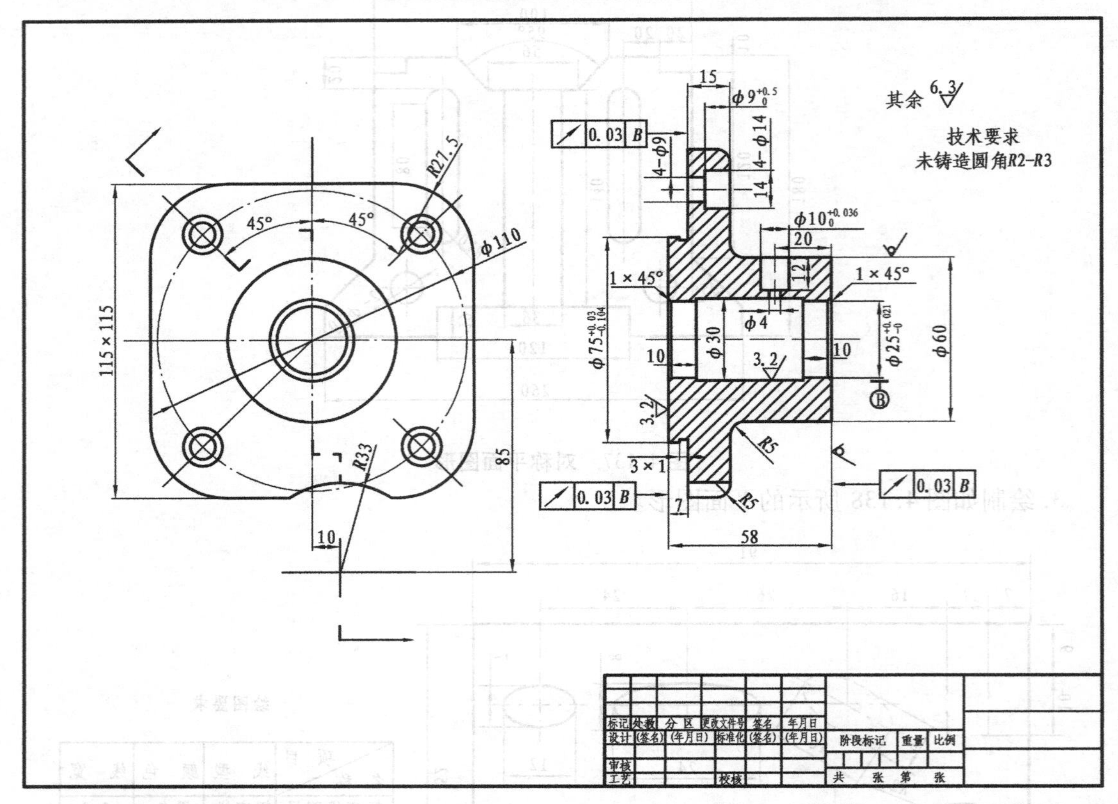

图 4.139　盘类零件的图样

课题完成过程

一、图样分析

1. 选择 A3 图纸,比例为 1∶1。

2. 端盖的主视图表达零件的外形轮廓和孔的结构,左视图为轴线水平放置的剖视图。

3. 绘制主视图和左视图时,可充分运用偏移功能。

4. 左视图孔的轴线为绘图基准,主视图以孔的中心为绘图基准。

二、绘制过程

1. 新建图形文件

2. 设置图层

(1)宽度为默认的细实线层。

(2)宽度为 0.3 mm 的粗实线层。

(3)宽度为默认的点画线层。

(4)宽度为默认的尺寸线层。

(5)把细实线层置为当前层。

3. 选择图纸

选择 A3 幅面模板。

4. 绘制主视图

(1)绘制 115×115 的矩形。

(2)对矩形倒 $R27.5$ 的圆角。

(3)绘制矩形的中心线。

(4)绘制 $\phi110$ 的圆。

(5)以圆心为起点,输入相对极坐标:@75 <45,绘制线段。

(6)以绘制的线段和 $\phi110$ 的圆的交点为圆心,绘制 $\phi14$,$\phi9$ 的圆,如图 4.140 所示。

(7)以竖直中心线为对称轴,镜像 $\phi14$,$\phi9$ 的圆及其中心线,如图 4.141 所示。

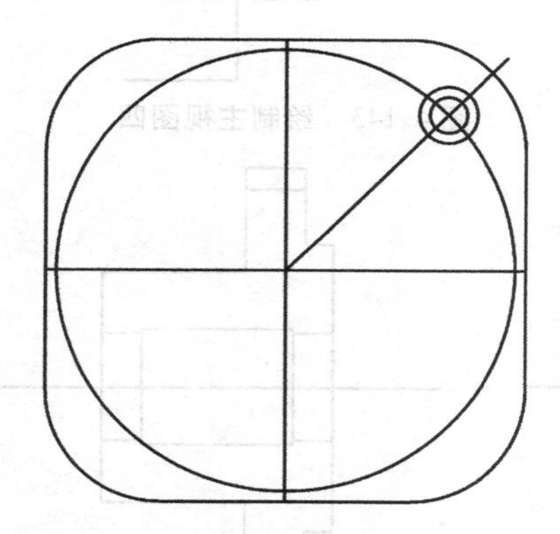

图 4.140 绘制主视图一

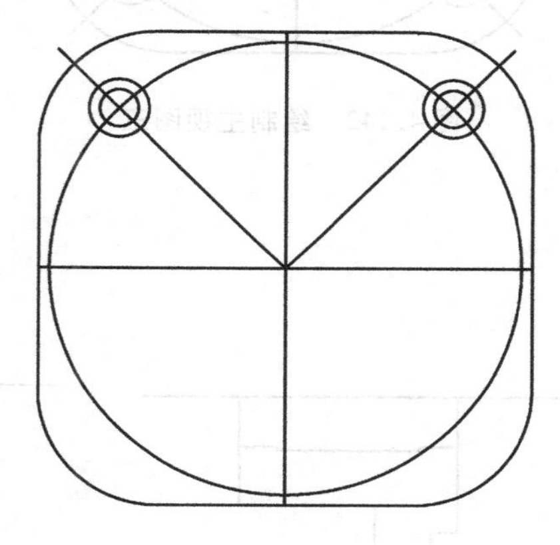

图 4.141 绘制主视图二

(8)以水平中心线为对称轴,镜像 $\phi14$,$\phi9$ 的圆及其中心线,如图 4.142 所示。

(9)绘制 $\phi60$,$\phi25$ 的圆。

(10)运用"偏移"命令确定 $R33$ 的圆心。

(11)绘制 $R33$ 的圆。

(12)按图样要求修剪,并按《机械制图》要求,调整中心线的长度。

(13)绘制剖切位置,如图 4.143 所示。

5. 绘制左视图

(1)根据图样要求,绘制图 4.144 所示的图形。

(2)以轴线为对称轴,镜像绘制对称的几何图形,如图 4.145 所示。

(3)按《机械制图》要求,补画缺线,如图 4.146 所示。

(4)按旋转剖视图的要求,绘制左视图的上部分,如图 4.147 所示。先按图 4.147 所示,绘制辅助圆与辅助线,并删除上部分不要的线段。

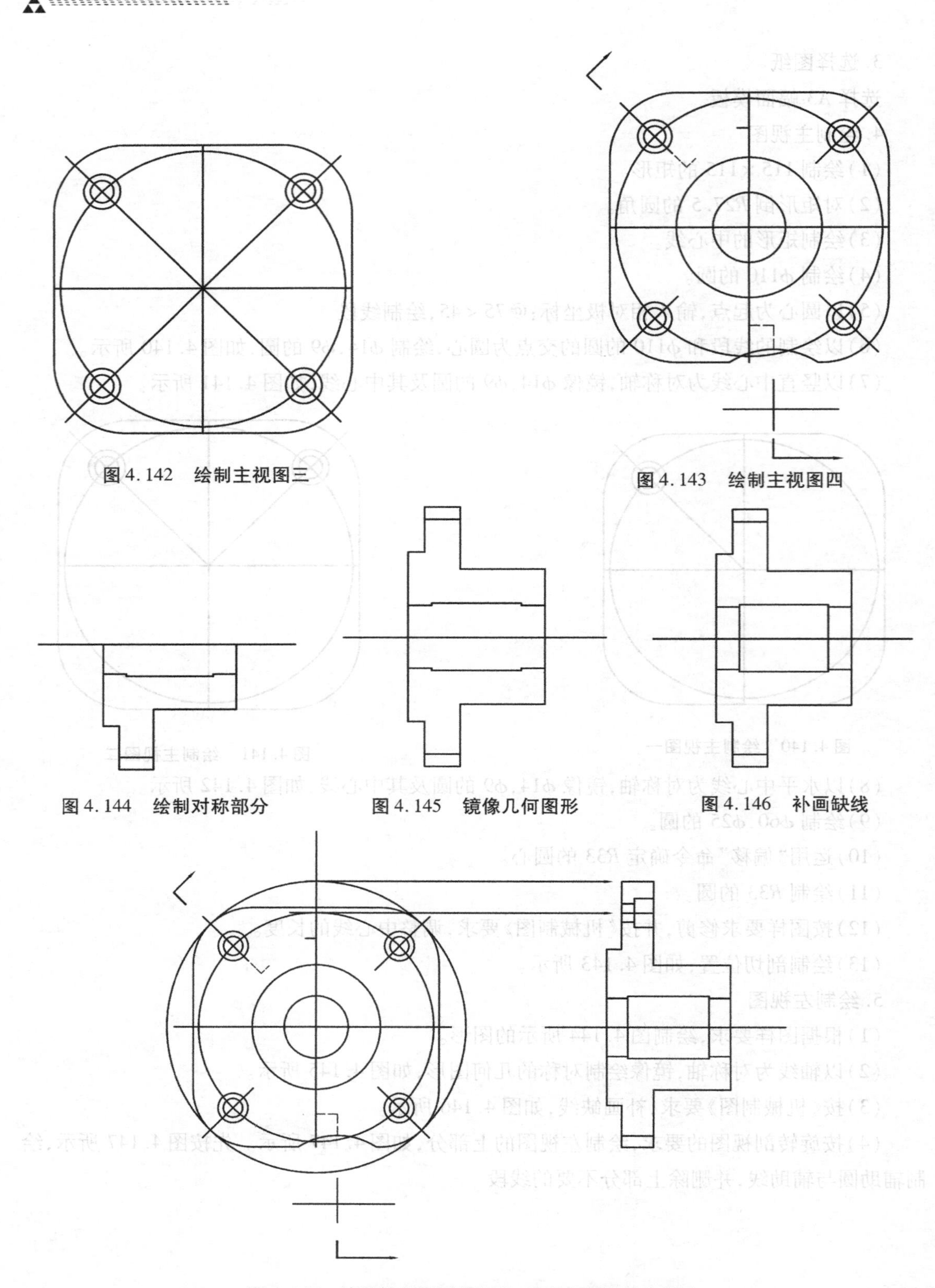

图 4.142　绘制主视图三

图 4.143　绘制主视图四

图 4.144　绘制对称部分

图 4.145　镜像几何图形

图 4.146　补画缺线

图 4.147　按旋转剖视图的要求，绘制左视图的上部分

(5)删除辅助线,并调整中心线的长度,如图 4.148 所示。

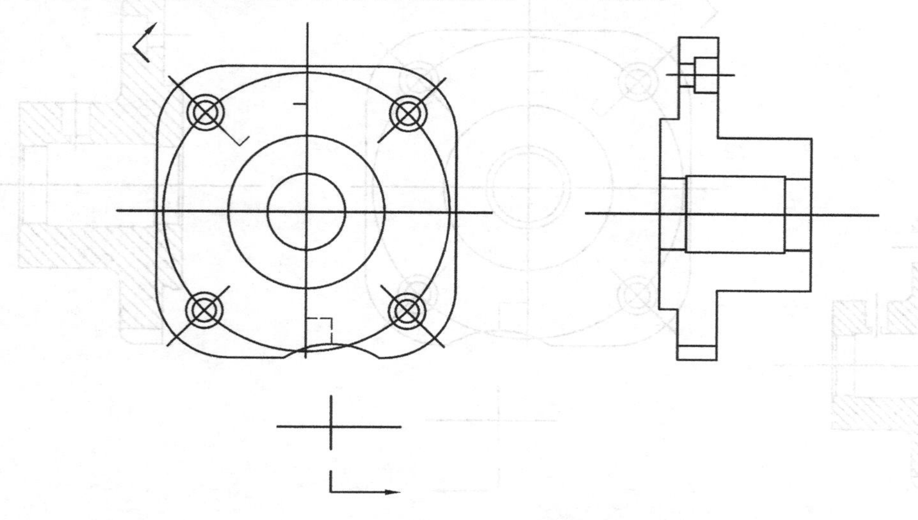

图 4.148 删除辅助线,并调整中心线的长度

(6)绘制尺寸为 3×1 的几何图形。

(7)按图样要求,倒 *R*5 的圆角,如图 4.149 所示。

(8)按图样要求,绘制倒角,如图 4.150 所示。

(9)运用“偏移”等命令,绘制 $\phi10$ 的阶梯孔,如图 4.151 所示。

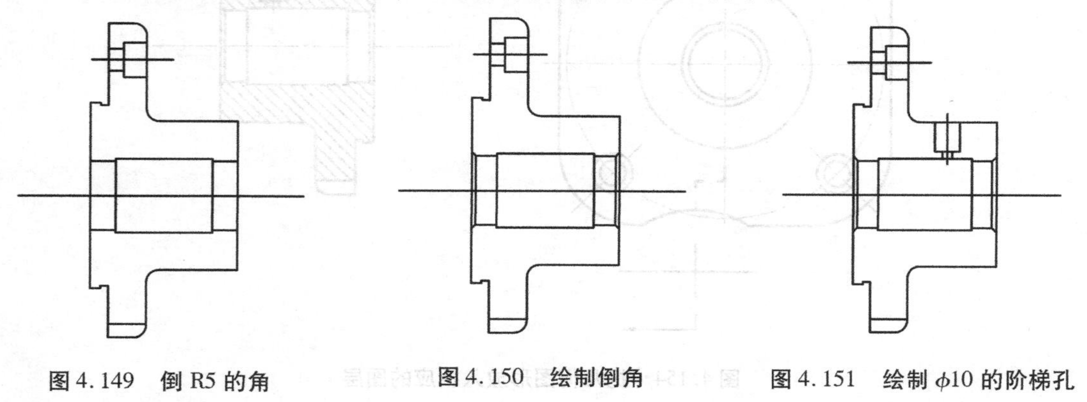

图 4.149 倒 R5 的角　　图 4.150 绘制倒角　　图 4.151 绘制 $\phi10$ 的阶梯孔

6. 绘制剖面线

(1)把欲绘制剖面线的图形,修剪成封闭的图形。

(2)填充剖面线,如图 4.152 所示。

(3)补画左视图的线段和主视图的倒角圆,如图 4.153 所示。

7. 检查图形

检查图形是否绘制完毕,有无错误,并插漏补缺,修正错误,确保无误。

8. 放入图层

把几何图形放入相应的图层,如图 4.154 所示。

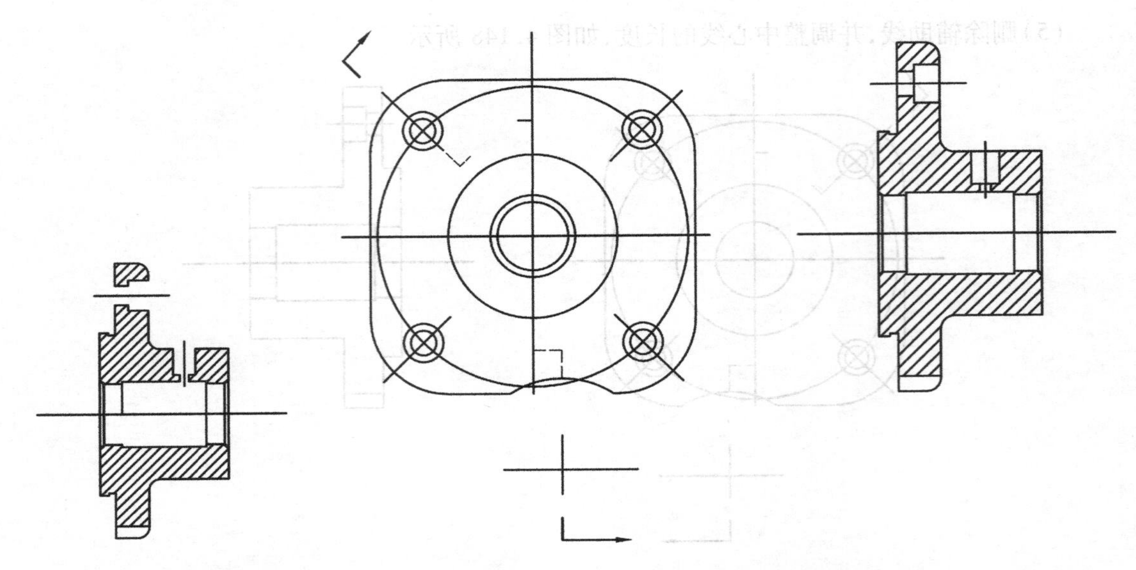

图 4.152　填充剖面线　　图 4.153　补齐线段和主视图的倒角圆

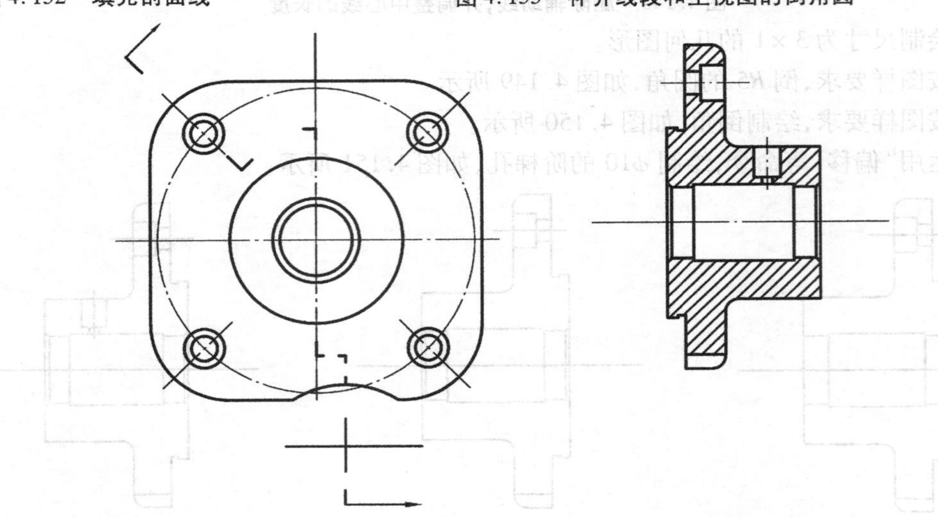

图 4.154　把几何图形放入相应的图层

三、标注尺寸

1. 图样尺寸分析

(1)零件图样尺寸类型

①不带偏差的尺寸。

②带极限偏差的尺寸。

③带前缀和极限偏差的尺寸。

④倒角尺寸。

⑤形位公差。

⑥粗糙度尺寸。

另外,还有文字。

(2)创建尺寸样式的种类

①线性标注。标注不带偏差的尺寸。

②极限偏差。标注带极限偏差的尺寸。

③前缀和极限偏差。标注带前缀和极限偏差的尺寸。

2. 创建标注尺寸的文字样式

(1)依次单击“格式”、“文字样式”,打开“文字样式”对话框。

(2)单击 新建(N)... ,打开“新建文字样式”对话框,在“样式名”文本框中,输入文字样式名称:标注文字样式。

(3)单击 确定 ,返回“文字样式”对话框。

(4)在“字体名”下拉列表中选择“gbeitc. shx”,选中“使用大字体”选项,在“大字体”下拉列表中选择“gbebig. shx”,如图 4. 155 所示。

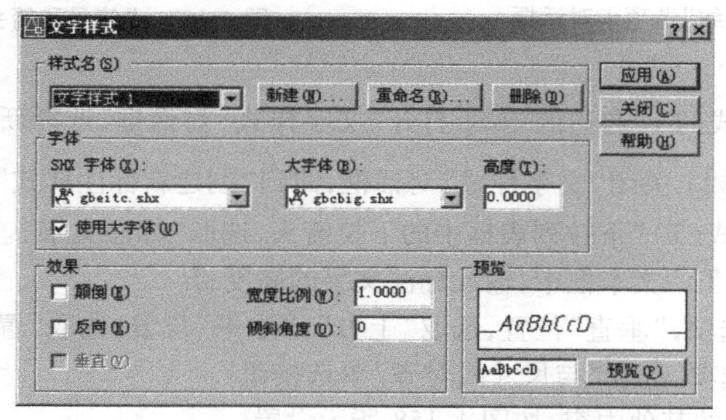

图 4. 155 创建标注尺寸的文字样式

(5)依次单击 应用(A) 、 关闭(C) 按钮,关闭“文字样式”对话框。

(6)把尺寸线层置为当前层。

3. 建立尺寸标注样式

(1)创建不带公差的线性标注尺寸样式

①依次单击“格式”、“标注样式”,打开“标注样式管理器”对话框。

②单击 新建(N)... ,打开“创建新标注样式”对话框。

③在 新样式名(N): 右边的文本框中,输入新样式名称:线性标注。

④在 基础样式(S): 下拉列表框中,选择一种基础样式:ISO—1。

⑤在 用于(U): 下拉列表框中,设定新建标注样式的适用范围:所有标注。

⑥单击 继续 ,打开“新建标注样式”对话框。

⑦设置“直线”选项。单击“新建标注样式”对话框中的 直线 选项卡。打开“直线”选项卡对话框。按图 4. 156 所示,设置各选项。

⑧设置“符号与箭头”选项。单击“新建标注样式”对话框中的 符号和箭头 选项卡。打开“符号和箭头”选项卡对话框。按图 4. 157 所示,设置各选项。

⑨设置“文字”选项。单击“新建标注样式”对话框中 文字 的选项卡。打开“文字”选

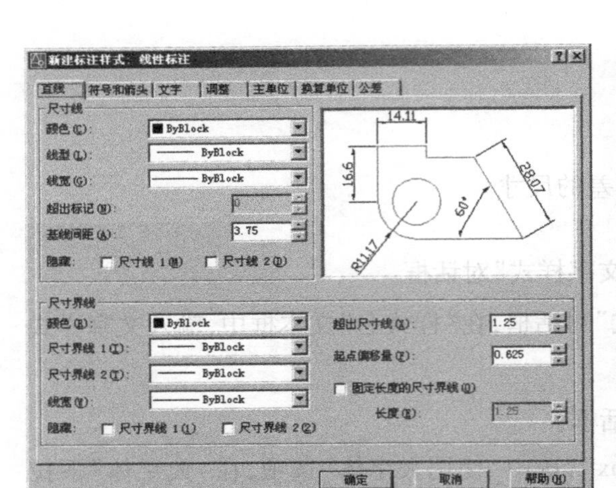

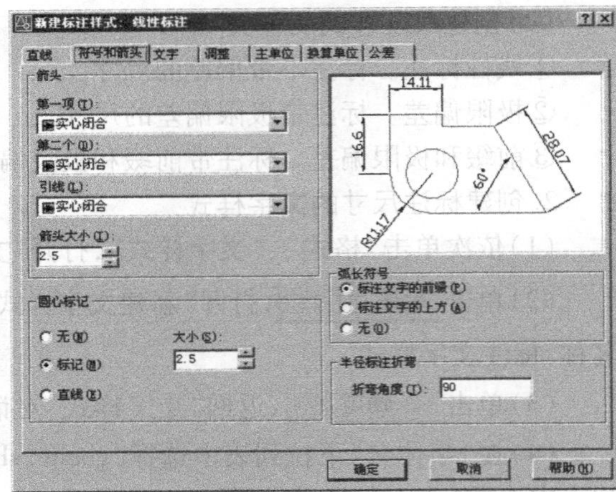

图 4.156 “直线”选项卡对话框

图 4.157 “符号和箭头”选项卡对话框

项卡对话框。

a.单击“文字样式(T)”右边的[...],打开“文字样式”对话框,选择新建的文字样式:标注文字。单击[关闭(C)],关闭“文字样式”对话框,回到“创建新标注样式”对话框。

b.单击“文字样式(T)”下拉列表框中的下拉箭头,选取“标注文字”。

c.在“文字高度(T)”文本框中,输入标注文字的高度:7。

d.“文字位置”选项,“垂直”位置,选取“上方”;“水平”位置,选取“置中”。

e.“文字对齐”选项,选取“与尺寸线对齐”单选按钮。

f.“文字”选项卡的其他内容,按图 4.158 所示设置。

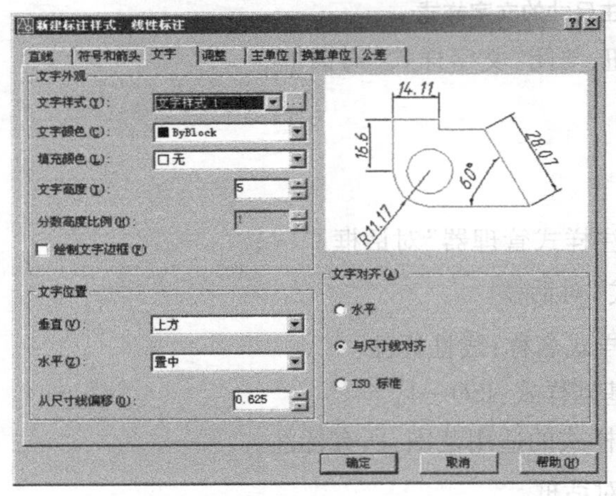

图 4.158 “文字”选项卡对话框

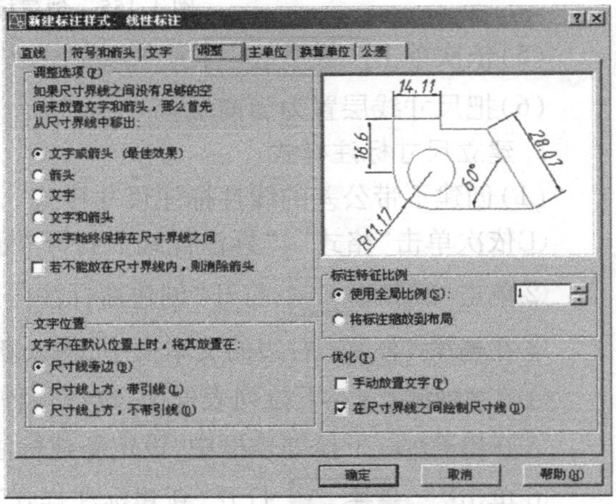

图 4.159 “调整”选项卡对话框

⑩设置“调整”。单击“新建标注样式”对话框中[调整]的选项卡。打开“调整”选项卡对话框。按图 4.159 所示,设置各选项。

⑪设置“主单位”选项。单击“新建标注样式”对话框中[主单位]的选项卡。打开“主单位”选项卡对话框。按图 4.160 所示,设置各选项。

⑫设置“换算单位”选项。单击“新建标注样式”对话框中 换算单位 的选项卡。打开“换算单位”选项卡对话框。不要勾选“显示换算单位”。

⑬单击 确定 按钮，关闭“新建标注样式”对话框，回到“标注样式管理器”对话框，名为“线性标注”的尺寸样式创建完毕。

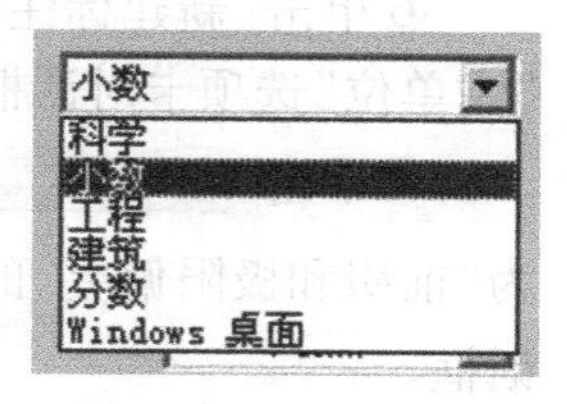

图 4.160 “单位格式”

(2)创建带极限偏差的尺寸标注样式

①单击 新建(N)... ，打开“创建新标注样式”对话框。

②在 新样式名(N): 右边的文本框中，输入新样式名称：极限偏差。

③在 基础样式(S): 下拉列表框中，选择基础样式：线性标注。

④在 用于(U): 下拉列表框中，设定新建标注样式的适用范围：所有标注。

⑤单击 继续 ，打开“新建标注样式”对话框。

⑥单击“新建标注样式”对话框中的“主单位”选项卡。打开“主单位”选项卡对话框。在“主单位”选项卡对话框中，设置前缀：%%C。

⑦单击“新建标注样式”对话框中的“公差”选项卡。打开“公差”选项卡对话框。如图 4.161所示，设置各选项。

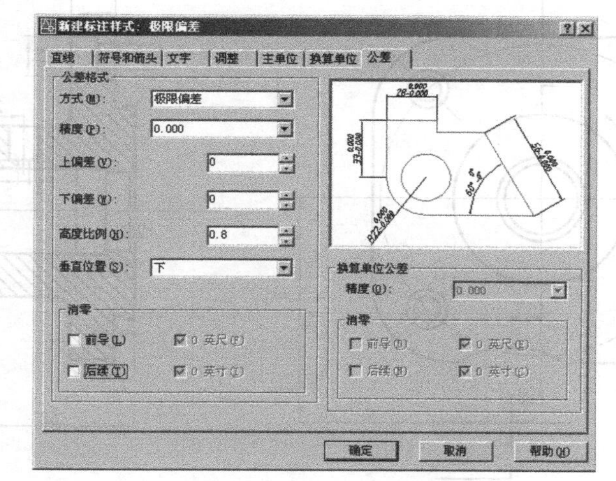

图 4.161 极限偏差的设置

⑧单击 确定 ，关闭“新建标注样式”对话框，回到“标注样式管理器”对话框，名为“极限偏差”的尺寸样式创建完毕。

(3)创建带前缀和极限偏差的尺寸标注样式

①在“标注样式管理器”对话框中，单击 新建(N)... ，打开“创建新标注样式”对话框。

②在 新样式名(N): 右边的文本框中，输入新样式名称：前缀和极限偏差。

③在 基础样式(S): 下拉列表框中，选择基础样式：极限偏差。

④在 用于(U): 下拉列表框中，设定新建标注样式的适用范围：所有标注。

⑤单击 继续 ，打开“新建标注样式”对话框。

⑥单击“新建标注样式”对话框中的“主单位”选项卡。打开“主单位”选项卡对话框。在“主单位”选项卡对话框中，设置前缀：%%C。

⑦单击 确定 ，关闭“新建标注样式”对话框，回到“标注样式管理器”对话框，名称为“前缀和极限偏差”的尺寸样式创建完毕。单击 关闭(C) 按钮，关闭“标注样式管理器”对话框。

(4)勾选标注尺寸所需的主要特征点

①单击“对象捕捉”选项卡，勾选标注尺寸所需的主要特征点：交点。

②打开“对象捕捉”。

4. 标注尺寸

(1)标注不带偏差的尺寸

①依次单击“格式”、“标注样式”，打开“标注样式管理器”对话框。把名称为“线性标注”的尺寸样式置为当前。

②依次单击“标注”、“线性”。

③依次捕捉所标尺寸线段的两个端点，分别标注图样中不带偏差的尺寸，如图 4.162 所示。

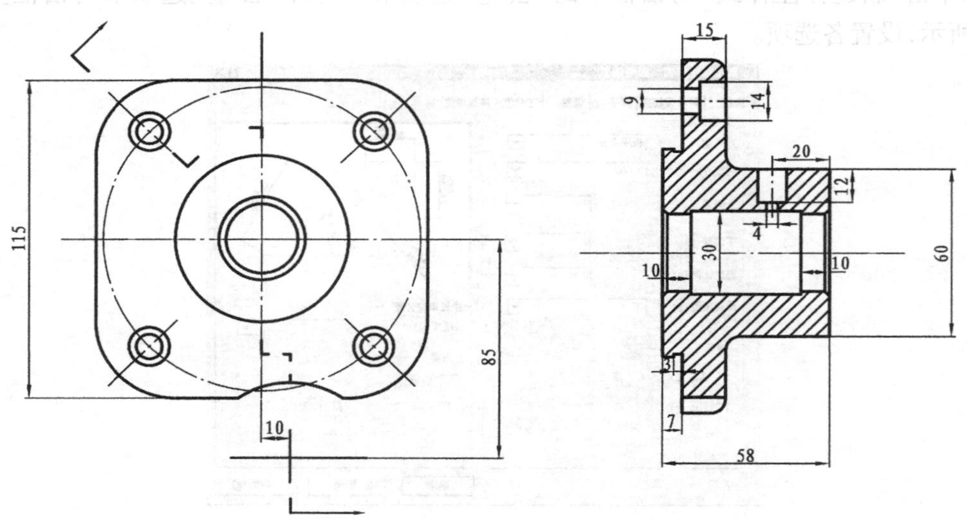

图 4.162　标注不带偏差的尺寸

④依次单击“标注”、“角度”。

⑤依次单击所标角度的两条线段，分别标注图样中的角度尺寸，如图 4.163 所示。

⑥依次单击“标注”、“直径”。

⑦单击所标直径的圆弧，标注图样中的直径尺寸，如图 4.164 所示。

⑧依次单击“标注”、“半径”。

⑨单击所标半径的圆弧，分别标注图样中的半径尺寸，如图 4.165 所示。

⑩利用“特性”对话框中的“文字替代”，替换如下尺寸：

a. 替换尺寸文本“*R*28”为“*R*27.5”。

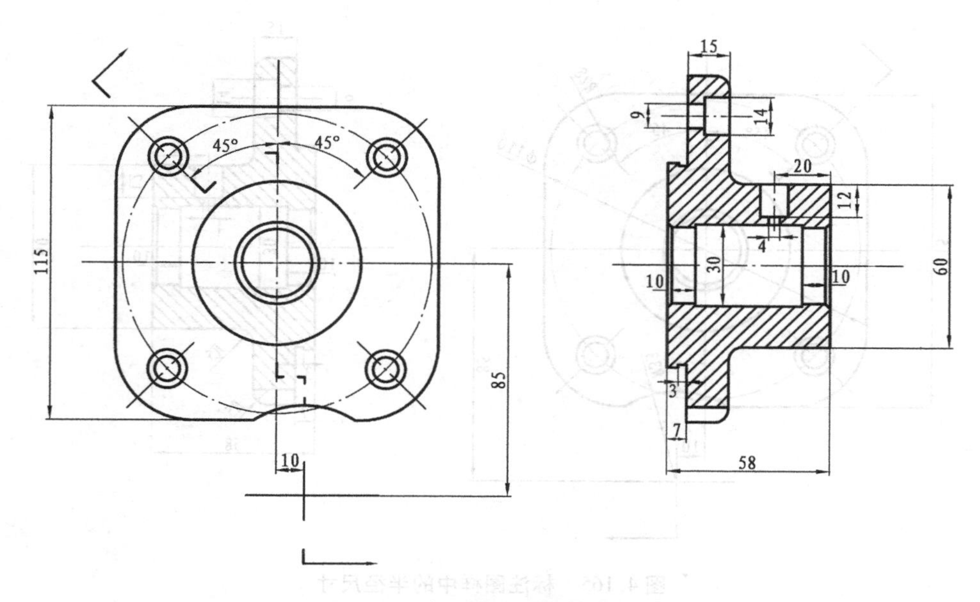

图 4.163　标注图样中的角度尺寸

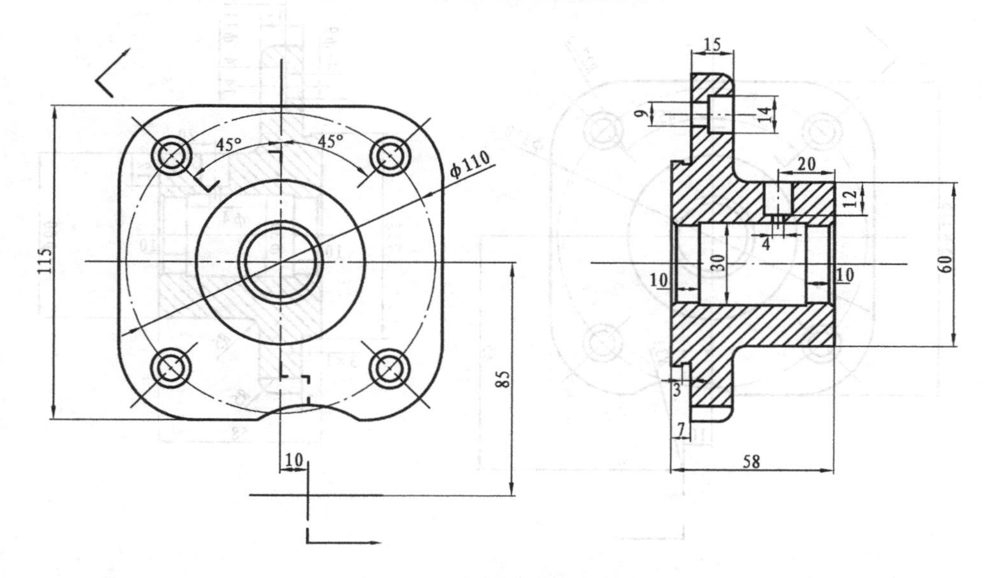

图 4.164　标注图样中的直径尺寸

b. 替换尺寸文本“115”为“115 × 115”。

c. 替换尺寸文本“3”为“3 × 1”。

d. 替换尺寸文本“9”为“4—ϕ9”。

e. 替换尺寸文本“14”为“4—ϕ14”。

f. 替换尺寸文本“60”为“ϕ60”。

g. 替换尺寸文本“30”为“ϕ30”。

h. 替换尺寸文本“4”为“ϕ4”，如图 4.166 所示。

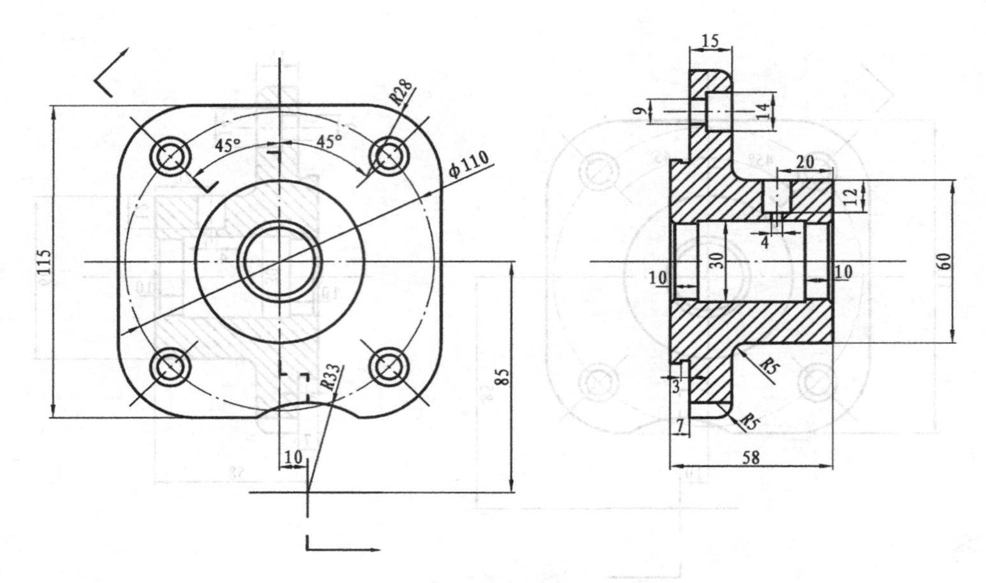

图 4.165 标注图样中的半径尺寸

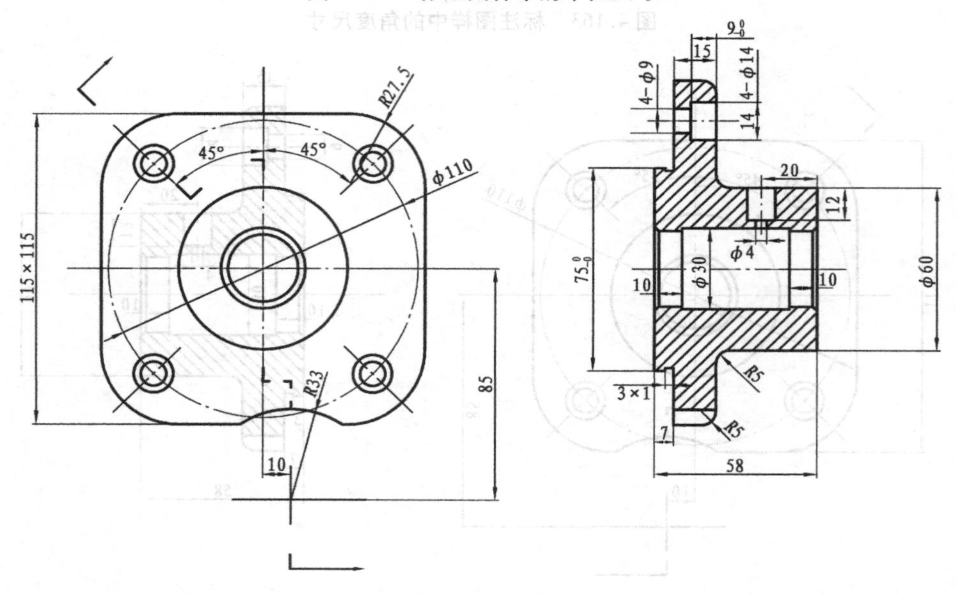

图 4.166 标注带极限偏差的尺寸

(2)标注极限偏差的尺寸

①依次单击“格式”、“标注样式”,打开“标注样式管理器”对话框。把名称为“极限偏差”的尺寸样式置为当前。

②依次单击“标注”、“线性”。

③依次捕捉所标尺寸线段的两个端点,分别标注图样中带极限偏差的尺寸,如图 4.166 所示。

④利用“特性”对话框中的“公差”选项,直接输入它们的上下偏差。其方法为:

a. 单击欲标注上下偏差的尺寸:75 $^{0}_{-0}$。

b. 在绘图区域任意位置,单击右键。

c. 单击“特性(*S*)”,打开“特性”对话框。

d. 单击“公差”选项。

e. 在“公差下偏差”右边的方框内,输入该尺寸的下偏差:0.104。

f. 在“公差上偏差”右边的方框内,输入该尺寸的上偏差:0.03。

g. 单击“特性”对话框右上角 ☒,关闭“特性”对话框,回到绘图区域。键槽尺寸 27 的上下偏差标注完毕。

h. 同理,标注其他尺寸的上下偏差,如图 4.167 所示。

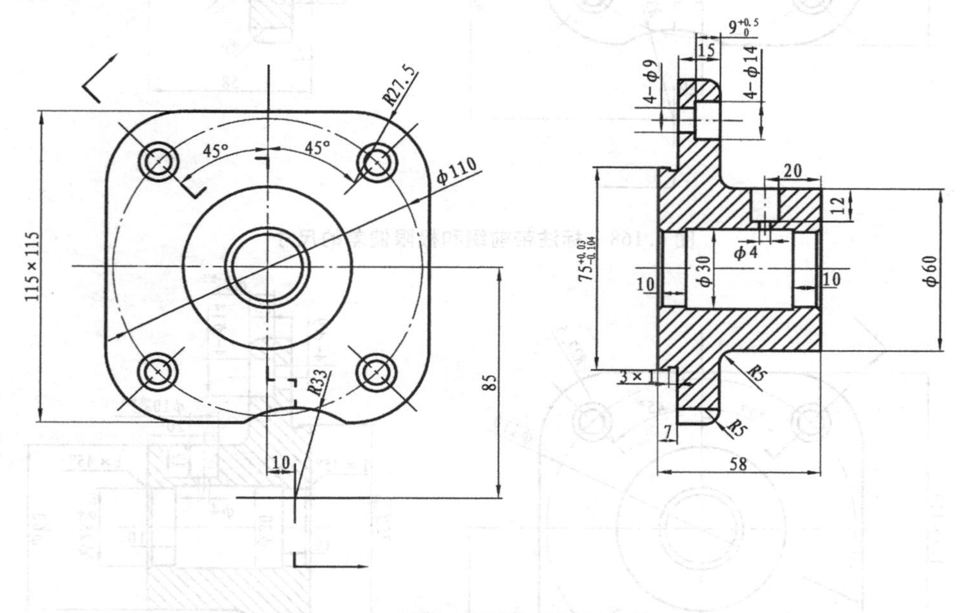

图 4.167 替换极限偏差的上、下偏差

(3)标注带前缀和极限偏差的尺寸

①依次单击“格式”、“标注样式”,打开“标注样式管理器”对话框。把名称为“前缀和极限偏差”的尺寸样式置为当前。

②依次单击“标注”、“线性”。

③依次捕捉所标尺寸线段的两个端点,分别标注图样中带前缀和极限偏差的尺寸。

④运用“特性”对话框中的“公差”选项,直接输入它们的上下偏差,如图 4.168 所示。

(4)标注倒角尺寸

标注引线,书写倒角尺寸,移动倒角尺寸于合适处。

①依次单击“标注”、“引线”。

②在需标注倒角的地方,标注引线。

③书写多行文字:1 ×45°。

④运用“复制”命令,把文本:1 ×45°复制到合适处,如图 4.169 所示。

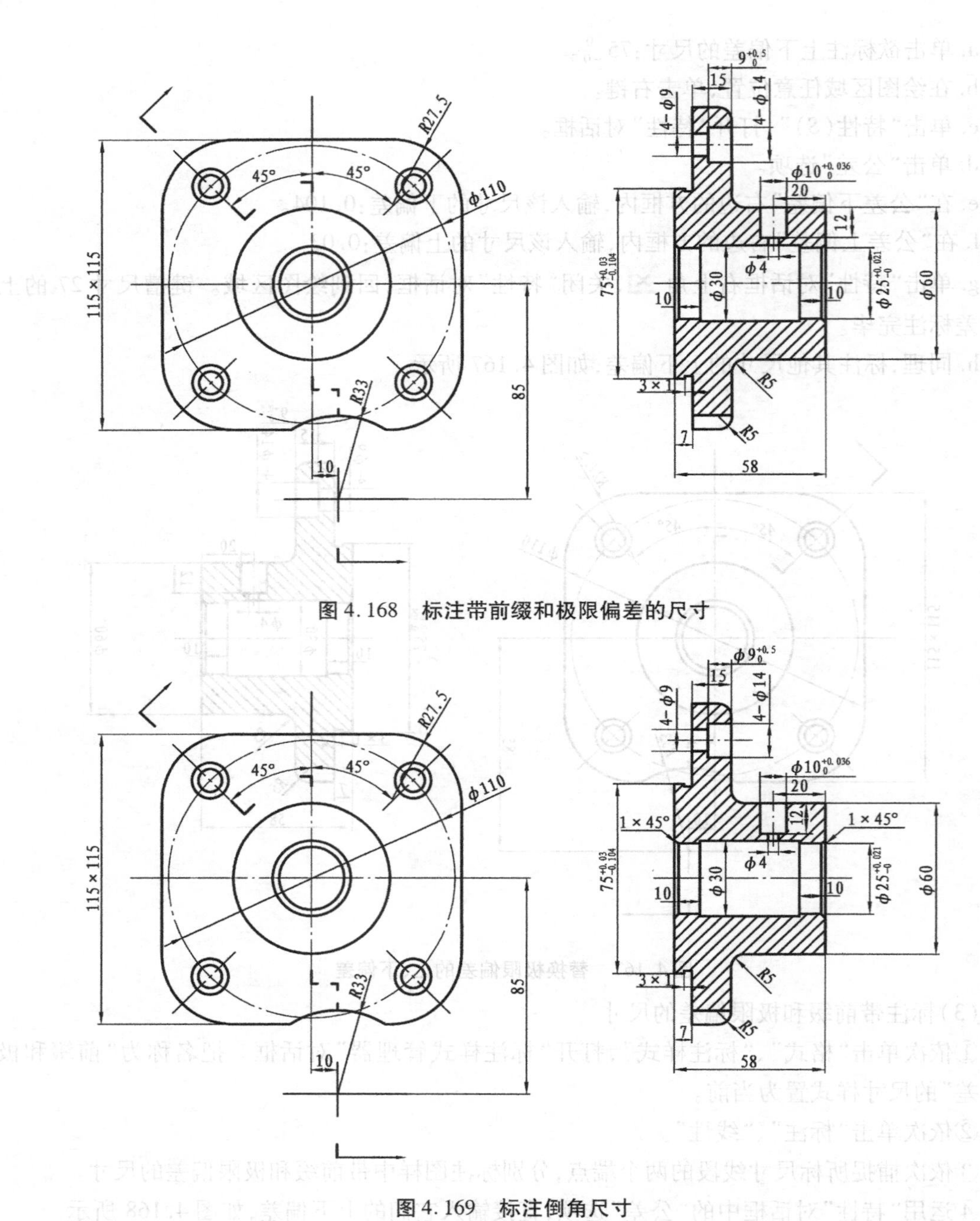

图 4.168　标注带前缀和极限偏差的尺寸

图 4.169　标注倒角尺寸

(5)标注形位公差

①在标注形位公差之处,各绘制一条直线。

②绘制形位公差的基准。

③标注形位公差的引线。

④标注形位公差,如图 4.170 所示。

⑤移动形位公差于合适处,如图 4.170 所示。形位公差标注完毕。

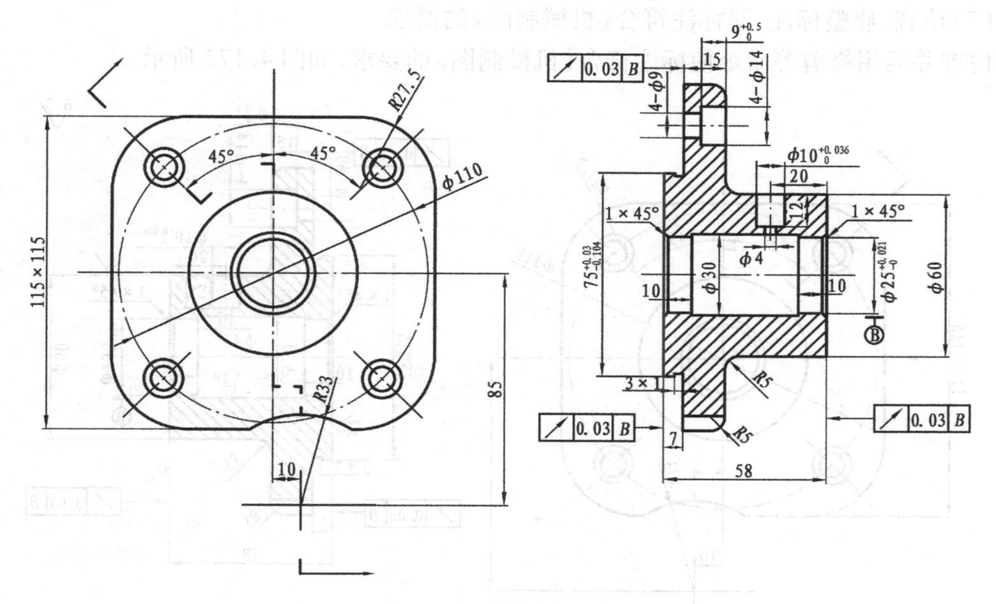

图 4.170 形位公差

(6)标注粗糙度

①在绘图界面上,绘制粗糙度符号及数字:3.2▽,▽。

②运用“旋转”命令,旋转 3.2▽,▽ 为 3.2▷,◁。

③运用“复制”命令,把粗糙度复制到标注粗糙度的地方。

④根据图样要求,按修改文字的方法,修改粗糙度数字,如图 4.171 所示。

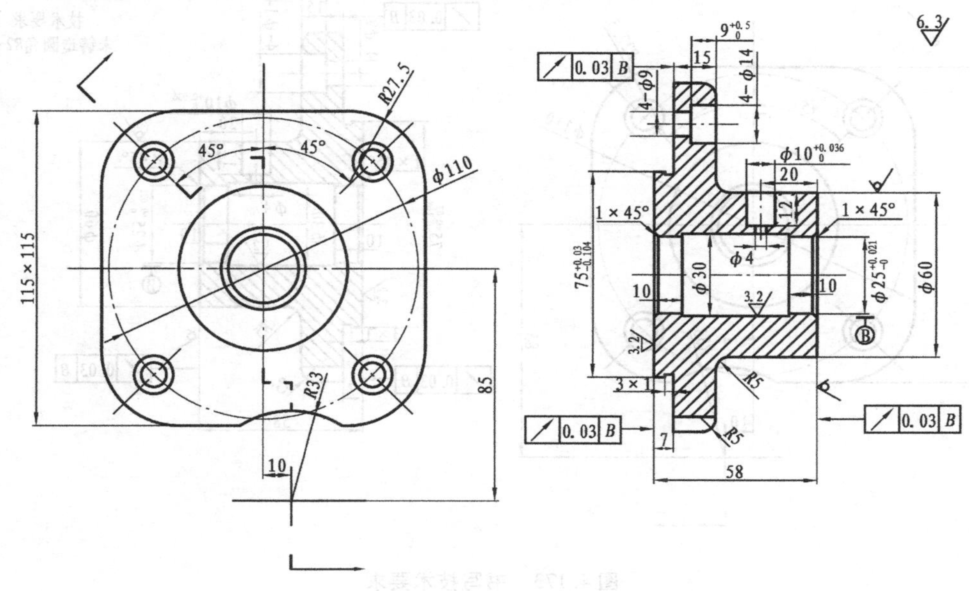

图 4.171 标注粗糙度

(7)检查、修整标注,使标注符合《机械制图》的要求

检查并运用修剪等命令使标注符合《机械制图》的要求,如图 4.172 所示。

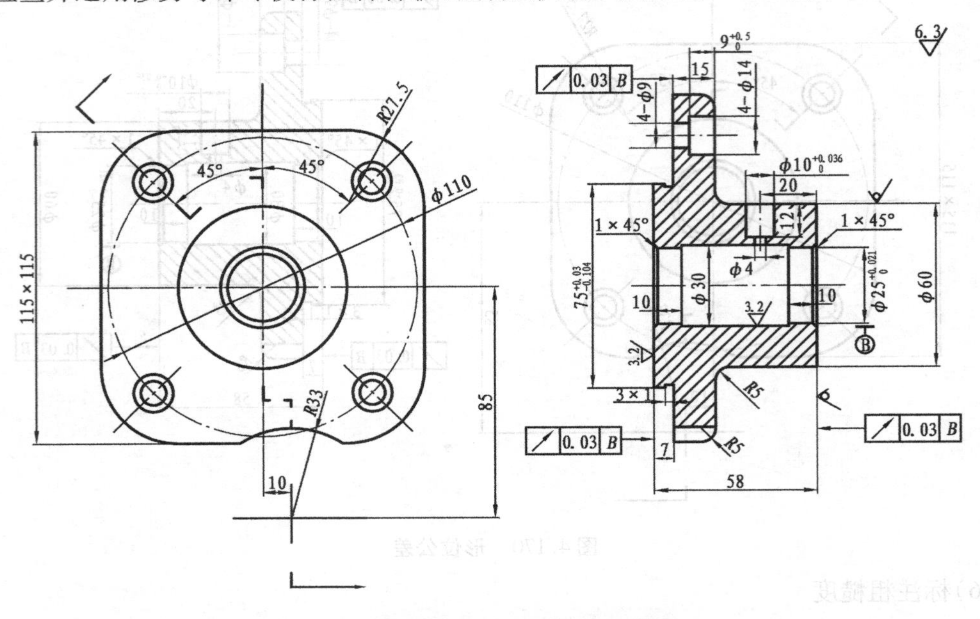

图 4.172 使标注符合《机械制图》的要求

(8)书写技术的要求

运用书写"多行文字"的方法,按图样要求书写、编辑文字,移动文字至合适位置,如图 4.173所示。

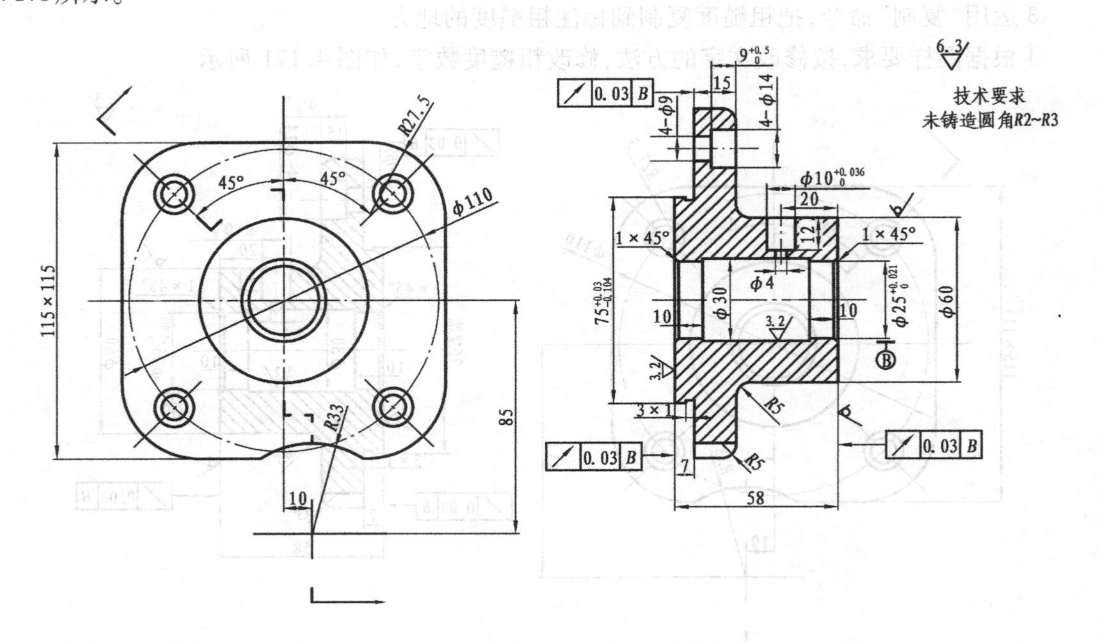

图 4.173 书写技术要求

学习评估

现在已经完成了这一课题的学习，希望你能对所参与的活动提出意见。

请在相应的栏目内“√”	非常同意	同意	没有意见	不同意	非常不同意
1. 该课题的内容适合我的需求？					
2. 我能根据课题的目标自主学习？					
3. 上课投入，情绪饱满，能主动参与讨论、探索、思考和操作？					
4. 教师进行了有效指导？					
5. 我对自身的能力和价值有了新的认识，我似乎比以前更有自信心了？					
你对改善本项目后面课题的教学有什么建议？					

巩固与练习

1. 绘制如图 4.174 所示的车削短轴零件图。

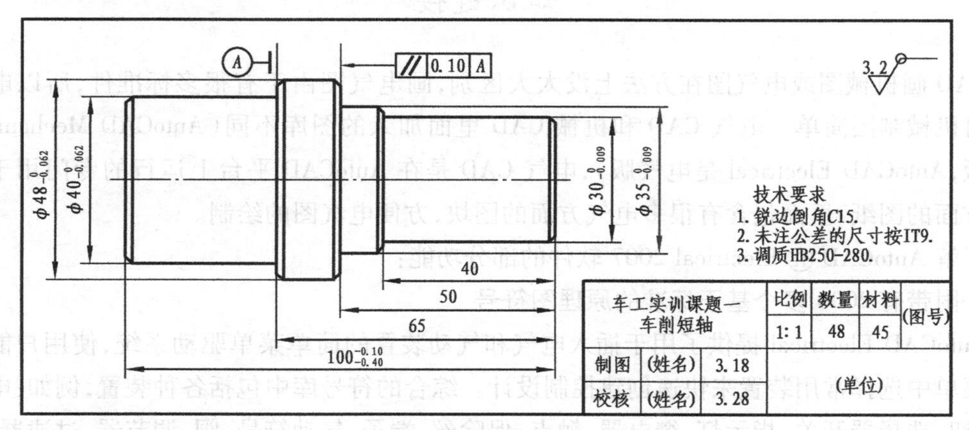

图 4.174 车削短轴零件图样

2. 绘制如图 4.175 所示的阀体零件图。

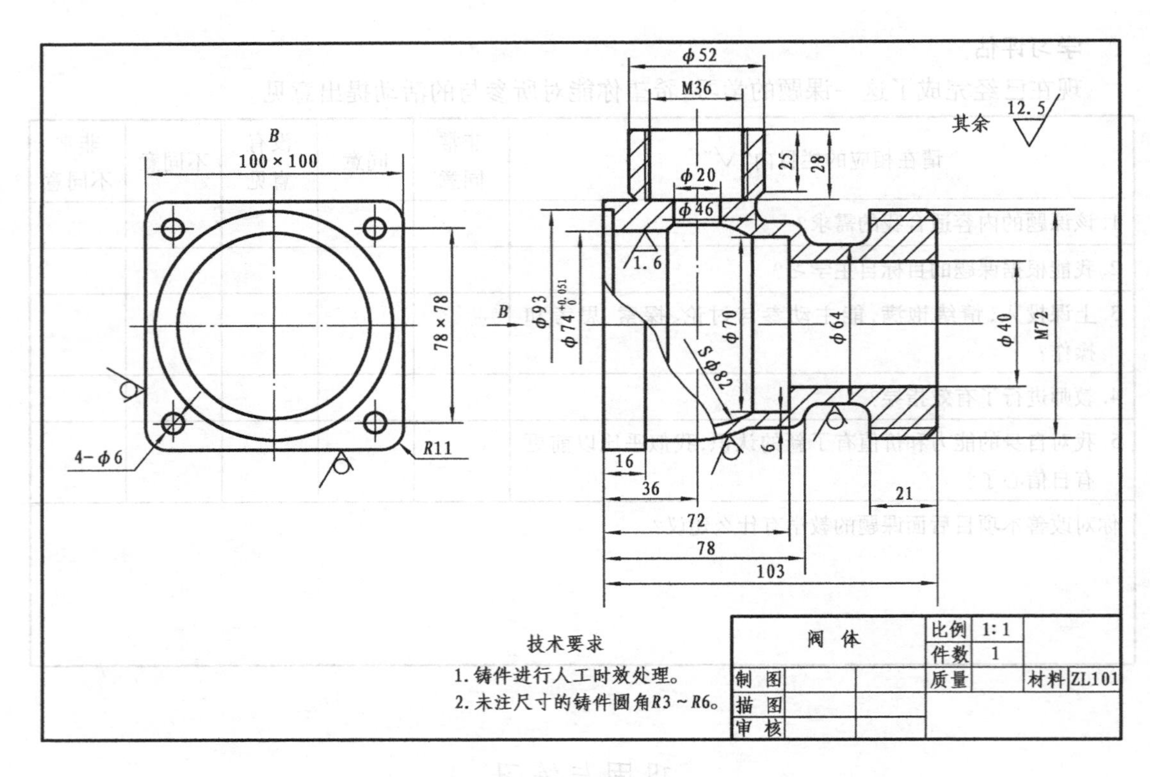

图 4.175 阀体零件图样

知识链接

CAD 画机械图或电气图在方法上没太大区别,画电气图由于有很多标准件,所以电气制图相对机械制图简单。电气 CAD 和机械 CAD 里面加入的图库不同(AutoCAD Mechanical 是机械版,AutoCAD Electrical 是电气版),电气 CAD 是在 AutoCAD 平台上运行的专门用于绘制电气方面的图纸,里面包含有很多电气方面的图块,方便电气图的绘制。

了解 AutoCAD ® Electrical 2007 软件的部分功能:

1.附带有 2000 多个基于标准的原理图符号

AutoCAD Electrical 提供了用于插入电气和气动装置的简单菜单驱动系统,使用户能够通过从菜单中选择常用装置来快速创建控制设计。综合的符号库中包括各种装置,例如:电气符号、按钮、选择器开关、指示灯、继电器、触点、保险丝、端子、气动符号、阀、调节器、过滤器等。

2.自动线号编号和元件标记

自动在图形中指定线号和元件标记,减少用户用于追踪设计更改的时间,从而减少错误。AutoCAD Electrical 将根据所选配置,自动在所有导线和元件上放置连续编号或基于参考的编号。AutoCAD Electrical 可以确定插入的线号是否会"碰到"其他内容,并会自动搜索导线侧面的空白位置以放置线号。如果没有找到空白位置,AutoCAD Electrical 将远离导线继续搜索空白位置,找到空白位置后,会自动绘制指向该导线的阶梯。

3. 自动生成报告

显著减少手动生成和更新报告所需的时间，同时消除了关联错误。使用 AutoCAD Electrical 中的报告生成功能，很容易自动生成包含从 BOM 表到自/到导线列表的所有内容的报告。另外，报告功能还允许用户选择使用一个命令生成多个报告。

4. 重复使用现有图形

通过重复使用其他项目中的图形，可以在设计项目上领先一步。开始新设计时，可以复制特定零件或重复使用整个图形集。常用电路可以保存下来，以供将来设计时重复使用，AutoCAD Electrical 将自动对导线和装置进行重新编号，以符合这些导线和装置所在的当前图形或项目的配置。此外，用户还可以通过使用一个命令重新标记项目中的所有元件，来减少设计时间和错误。

5. 线圈和触点的实时交互参考

降低为任一继电器指定过多触点的风险，并最大限度地减少手动追踪指定触点的时间。AutoCAD Electrical 在线圈和触点之间建立父/子关系，从而追踪为任一线圈或多触点装置指定的触点数，并在触点数超过限制时向用户发出警告。

6. 创建智能面板布置图

简化面板布置图的创建来减少错误，并有助于确保放置所有零件以及自动更新图形。创建原理图后，AutoCAD Electrical 会提取原理图元件清单以放置到面板布置图中。用户可以选择面板位置和要插入布置中的每个装置的实体“示意”表达，装置和其表达之间会自动创建“链接”。对原理图或面板表达任何一方所做的任何更改都将更新另一方。非原理图项目（例如导线槽和装配硬件）可以添加到布置中，它们会自动组合以创建“智能”面板。

7. 特定于电气的绘图功能

通过使用专门为电气控制设计工程师设计的命令，可以显著减少设计时间。AutoCAD Electrical中包括专门为创建电气控制设计而开发的绘图功能。专用功能（例如修剪导线、复制和删除元件或电路以及快速移动和对齐元件）使快速创建图形变得轻松许多。

8. 自动从电子表格创建 PLC I/O 图形

可以自动使用电子表格中存储的设计数据创建 PLC I/O 图形。AutoCAD Electrical 使用户只需在电子表格中定义项目的 I/O 指定，即可生成一组完整的 PLC I/O 图形。然后，AutoCAD Electrical 会自动创建图形，其中包含根据图形配置确定的阶梯、I/O 模块、地址和描述文字以及连接到每个 I/O 点的元件和端子符号。

9. 与客户和供应商共享图形并追踪其更改

以原始 DWG 格式与客户或供应商轻松交换数据。AutoCAD Electrical 图形可以使用任何与 DWG 兼容的程序（如 AutoCAD 或 AutoCAD LT ®软件）进行查看和编辑。如果是从外部源重新获得图形的，AutoCAD Electrical 可以创建报告，说明在图形不受控制期间对图形所做的更改。此外，当设计过程达到要发布新版本的程度时，AutoCAD Electrical 可以创建报告，说明自上次版本更新以来对图形所做的更改。

10. 支持多种设计绘图标准

利用客户要求的标准生成电气控制设计。AutoCAD Electrical 支持 JIC、IEC、JIS 和 GB 设计绘图标准。用户可以进行配置选择,选择符号库、交互参考值设置、导线和装置标记惯例以及许多其他配置来满足本地设计要求。

如果电气图不多的话,可以使用通用版的 AutoCAD 画电气图。不过最好找一张全一点的 CAD 电气平面图,或者在网上下载一些常用 CAD 电气制图标准图形,如图 4.176 所示,在绘制电气图时想用哪个符号,直接复制就行了。

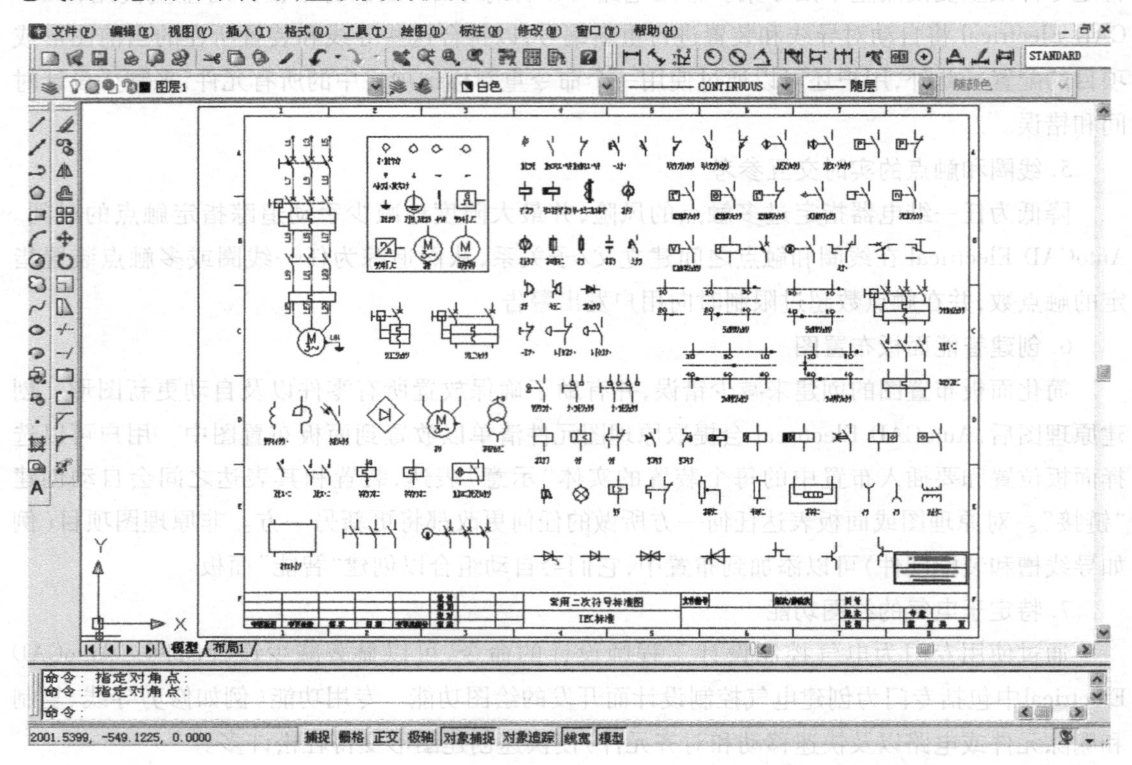

图 4.176　常用 CAD 电气制图标准图形

用 AutoCAD 画如图 4.177 所示的 T68 型卧式镗床电气控制图。

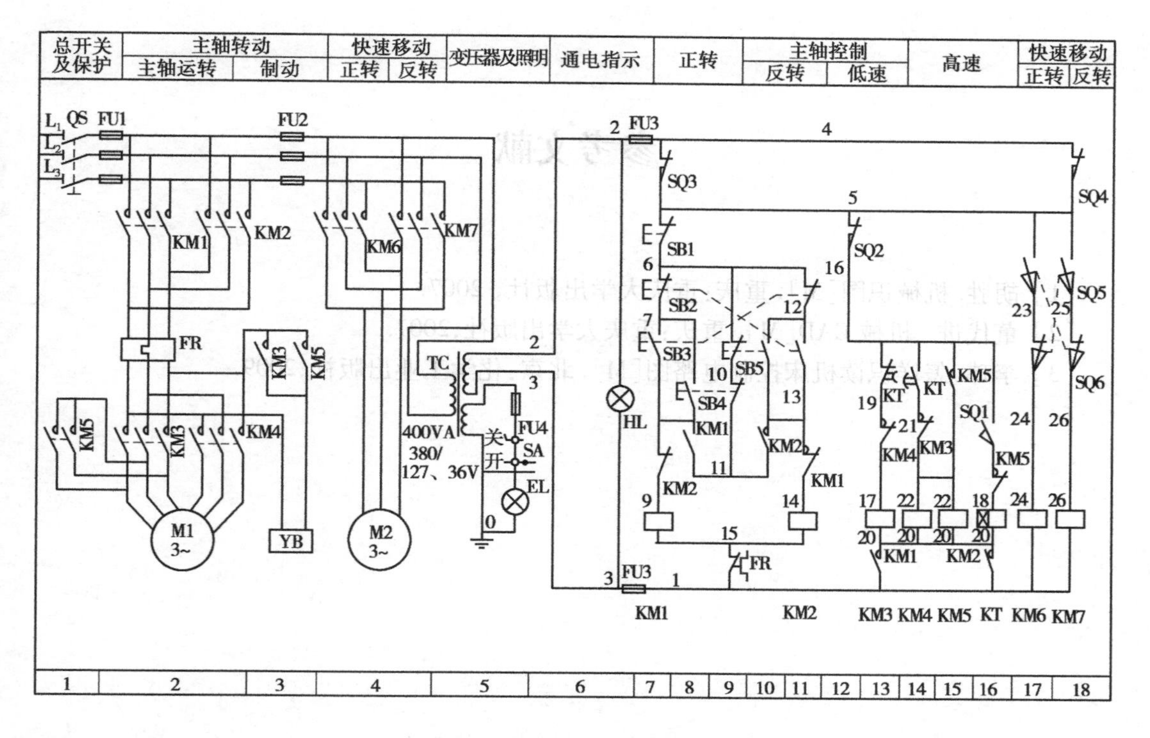

图 4.177 T68 型卧式镗床电气控制

参考文献

[1] 胡胜. 机械识图[M]. 重庆:重庆大学出版社, 2007.

[2] 董代进. 机械 CAD[M]. 重庆:重庆大学出版社,2007.

[3] 李玮. 怎样识读机床控制电路图[M]. 北京:化学工业出版社,2009.